本书获云南大学生态学国家双一流学科建设、植被结构功能与建造全国重点实验室、云南省科学技术普及专项、环境科学与工程一流专业建设、高原山地生态与退化环境修复云南省重点实验室、云南生态文明建设智库和云南省院士专家工作站的支持

生态学与生态文明教育丛书

大众生态学

段昌群　刘嫦娥 ◎ 主编

人民出版社

《大学生态学》编写组

主　　编　段昌群　付登高

副 主 编：周　睿　黄国勤　达良俊　李　元　张效伟

编写人员　段昌群　付登高　周　睿　简敏菲　黄国勤　达良俊　李　元
刘嫦娥　王海军　李世玉　李娇娇　王海娟　杨永川　李维薇　刘　刚　张淑萍
张效伟　徐润冰　李　博　袁鑫奇　于雅东　李　婷　赵洛琪　潘　瑛　郭卫华

出版机构　高等教育出版社

责任编辑　高新景

《生态文明建设的生态学透视：原理与应用》编写组

主　　编：段昌群

副 主 编　王海军　张乙铭　王瑞武　石　辉　谭正洪　杨永川

编写人员　段昌群　张乙铭　付登高　周　睿　刘嫦娥　赵洛琪　汪斯琛
吴晓妮　王海娟　赵　耀　石　辉　李娇娇　谭正洪　杨永川　王海军　张效伟
刘　刚　王瑞武　费学海　李　婷　王春雪　于雅东　袁鑫奇　潘　瑛

出版机构　中国林业出版社

责任编辑　印　芳

《大众生态学》编写组

主　　编　段昌群　刘嫦娥

副 主 编　付登高　常军军　王海娟　李维薇　张效伟　杨雪清

编写人员　段昌群　阎　凯　常军军　何高迅　贺克雕　陈冬妮　王　洁
王海娟　肖　俞　李维薇　张雅静　丘庆添　吴家勇　土　琦　杨化菊　张星梓
刘嫦娥　闵诗艺　张效伟　杨雪清　李小琦　吴晓妮　曾　铭　任　佳　唐　蕊
唐春东　单麟茜　王盛泓　李　旭　史琳珑　胡宇蔚　李　琴　吴博涵　周　锐
卿小燕　李娇娇

出版机构　人民出版社

责任编辑　李　姝

丛书前言

　　纵览世界发展，任何国家和地区，在经济社会快速发展的过程中，都受到资源与环境的约束，只是不同的国家和地区解决资源环境问题的路径不同。欧美等西方发达国家通过从发展中国家和地区获取资源并向其转嫁环境问题，不仅实现了经济社会发展还保护了本土资源和环境。中国现已成为世界第二大经济体，经济社会高速发展，对资源环境的要求十分迫切。作为一个负责任的大国，我国主要通过自己的努力积极主动地保护大自然，维护和提升资源承载力与环境容量，在资源可承载、环境允许的范围内进行优化发展，即文明地对待自然，通过自然的良性运转持续不断地为经济社会发展提供资源保障与环境支持。这是中国生态文明建设的核心要义，也成为中国为人类社会构建文明新形态的主要内容。

　　生态学已发展成为探讨和解决包括人类在内的所有生物如何科学生存、持续发展的科学体系，并成为人类维护地球资源环境支撑能力及构建可持续生物圈的核心学科之一，也因此成为服务和支持国家生态文明建设、实现人与自然和谐共生现代化的关键基础学科之一。事实上，在"生态建设""生态产业""生态安全""生态文明"成为国家经济社会发展的重要目标和基本方位时，生态学在国家政治、经济、社会、教育、文化、科技等领域的地位更加突出。未来，生态学可能像语文、数学、历史、地理一样，将成为全社会各个领域、各个行业、各个部门的基础性知识需求和认知基础。

　　数千年来，中华民族的持续发展和文明永续进步的不竭动力中，尊重自然、顺应自然的朴素思想贡献良多。在现代社会，我们要解决诸多资源环境问题，就需要从极富现代生态学内涵的中国传统文化中汲取思想智慧，构筑共同的认知基础，并内化于心、外化于行，积极应对面临的资源环境挑战。与此同时，现代生态学快速发展为探究大自然如何运转、生命如何通过进化以适应环境变化的人类知识体系，也已成为当今最具活力的学科之一。中国传统文化的思想羽翼与现代生态学的强劲动力相耦合，必将赋能生态文明发展与美丽中国建设。未来，由于社会的巨大需求推动，生态学在中国不仅能获得更快更好的发展，更能为经济社会发展提供知识力量和科学思想的引领，也将成为每个大学生、每个领导干部乃至每个公民必备的基本常识。

云南大学作为我国生态学与宏观生物学的重要科研与人才培养基地之一，百年来秉承"会泽百家，至公天下"的校训，一直围绕社会进步与国家发展办学。在"双一流"建设中，把习近平总书记要求云南"维护好我国西南生态安全屏障、成为生态文明建设排头兵"作为国家生态学"一流学科"建设的根本遵循。在以高水平的科学研究与人才培养服务国家和地方发展需求的同时，也认真思考如何向社会提供生态学方面的公共服务。在调研中发现，作为生态文明建设的核心基础科学，生态学的基本知识、基本思想、基本原则还没有在社会形成常识和常理，违背生态常识、不尊重生态规律的事情时有发生。为此，如何让生态学在大学校园里生根、让生态学走向社会、让领导干部和普通民众接受生态学的科学启智与思想洗礼，成为建设生态文明、建设美丽中国、迈向人与自然和谐共生现代化的重要全民教育工程。

鉴于此，我们组织了《生态学与生态文明教育丛书》编委会，形成团队，开始实施这一教育工程。从10多年以前开始酝酿，丛书规划及大纲经过10多次修订，文稿经过5次修改，终于付梓出版。在这个过程中，得到国内诸多专家和领导的建设性意见，他们是傅伯杰院士、张福锁院士、贺克斌院士、杨志峰院士、吴丰昌院士、王焰新院士、夏军院士、朱彤院士、孙航院士、余刚院士、汪华良院士、杜官本院士、安黎哲教授、吴文良教授、盛连喜教授、王艳芬教授、胡春胜研究员、刘庆研究员、卢宝荣教授、拉琼教授。本丛书的编写，纳入云南大学生态学双一流学科建设、环境科学与工程一流专业建设、高原山地生态与退化环境修复云南省重点实验室、云南生态文明建设智库、云南省科学技术协会等的工作内容，得到周学斌、马文会、吴涧、段兴武、唐年胜、宋光兴等校内外领导的支持，得到陈利顶、廖峻涛、张志明、李博、耿宇鹏等院内专家的支持，得到老一辈生态学家王焕校教授的热情鼓励，还得到高等教育出版社高新景、中国林业出版社印芳、人民出版社郑海燕等学科编辑们的宝贵支持，在此一并感谢。

虽然生态学还远没有发展成熟到支撑伟大的社会变革和人类进步的程度，但它呈现出的既有认知，尤其是关于所有生命如何智慧生存、持续发展的思想光芒，已经穿透过去的迷雾，照耀人与自然和谐共生的未来之路。牛顿力学带领人类从农耕文明走向工业文明，爱因斯坦的相对论使人类向信息时代发展，未来，人类的发展道路也需要理论思想来引领，生态学在生态文明时代当有所贡献。我们组织了一批学者为此做了一些工作，希望能在这个伟大的历史发展时期做一点我们生态专业人员的微薄努力和贡献。因为能力和精力水平的有限，丛书难免有缺陷或不足，敬请读者指出，我们心存感激，并将在以后的修改修订中认真学习吸纳。此外，需要说明的是，由于编写历时久、参与人员多、涉及学科领域广，编委会尽力列出引用的文献资料，可能难免有遗漏或不妥，如有，敬请告知，当尽力补正或删除。相关信息请反馈到 cn-ecology@qq.com。

《生态学与生态文明教育丛书》编委会
2024 年 8 月

目　录

本书前言

    科学技术的进步和人类文明的新知，只有变成全社会的常识和共识，才能成为推动社会发展的力量。生态文明是人类文明发展的一个新阶段，即工业文明之后的文明形态，是人类为保护和建设美好生态环境而取得的物质成果、精神成果和制度成果的总和。中国是全球率先倡导和建设生态文明的国家。构筑和创建人类文明新形态，必然是全民广泛参与、共同行动的伟大社会实践，需要政治思想来引领，需要科学知识来武装。习近平生态文明思想为建设中国特色的生态文明国家、实现人与自然和谐共生现代化提供了政治理论引领和实践思想遵循，在全民深入学习习近平生态文明思想、领悟参透其科学内涵时，就需要进一步掌握支撑生态文明建设和发展的核心基础学科——生态学，生态学从科学技术的后台走向经济社会发展的前台。编写一部可以惠民启智的生态学读本，是这个时代赋予生态学教育工作者的历史使命。

    生态学作为探讨包括人类在内的所有生物科学生存、智慧发展的学科，是一个庞大的科学体系，它还和生物学、地球科学等自然科学领域有机交叉，形成了庞大的认识自然界运行规律的自然科学体系，同时和环境科学、农林水、医药健康等应用技术与工程体系深度融合，形成了巨大的师法自然、获取资源、呵护环境、获取人类福祉的技术工程思路，还与经济科学、人文社会科学乃至哲学高度耦合，形成了认识人类社会发展进程、不断推进可持续发展的智慧工具。如何把生态学的这些认识自然、发现世界、升华社会的科学知识、自然规律、思维方式进行挖掘和凝练，呈现给普通大众，对编写者而言是一个巨大的挑战。他山之石可以攻玉，我们向先贤学习。有一部改变无数人命运轨迹的通俗哲学读本，影响了几代人成长为优秀领导的哲学著作，老一辈著名马克思主义哲学家艾思奇编著的《大众哲学》，给我们很大启示。立足专业、跳出专业，把生态学最基本的现象、规律，与生态环境保护直接相关的生态学应用场景以及与自然、社会、人生高度关联的生态学内涵，进行浅显的说明、科普性解说、共情性阐释，争取让普通人能读懂，能读下去，这成为本书的编写逻辑。

基于这个理念和出发点，我们组织生态学与资源环境领域的高校教师、社会团体、科普机构等进行了尝试。本书作为《生态学与生态文明教育丛书》之一，编写历经 5 年，几易其稿，终付梓出版。本书由段昌群起草大纲、并与刘嫦娥一起组织编写。参加编写的人员主要有：阎凯、何高迅、贺克雕、陈冬妮、王洁、王海娟、肖俞、张雅静、丘庆添、吴家勇、土琦、杨化菊、张星梓、闵诗艺、李小琦、吴晓妮、曾铭、任佳、唐蕊、唐春东、单麟茜、王盛泓、李旭、史琳珑、胡宇蔚、李琴、吴博涵、周锐、卿小燕、李娇娇，付登高、常军军、王海娟、李维薇、张效伟、杨雪清作为副主编按照分工分别对本书相关章节进行了通稿和校阅，梅润然、汪斯琛在此过程中提供了支持。

将生态知识科普化，专业知识具象化，高深理论道理化，大政方针平民化，是《大众生态学》的编写初衷，鉴于组织者、编写者能力与水平的局限，书中难免有一些问题。热切期望读者提出宝贵意见，以便修订时进行补充和完善（电子邮件请发至 cn-ecology@ qq.com）。

《大众生态学》编写组
2024 年 8 月

第一章　生态文明时代每个公民都需要了解生态学

一个人一生要做很多事情，要学习很多东西，为什么一定要学习生态学？生态学是什么？有什么用？现在国家建设生态文明，努力推进人与自然和谐共生现代化。那么，生态学与生态文明、人与自然和谐共生有什么关系？我们普通民众该怎么办？

回应您对人类生存与发展问题，尤其是资源、环境、生态等问题的疑问，就是这本书的初衷。我们开篇这章要交代的，就是生态学不仅有用，而且堪为大用。因为生态学的使命是研究自然界和谐共生的一门学科，也是探讨人与自然和谐共生之道的科学体系，师法自然，生态学的知识和道理会引导我们如何认识自己和社会，如何智慧地处理好人与自然的关系，努力使自己生活在更加健康和谐的世界中。

第一节　生态学是什么

"生态"这个词汇很热，人人皆知，但并不意味着生态学就被全面了解、人们都知道生态学了。事实上，生态学现在处在一个很微妙的时期，尤其是在中国社会转型时期。一方面，需要生态学为生态文明、绿色发展提供理论支持和知识服务；另一方面，在面临发展和保护的两难选择时，经常自然或不自然地忽视了基本的生态常识，选择了污染性的经济增长方式、环境不友好的生活方式、破坏性的发展方式。为此，了解一些生态学知识，是当代公民的必修课。

一、"生态"很热，但你了解的可能不是"真生态"

生态、生态学在当今时代使用频度较高。除了植物生态、动物生态、人类生态，还有教育生态、医疗生态、政治生态等，在中文搜索引擎"百度"网上，涉及"生态"的网络词有数亿条，涉及"生态学"的词条也超过1亿条。有人分析，现在涉及生态、生态学的学科达400多个，于是有人戏称"生态学是最好创造新学科"的学科，也就是说任何一个学科去掉"学"字后缀上"生态学"，都可能成为生态学的一个分支学科，任何一个学科的前面加上

"生态"一词，都可能与生态学交叉而成为该领域的一个"新的学科"，而首次发表或发明该词语的人都可能成为该学科的"创始人"。当然，任何一个学科领域都有自己的学科范式，借用其他学科的名词术语来表述本学科的内容、解决本学科的问题，是所有学科交叉融合的必然趋势，但所借用的名词术语与源学科可能相去甚远，有的甚至只是借用他的"形"，而不是他的"神"。例如，现在有金融生态、社会生态、互联网生态等，大抵如此。

在与生态环境问题相关的决策过程中，生态学家也经常处于十分尴尬的境地。平心而论，生态学还不是一个很成熟的学科，还远没有达到能解决一切生态问题的程度，而且生态问题复杂多样，不同的区域差异较大，很多生态过程和生态机理目前只知皮毛，从而绝大多数的生态学家在面对重大生态环境问题时都小心翼翼，不会简单地用"是"或"不是"来回答，不敢贸然"承诺"某开发计划和发展项目不会造成生态环境问题，更不会拍胸脯"确保"能完全解决这些生态环境问题；而与此相反，知道一点或不完全知道真正生态学的人，似乎无知者无畏，有十足的胆量，断然确定重要的和不重要的，把他认为没有"价值"的东西视为草芥，信誓旦旦地保证某工程不会产生生态环境问题，或者可以解决所有的环境问题。

二、生态、生态学到底是什么

那么生态学到底是什么呢？

简而言之，生态，就是生命的状态。在真实世界中，生命的状态是生物自身与所在环境相互作用所呈现出来的一种自然样貌，生存是第一要义，发展是生存的延续和拓展，也是为了更好地生存。

生态学就是研究这种状态及其原因与后果的一门学科。在知识体系上，生态学是研究生物与生物之间、生物与非生物的环境之间相互关系的学科。研究生物的学科当属生物学，研究自然环境的学科当属地球科学，探讨涉及人类影响环境的学科应归于环境科学，而生态学既要研究生物，也要研究环境，在当代社会还要关注人类作用和改变下的环境，这样生态学就成为重要的交叉学科。原来，生态学是作为生物学的一个分支，有时也是地球科学、环境科学研究的重要组成部分，现在，在我国新的学科体系中，生态学是一个独立的一级学科，主要阐述生物与环境之间的关系。这样，生物学、地球科学乃至环境科学，就成为生态学的学科基础。

德国生物学家恩斯特·海克尔（Ernst Haeckel）于 1866 年最早提出"Ecology"这个名词，1895 年日本学者三好学（Miyoshi Manabu）把这个词译为"生態學"，后经 1906 年毕业于东京高等师范博物科、长期在武汉大学从事植物学研究的张挺教授引入中国。中文的"生态学"一词源于日文，就是张挺教授翻译过来的。

"生态学"（Ecology）一词源自希腊语"oikos"，意思是房子，与"logy"结合，意思是"研究自然住所的学问"。海克尔首次使用"生态学"一词，其后很长时间知晓生态学概念的人比较有限，直到 20 世纪，在专业生物学家之外，它仍然几乎不为人知。

生态学早前被定义为"研究一个地区内生物的分布和数量"，现代生态学已经发展为"研究生命体系与其环境体系之间的相互关系的科学"，涉及的生命体系包括多个生命层次，如生物个体、种群、群落、生态系统直到整个生物圈，关联的环境体系包括自然环境，如大气、水体、土壤、岩石等整个支撑生命的介质与活动的空间，还包括人类活动改变了的自然环境以及产生的全新的人工环境，如农田、村落、城镇、城市等。

同时，Ecology 和 Economics（经济学）词根同为 Eco，是"家、房子"的意思。言下之意，经济学就是研究人"成家立业"的学问，而生态学就是研究自然界的生物"养家糊口"的学问。因此，有些学者提出生态学应理解为自然界的经济学（Economy of Nature），是"管理自然的科学"。其实，1870年海克尔在对他之前提出的生态学的理解所作的详细解释中表达了这个意思："我们把生态学理解为与自然经济有关的知识，即研究动物与它的无机和有机环境之间的全部关系，此外，还有它以及和它有着直接或间接接触的动、植物之间的友好的或敌意的关系。总而言之，生态学就是对达尔文所称的生存竞争条件下的生物相互之间那种复杂关系的研究"。

在生态学中，这几个概念经常碰到，略作一些解释和说明。

物种（Species）：物种，或者种，是生物分类学的基本单位，是进行生物分类和命名的基础，也是生命类群之间基本的区分形式。物种主要强调的是互交繁殖的相同生物形成的自然群体，与其他相似群体在生殖上相互隔离。一个物种区别于另一个物种的主要内涵包括：物种具有独特的形态和生理特征，这些特征可以在生物体之间区分开来；物种在特定的自然环境中生存和繁衍，具有特定的地理分布范围；物种能够进行有性繁殖并产生可育后代，是生物进化的基本单位。地球上每个物种都是长期进化发展的产物，人类也是地球经历20多亿年的进化才有的物种，而且现代人可能是这个星球上最后形成的物种之一。

在界定物种时，主要的标准是相互间能否进行有性杂交并产生可育后代。如果能够相互杂交并产生可育后代，那么这些种群或个体就属于同一物种；如果不能相互杂交，或者能够相互杂交但不能产生可育后代，那么这些种群或个体就属于不同的物种。需要注意的是，农业生产上使用的品种并不是一个分类学上的单位，而是一个生产应用中的名词。品种是人类在一定的生态和经济条件下，根据自己的需要而创造出来的某种作物的一种群体，它能满足人类进行生产的各种需要。

种群（Population）：在一定时间和空间范围内同种生物不同个体的组合或集合。任何生物必属于某一个物种，而物种是以种群的形式存在的。种群是物种在自然界中的存在形式和基本单位，种群总是不断散播繁殖体以扩展生存空间。一个物种，种群越多，种群的繁衍扩展能力越强，这个物种的适应能力就越强。不同物种，其适应能力有强弱之分，有的种类因缺乏适宜的环境条件而不能在新的地点存活；而有的种类却因适应能力很强而不断扩大个体数量和生存空间。同一种生物的个体之间，生活力也有高低之别，种群中生活力高的个体推动了种群的发展，其中生活力最高的个体因生存发展能力强，其后代个体在种群中的比例越来越大，提高了种群整体的生存和发展能力。人类如同自然界的生物，某个王侯将相的叱咤风云，很可能使该家族蓬勃发展，成为方土大姓或皇姓王族。

群落（Community）：在种群不断扩散和变化的同时，不同种类的生物又总是聚集生长、生活在一起；这些靠近生长的生物之间或者相互依存、相互结合，或者相互排斥，最后，就会在一个特定的区域组成一个有规律的结合体，称为群落。群落适应于一定的自然环境条件，在自然界有规律地重复出现，体现了群落与环境的统一。每个群落又都是一个动态系统，它在物质和能量的转化过程中不仅完成了物质生产，同时实现了其特有的"自我维持和自我调节"

及"抵抗外界干扰"的整体功能。

生态系统（Ecosystem）：生态系统是生态学领域的一个主要结构和功能单位。自然界中的生物依赖自然界提供的资源与环境而生存，生物与环境相互作用、相互影响、相互改变，形成了一个统一的整体，这就是生态系统。生态系统可大可小，相互交错，小如一滴水，大如地球。在这个统一整体中，生物与环境之间通过物质循环、能量流动等形式相互影响、相互制约，并在一定时期内处于相对稳定的动态平衡状态。生态系统是一个开放系统，为了维持自身的稳定，生态系统需要不断输入能量，才能维持其结构和功能；物质在生态系统中不断循环，维持生生不息。在地球上，驱动生态系统运行的能量最终来源于太阳光，植物把太阳能转化为化学能储存在体内，其他生物直接或间接以植物为食，就获取能量完成其生命活动；所有的生物残体或死亡的遗体经过微生物的分解转化，把化学能转变为热能释放出来，把有机物转变为无机物释放到环境中，为植物的生长繁衍又创造了条件。生命就是通过生态系统周而复始地循环运转，在太阳能的推动下实现物质生产、物质循环、能量流动，推动着环境不断改善和提升，为包括人类在内的所有生命提供生存发展所需的资源支持与环境保障。

生物圈（Biosphere）：在人类历史上，人与自然和谐共处是一个亘古不变的主题，这是因为人类的生存与发展有赖于自然界提供的资源与环境，也就是有赖于生物圈的存在。生物圈是地球表面上生命活动最为活跃的圈层，它处于大气圈、岩石圈和水圈的界面上。生物圈的基本组成单元是生态系统，它因生物的生命活动而具有沟通无机界和有机界、能量流动与物质转化的特殊功能，形成了适于生命存在的环境，成为支持复杂多样的生命活动的庞大系统。同时，它源源不断地制造各种"生物产品"，成为人类生活资料最基本的来源。

生态学既然是研究生物与环境关系的科学，显然，作为生物与环境统一体的生态系统就是生态学研究的基本对象和主要结构功能单元。事实上，地球、我们所在的大自然就是由不同的生态系统组成的，生态学就是研究大自然及其生态系统的组成特点、结构特征与功能发挥的条件，因此，生态学是理解自然的知识体系（见图1-1）。

众所周知，人类社会对大自然的影响十分广泛和深刻。对自然的索取超过了自然的再生产能力，对自然的污染超过了自然可以吸收净化的能力，对地球

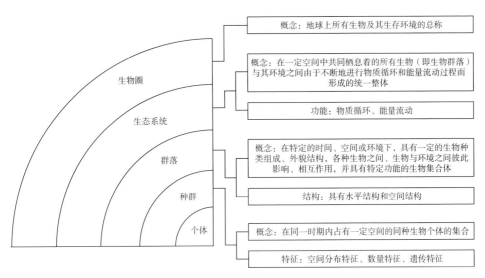

图 1-1　生态学各层次概念体系

其他生物的影响已经使很多生物灭亡并引起了地球生物多样性的丧失，从而使地球越来越不能提供良好的资源和适宜的环境，以维持包括人类在内的生命继续生存和发展。

　　人类的生存与发展，与自然界的所有生物一样，需要从大自然中获得物质和能量的支持，这些物质和能量又需要自然界中的生物及其生态系统在结构良好、功能健全的状态下才能源源不断地提供。我们只有全面、深入、系统地了解和掌握了大自然的运行规律，才能明白人类在大自然面前该做什么、不该做什么，怎么做既满足人类的生存发展需要，又不影响自然的良性运转，这就是生态学服务人类的主要抓手。因此，生态学原理是谋求人与自然和谐共生的科学精髓。

　　日月星辰、风雨雷电，各有其轨；虎啸深山、雁排长空，各行其道。大自然的万事万物虽然复杂多样，但一切都有其运行轨迹，物与物之间的相互关系都有其规律性。按照规律办事，就能有序发展。一个单位或一个集体的管理，每个员工都有自己的职责和任务，如果员工能够按照规定的工作流程和职责范围去工作，整个单位就会像日月星辰，按照自己的轨道运行，达到最佳的有序运行状态；同样地，一个单位或集体中，每个人的性情、能力不同，如果能按照各自的特点发挥作用，鱼沉潭底、驼走大漠，既强调个性发挥，又遵守群体的法律、道德和伦理规范，整个群体就能达到和谐稳定的状态。这些社会现象的背后，就是重要的生态理念。

生态理念是伴随人类社会经济发展过程中不断出现的生态恶化、环境危机和人际关系焦虑与社会关系危机而逐渐发展起来的对人与人之间关系、人类与生态环境关系的重新的系统认识，它强调生物与生物之间的有序性、生物与环境之间的协同性、人类与自然界之间的共生性。生态理念是认识自我和适应社会的科学智慧。

三、生态学到底与现实有何关系

生态学，作为自然界的经济学，作为人与自然和谐共生思想的科学技术体系，将提供一系列理论思想和有效工具方法，帮助解决资源环境问题，助推生态文明建设及人与自然和谐共生现代化。以下是生态学一些具体的研究场景和在现行行业领域中的应用（见图1-2）。

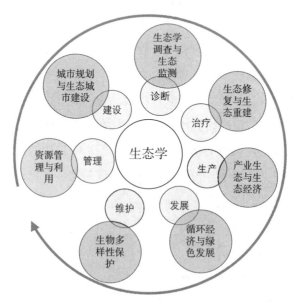

图1-2　生态学在环境保护与产业行业发展中的应用图解

1. 诊断——生态学调查与生态监测

通过长期持续的生态监测产生的数据，能够全面掌握生态系统中不同生物种群、群落的动态变化、结构与功能关系，这些系统全面的信息为实施可持续生态系统管理提供基础数据支持；通过定位深入的生态监测，能够全面了解人类活动及其对生态环境乃至生物圈内所有生物的影响，精准获得环境与生物的基础资料，诊断分析人类活动对生物、环境、生态系统的影响方式、影响程度和变化动态，为保护生物多样性、湿地、森林等重要的生态系统以及全面规划山水林田湖草沙冰的保护方略提供必需的基础信息与科学指导。

2. 治疗——生态修复与生态重建

对受损的生态系统，采用生态学原理和修复技术对其进行结构恢复和功能重建，能够增强自然持续提供良好环境与生态资源的能力。例如，通过植被恢复、土壤修复和水质改善等技术，可以重建受损的生态系统，提高其生态服务功能。

3. 生产——产业生态与生态经济学

将物质生产、物质循环、能量流动、价值增值等生态学原理与方法应用于农业、工业、服务业及其"三产融合"中，按照自然生态系统的方式优化配置资源，改变生产方式，减少对环境的影响，优化调整产业结构，提高产业生产效率和整体效益。

4. 发展——循环经济与绿色发展

按照生态系统物质循环的基本原理组织产业，实现资源的循环利用和废物最小化。通过建立循环利用的经济模式，贯通不同的产业链，将不同的产业链融合起来形成产业网络，并将所有废弃物和排放物作为各产业链中的资源，进行无废物或少废物排放、全面利用，实现资源的最大化利用和效益的提高。循环经济可以降低企业成本和提高企业竞争力，同时也有助于减少环境污染，实现绿色发展。这往往可以通过生态农业、生态工业、产业园区等方式来实现。

5. 维护——保护生物多样性

保护生物多样性是维护生态系统稳定性和可持续性的重要手段，也是增强自然生态系统服务功能的主要方式。通过建立自然保护区、国家公园、"两山转化"示范区、制定保护与发展政策等方式，保护物种的生存环境，提升生态系统的服务价值。

6. 管理——资源管理与利用

应用物质循环、能量流动等生态学理论和规律，实现自然资源最大限度的节约、最低限度的破坏和最有效的利用。例如，在水资源管理中，按照生态系统水循环的规律，建立完善的水资源管理体系，实现水资源的合理配置和有效利用。在能源利用中，按照生态系统能量流动的规律，高效利用太阳能、风能和水能等可再生能源，替代传统能源，减少对有限资源的依赖，降低能源消耗和环境污染。

7. 建设——城市规划与生态城市建设

现代城市之所以出现严重的城市病，就在于它是一个高耗能、高物流、高度人工化的运维体系。在城市规划和建设中，效仿自然生态系统的运行原理与方法，让城市成为一个具有自我维持、自我更新、自我升级能力的生态体系，让城市具有自然的生命力和更大的承载能力。

生态学，在揭示生命生存发展规律的基础上，可以为人类生态文明建设提供科学依据、理论支持、思想引领和技术支撑，作为科学技术的一支重要力量，将在未来的发展中发挥更加重要的作用。

四、生态学有什么用

生态学的作用，可以体现在两个方面：一是作为现代知识体系的重要组成部分，发挥其在科学技术领域中的独特作用；二是作为一种世界观和方法论，指导人们如何和谐生存、智慧发展。

生态学是解决复杂生态环境问题的科学体系，将会在人与自然和谐共生现代化建设中发挥重要的引领作用。

生态学就是探索生态关系，这种关系既包括生物与无机环境之间的关系，也包括生物与生物之间的关系，即生物与生物环境之间的关系，在这种关系的探索中，主要解决三个方面的理论问题：一是环境如何塑造和决定生物？二是生物如何适应环境？三是适应环境的生物如何对环境进行改造？

生态学的理论体系中，把人当作一个生物来看待，审视环境对他的影响以及他对环境的影响，与此同时，也把人当作一个特殊的生物来看待，认识他对自然生态系统的影响与破坏作用，也重视他对自然的保护与建设作用，进而为人类与大自然和谐相处、可持续发展提供理论遵循。生态学支持和引领人类发展主要从三个角度着眼：一是自然界（生态系统）是如何运作的？二是自然界（生态系统）为人类提供环境保障和资源支持的能力有多大？三是人类如何科学合理地配置自然资源、利用环境容量，以实现最大限度的发展和永续发展？

不难看出，生态学是探究包括人类在内的各种生物如何生存的科学体系，在解读生物与环境的关系中，认识生命过程存在和发展的条件，既分析自然界的生物如何"经济地、有效地"获取资源和配置资源，以取得最优的生存和发展；也关注人类如何"生态性地、可持久地"从自然界获得所需满足所求，以实现人类社会的可持续发展和最大福祉。显然，生态学以自然界（生态系统）的整体性研究策略，综合地、动态地认识自然界的运行规律，从中探寻人类活动应该遵循的自然规律以及解决资源环境问题的核心环节和重要途径。

人类要发展，离不开大自然的支持和支撑，今天的大自然，也需要人类的呵护和修复。人与自然如何和谐共生成为时代命题。生态学是研究永续生存、和谐共处、智慧发展、面向未来的知识体系，哪个国家、哪个民族能够在应用自然界的生态智慧方面走向自觉，谁就掌握了解决人类困境的关键，谁就能在未来赢得主动和成功。

生态学是方法论，师法自然是人获取生态智慧的方略。人类与地球上其他生物有诸多不同，但归根结底是自然界生态系统的一员，人类与其他生物一样，也是为了生存和发展。

生存和发展是指生物体为了维持生命而进行的一系列活动，包括适应环境、获取食物、抵抗逆境、避免危险、繁殖后代、扩展分布等。这些生命活动需要能量和养分来维持，而能量和养分则来自食物中，为此，生物需要寻找、捕捉或采集食物。不同的生物需要的能量和养分不同，要获取的食物数量和品质也不同。食物是从环境中获取的，环境中食物有无、丰富程度，决定了生物生存的方式和规模；生物之间对共同食物的获取方式，决定了生物的竞争激烈程度和种群发展方向，生物适应环境的方式，在一定程度上是由资源的供给水平和供给方式决定的。总之，生命的生存和发展需要资源的支持，也需要环境的保障。

既然生命、生存、生活都由资源决定和制约，而资源是有限的，那就需要珍惜资源，地球上的所有生命都十分珍惜资源，这是生命的智慧。生命的智慧是本来就存在的，但对人类而言，技术进步带给人类更多的不是节约和珍惜资源，而是谋求获取更多资源，从而与"解决资源问题应该是减少及合理利用资源"这种自然本能渐行渐远。如今，这种生命智慧的获得，需要对生命的本质、意义、目的和价值进行深刻理解和洞察，并通过长期思考、学习和实践而获得。珍惜资源、守护生命，这种生命的智慧可以帮助人们更好地理解地球上的生物，更好地理解自己与他人以及与外部世界的相互依存关系。自己之外的事与物，是资源的来源之地，更是资源维持和再生的条件，珍惜资源就要珍惜它们。

既然生命、生存、生活都由资源决定和制约，而资源的供给是由环境决定的，那就需要保护环境，地球上的所有生命都十分重视对环境的维护，这是生存的智慧。生存的智慧也是本来就存在的，但对人类而言，形成这种为了自我保护和生存而采取的理智和智慧的策略，是在经历了漫长工业革命导致的全球环境污染后才深刻觉悟到的。当环境恶化后，资源不再支持我们生存和发展时，我们才觉得环境的珍贵和稀缺。保护环境就是保护我们自己，这个现在看来十分浅显的道理，我们人类是先知而后觉的。

既然生命、生存、生活都由资源决定和制约，而资源和环境的再生性维持是一切的基础，那就努力建设和维护能够提供资源支持与环境再生的条件，这就是维护生态系统完整性及良性运转，地球上的所有生命都在努力建设和完善自己所依赖的生态系统，这是生活的智慧。生活的智慧的本质，是努力调整眼前的行为而对以后产生积极的影响，这种智慧源于对整个生命周期及后代生命全过程的理解、洞察和把握，又反过来在日常生活中表现出的智慧。生活的智慧，对自然界的生物是进化形成的本能约定，对人类则是一种生活经验的积淀和领悟，可以帮助包括人类在内的生命更好地展望未来、谋划当前，从而可以更加积极主动地应对生活中的挑战和困难，提高生活质量，并实现自己的目标和价值。

生命的智慧、生存的智慧、生活的智慧，从不同侧面反映的认知和行为的总和，就构成了生物积极应对环境、高效获取资源、有效处理环境问题的智慧，这就形成了生态智慧。

"世界自然纪录片之父"、联合国环境规划署"地球卫士奖"终身成就奖获得者大卫·爱登堡（David Attenborough）说过："世界上大约有 400 万种不同种类的动植物，这意味着有 400 万种不同的生物生存问题的解决方案。"我们人类作为地球的新晋成员，向地球上已有的生命学习，当会找到适合人类长期生存发展的、解决资源环境问题的最优方案。

第二节　面对人生和社会，通过生态学领悟生存和发展智慧

寻求世界和谐，走向生态文明，应该成为当今世界的主旋律。而生态文明的宗旨——和谐，必然是这个地球上人与自然、人与人、人与自我的和谐。

一、生态学怎么看

面对人生和社会，应该怎样生存和发展？这似乎已是不言而喻的问题。每个人的人生问题非常复杂，也非常具体，同时每个人的生长环境、生活环境、社会阶层等不同，也决定其遇到的人生问题也不尽相同。20 世纪 70 年代以来，以劳动为基础的人类共同活动和相互交往等社会关系形成的人类社会，遭遇人口爆炸、资源短缺、环境污染等问题的连续冲击，人类也开始认真思考，并从生态环境的视角，探讨社会生存与发展的深层次问题。

"生态"强调的是生物的生存状况。生物在一定空间的生存状况就是具体的生态。生态状况的好坏又与周围的环境密切相关，因此与之相关的另一个概念是环境，但环境强调的是一定空间范围内的物理条件。迄今为止，生态学最好的定义依然是该学科奠基人——德国学者海克尔提出来的，即"生态学是研究生物及环境间相互关系的科学"。当想到一个生态环境时，我们应该考虑到的不仅是气候、地理等构成环境的条件和因素，还要考虑到该空间里分布的动植物物种，以及物种之间的关系，如竞争、共生以及在食物链上的关系等。我们经常听到"外来物种入侵"这类报道，反映的就是生态问题。如果外来物种没有天敌，那就可能泛滥成灾。

生态中的"生物"指的就是有动能的生命体，生物的基本特征包括：生物有新陈代谢现象、生物有应激性、生物可以生长发育、成熟的生物个体可以繁衍后代、生物有遗传和变异的现象、生物可以对所生活的环境表现出一定的

适应性并且会影响环境等。从生物学角度来看，人符合生物的这些特征，所以人是生物，其生存与发展离不开所处的生态环境，也是整个地球生态环境的一分子。大量证据也表明，人是从动物进化而来的，但在自身的进化过程中，人的意识已经远远地超出了普通的动物，达到了不可估量的高度。

在个体层面上，生存和发展是生物生命过程中永恒的主题。生存是发展的基础，只有存活下来，才有发展的基础。生存泛指一切生命的存在。然而，不同种类的生命使其得以延续的方式是根本不同的。动物只能以一种本能的活动方式来求得对自然环境的适应而实现其生命的延续。人作为自然界的一种生物，人同动物一样都要接受自然法则的支配，这一点从当代人类生存危机中得到了充分证明。人的生存能力包括初级生存能力和高级生存能力两个方面。所谓初级生存能力一般指解决衣、食、住、行等基本生存条件的能力，而高级生存能力则指在环境较为残酷或不利的情况下能存活下来且更好生活的能力。但人又与动物不同，人作为实践活动的主体，通过人与自然、人与社会的双重活动得到自我创造和自我超越，这就是我们所理解的发展。因此，发展是在个体成长的过程中，每个生命个体所蕴含的潜能在社会实践活动中不断释放并转化为现实个性的过程。而在个体的发展过程中，生理、心理和社会实践三种活动及其作用是共时的、交融的。生命个体在这些社会关系中承担着不同的社会角色，运用各种活动工具，实现相应的发展目标和任务。因此，可以说生存和发展由生命自身与所在环境共同决定。

近50年来，随着人类活动对生态环境胁迫效应的增加，人口、环境、资源间的矛盾日益尖锐化，生态问题成为当今世界重要的全球性问题。人们用生态学的观点认识人与自然的关系，用生态学的方法解决生存与发展问题，形成了新的世界观和方法论。用生态学的观点重新审视环境和环境资源的价值，产生了新的生态价值观；用生态学的观点总结人与产生文明和支撑文明的环境之间的关系，诞生了新的生态文明史观。生态理念进入人类生活的各个领域，产生了新的生态经济观、生态文化观和生态政治观。人们反思早期工业化国家"先污染、后治理"的发展模式，应用清洁生产方法和生态产业模式发展生产、保护环境；人们开始抛弃那种高投入、高消费、高环境影响的生态不道德的生活方式，提倡低投入、适度消费、低环境影响的绿色生活。生态学进入伦理学领域，产生了新的生态伦理学。人们有了新的伦理道德准则，有了对待自然、对待环境的道德规范，认识到人只是地球生态系统这个复杂食物网中的一个网点。

随着生态学成为一种科学的思维方法，"生态"二字有了更深刻的含义、更广泛的群众基础。生态是一种竞争、共生、再生、自生的生存发展机制；生态是一种追求时间、空间、数量、结构和秩序的持续与和谐的系统整合功能；生态是一种保育生存环境、发展生产力的战略举措；生态是技术、体制、文化领域里一场深刻的社会变革；生态是一种追求人类社会不断进化与完善的可持续发展过程。人们也重新认识和审视生态和社会体系。地球上所有生命都依赖其周围环境而生活，生命需要不断地从周围环境获取生活所需的物质与能量。人类也不例外。人类的衣、食、住、行与文化娱乐等所有生活所需的物质和能量，最终都是来自环境。供应一地区人类生活所需的环境，可称为维持生命的环境，简称"维生环境"或"维生体系"，也可称为"生态环境"。若再加上人类社会，则可称为"人类生态体系"。

因此，从生态学的角度看，人类社会的发展绝不仅是经济增长统计数据的变化，它包括从贫穷到富裕、由传统的、单纯的农村经济向复杂的、集约的城市经济转变；同时，还包括人与环境相互关系的优化，人对自然界的态度与人的行为的科学化，生态系统的耗散功能不断提高，能量流动和物质循环的过程更加流畅，生物圈的稳定性、有序性不断改善，对地球上有限资源的利用与分配日益合理化。

二、生态学怎么办

生态是人类生存演化的基础，但人类不是生态演化的基础。人类要想作为生态的一个组成部分，就必须承天意、遵天道、守天规、循天律、按宇宙之性构建人类之信仰，规范人类之道德，才有可能成为地球上一个良性的物种。因此，从生态学角度来看，师法自然才是人获取生存与发展智慧的方略。

师法自然的基础就是让我们全面了解生态关系的本质。从生态学角度看，生态关系指生物与环境的关系，集中体现在三个方面：

1. 生物的生存是和它周围的环境发生密切关系的

生物在整个生命过程中一刻也离不开它生存的环境。生物从环境中取得它生活所必需的物质以建造自身，环境能对生物的整个生活过程和生长发育状态产生影响，这就是环境对生物的生态作用。这样，环境的多样性就形成生物的多样性。

2. 环境的变化必然影响生活于其中的生物

在一定范围内，生物适应环境的变化而在形态结构、生理生化、信息和行为等方面反映出来，这就是生物的生态适应。但是，生物的这种适应范围是有限度的，环境变化超过一定限度，就会影响生物的正常生活，甚至导致其死亡。

3. 生物对环境的改造作用是巨大的

自然界中的生产者、消费者、分解者通过食物链、食物网，形成了复杂的系统，系统中不同生物之间通过物质循环、能量流动等过程，对周围的环境进行反馈调节，进而维持整个系统的生态平衡。

总之，师法自然的目标就是让我们要建立可持续性的观念，要在自然规律的约束下生存，而不能恣意妄为，要求我们对待生命体的态度要"顺天意而为"，每一个生命体都具有与其天赋相对应的使命，生命系统的演化过程包括各种物质、能量、信息的传递与转化环节，基本上是一种自然过程，每个个体、种群都是该演化过程的一部分，所有的物种也都遵循着自然规律，他们互为支撑、互相调控，共同构成一个生命体系。在这一生命体系中，无机物、有机物、生命都有自己确定的位置，物质流、能量流、信息流有较为恒定的量和速度。地球生态系统是一个巨系统，这个系统中的每一个种群也是一个复杂的巨系统，虽然目前对这些巨系统的认识还非常浅显，但尽全力保护好每一个物种及其所在的环境状态是我们人类不可推卸的责任。

三、生态学怎么干

人类生存的智慧，就是处理自身与自然的关系，并使自己赖以生存的环境不被破坏的智慧；而掌握生物圈中各生命有机体的生命活动规律，是研究人类与自然关系的起点。只有了解了生物生命活动的状况和规律，人们才能够按照此规律来处理人类与自然的关系，创造与生物和睦共处、共存共荣的和谐关系。

美国生态学家巴里·康芒纳（Barry Commoner）曾写过《封闭的循环：自然、人和技术》一本书，在世界上引起极大的反响。在这本书中，巴里·康芒纳用生动的例子，详细地论述了四条生态学基本法则。

1. 每一种事物都是彼此相连的

自然界有许多动物、植物和微生物，这些动物、植物和微生物的个体在一定的生态环境中以种种方式集结成群，又在与环境的相互作用中生长、发育、繁衍和演化。整个自然界，就是生物个体、种群与环境相互联系、相互作用的有机统一体。例如在一个淡水生态系统中，鱼—有机排泄物—微生物—无机物—藻类—鱼，构成一个物质循环过程。假设由于一个超出平均气温的夏季天气，淡水这个循环系统中的藻类和无机养分都超过了平衡，这时，生态循环的运转很快会将这种状态带回新的平衡态。因为过多藻类使鱼更容易获得食物，进而减少了藻类的数量，而增加了鱼类的数量，鱼类的增加又导致分解者微生物的增加……这样一来，藻类和营养物的水平又向它们原先平衡的位置上回转。

2. 自然界是没有"废物"的

在每个自然系统中，一种有机体排泄出的废物会被另一种有机体当作食物而吸收。例如动物呼出的二氧化碳，正是绿色植物所要吸收的一种基本营养；植物排出的氧气又为动物所利用；动物的粪便滋养着可引起腐烂的细菌，细菌的废物，例如硝酸盐、磷酸盐和二氧化碳等这些无机物又成了植物的营养物。当今环境危机的主要原因之一，就是大量的物质成为地球上的多余之物，它们以新的形式进入环境。这样，大量的有害物质在本来不该它存在的地方累积起来，进而影响整个生态环境，对人类社会生存和发展产生不利的影响。

3. 自然是最和谐合理的

自然界的生物有机体组合是经过长期的演化而形成的，具有极大的合理性。现存生物有机体乃至整个生物圈生态系统的结构，是大自然逐渐积累起来的一个由可以相互共处的各个部分组成的复杂系统，那些不能与整体共存的可能性结构，便会在长期的进化过程中被淘汰。这样，一个现存的生物有机体结构，或是已知的生态系统的结构，就似乎是和谐的。该法则还认为，一种不是天然产生的，而是人工合成的有机化合物，如果在生命系统中起作用，就很有可能对自然生态系统产生有害影响。

4. 世上没有免费的午餐

这条法则指出人类的第一次获得都要付出某些代价。因为，生态系统是一个相互联系的整体。在这个整体内，任何一种由人类的力量而产生的，对这个整体又多余的物品，人类都要不可避免地为此付出代价。只不过可能被拖欠下来而已。如今的环境危机就是在警告我们拖欠的时间已经太长了。例如在人类文明的发展过程中，各种化合物（农药、洗涤剂、工业产品等）被发明，并在社会发展与进步中发挥着重要作用。从市场角度看，这些发明出来的产品可能在现代技术文明中是成功的。但从生态角度看，这些新的发明及其产生的经济利益对环境的影响变得更为严重了，也就是说，人类在获得的同时，也付出了环境变差的代价。例如肥皂是由一种天然的脂肪产品加上碱制成的，肥皂被使用并随水排入环境，很快被微生物所分解，而洗涤剂的生产和使用却可能造成较大的环境污染。洗涤剂在生产过程中造成的空气污染，大约是肥皂的3倍。而且，洗涤剂很难被微生物分解，特别是含氮物和磷酸盐，会造成水体的富营养化，造成江河湖泊藻类大量繁殖并耗尽水中的溶解氧，使水体发臭变质。总体而言，洗涤剂取代肥皂并未让我们比以前干净，而是让环境变差了。

随着生态学的发展及其与其他学科的融合，生态学还有一条重要的原则，那就是生态资源及生态价值原则。一切被生物的生存、繁衍和发展所利用的物质、能量、信息、时间和空间，都可以视为生态资源。生态过程的实质就是对生态资源的摄取、分配、利用、加工、储存、再生及保护过程。稳定的自然系统通过长期的生存竞争和自然选择，实现对生态资源的多层次利用和循环再生。生物的生产量和消费量之比接近于1，系统得以持续发展。然而，在人类主导的生态系统中，例如农田、草场、森林、城市，以人的最大经济利益为目标，生物的生产量和消费量之比应大于1。但实际上，生态资源的流动常处于两种不平衡的极端之间：一是资源的获取过多，使内部储备耗竭，持续生产力下降，这种现象叫作生态退化，例如管理不善的农田生态系统、矿山及水土流失严重的黄土高原等都存在生态退化的现象。二是外界物质投入较多，导致过多物质滞留在环境中，造成一系列生态环境问题，称为环境污染，例如城市生态系统、富营养化的水体生态系统等。这两类现象都是由于人们不正确的资源利用方式以及系统的反馈机制薄弱造成的。

四、通过生态找到我们回家的路

20 世纪 60 年代以来，随着全球环境、资源状况的进一步恶化以及贫富两极分化程度的急剧加速，人类的生存发展面临空前的危机。历史的教训、现实的警示都昭示着，如果不把追求自身发展的实践建立在保持自然生态系统正常运行的基础之上的话，人类社会的生存和发展将难以为继。

1983 年，联合国成立了世界环境与发展委员会，并于 1987 年发布了《我们共同的未来》的研究报告，该报告的独特价值在于，用"可持续发展"这一包容性极强的概念，总结并统一了人们在环境与发展问题上所取得的认识成果，使它们构成了一个具有内在逻辑联系的有机整体。可持续性指在未来相当长的一段时间内，地球的自然生态系统与人类的文化系统适应不断改变的环境条件，从而继续生存和发展下去的能力。地球是可持续系统的唯一实例，通过了解地球大自然的生态运作过程，指导人类社会发展，才能让人类拥抱一个更具可持续性的未来。

1992 年，巴西里约热内卢召开联合国环境与发展大会，使可持续发展思想不仅在全球范围内得到了最广泛和最高级别的认可，还由理论上的共识变成了各国人民的行动纲领和行动计划。在"里约会议"精神的鼓舞下，中国相继通过了一系列实施可持续发展战略的重要文件。党的十八大报告更是首次将"生态文明建设"单独列为一部分，明确提出，"建设生态文明，是关系人民福祉、关乎民族未来的长远大计"，号召人们"必须树立尊重自然、顺应自然、保护自然的生态文明理念，把生态文明建设放在突出地位，融入经济建设、政治建设、文化建设、社会建设各方面和全过程。努力建设美丽中国，实现中华民族永续发展"，充分显示出了中国政府"努力走向社会主义生态文明新时代"的信念和决心。从生态学角度看，这将是一个长期、持续、艰巨的过程。在日常工作、生活中，要以习近平生态文明思想为标准来规范我们的行为，将建设美丽中国作为社会主义的基本特征和社会主义现代化建设的目标之一，并为之不懈努力，达到美丽中国的愿景：环境优美、政治清廉、物质丰富、社会和谐、文化繁荣。

"地球是全人类赖以生存的唯一家园"。生命共同体理念是习近平生态文明思想的重要结晶，是构建清洁美丽家园的内在要求，也是面对生态危机、安全危机的题中之义，更是适应世界格局变化的历史抉择。2021 年 10 月，以"生态文明：共建地球生命共同体"为主题的《生物多样性公约》第十五次缔约方大会在昆明举行，习近平主席在领导人峰会上做了题为"共同构建地球生命共同体"的主旨讲话。其理论核心在于以人与自然组成的生命共同体作为中心，其中人类这一唯一具备主观能动性的生物，在地球生命共同体中发挥着决定性的作用。因此，建设生态文明的和谐社会是不该分国界也是不能分国界的。

第三节　生态文明时代需要每个人具备生态学基本常识和知识

现代生态学记录了地球生命走过的漫长道路，凝练归纳了数百万种生命及其生存的方式和贡献的生命智慧。这个学科不仅借鉴动物学、植物学、微生物学及其微观学科，还将地质学、地貌学、气候学、化学、物理学、社会学等融合一起，描述和阐释自然的变化及其遵循的内在规律。现代人类主导的社会，生态环境特征及其变化影响国家和地方关于城市化、工业化和经济增长的决策，气候变化、海平面上升、栖息地破坏、物种灭绝、微塑料等新污染物造成的环境污染以及迫在眉睫的水危机、能源危机、资源危机等带来的挑战对人类文明构成了严重威胁，这都要求社会在健全的科学体系上作出迅捷和准确的政策回应。对此，生态学将提供方向和答案，亿万年来生命应对各种危机的方式将成为人类化解自身危机的参照系和解码器。

一、生态文明时代对每个人的知识结构要求

中国在世界率先全面进入生态文明建设新时代，生态文明教育就成为全社会不可或缺的教育内容，包括学校教育、社会教育、职业教育，其教育对象包括决策者、管理者、科技工作者、工人、农民、大专院校和中小学校学生等全体社会成员。作为社会的普通一员，生态文明教育应该成为终身学习的重要

内容。

　　生态文明教育的内容涵盖各个教育层面（见图1-3）。通过本书系统地掌握生态学相关知识，是生态文明教育的科学基础和重要方式。

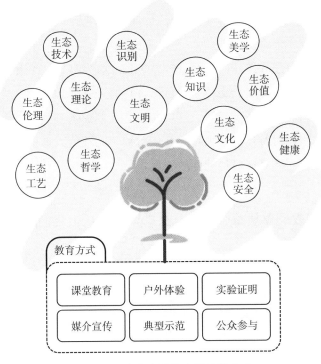

图1-3　生态文明教育涵盖的内容

　　生态学之所以是生态文明时代每个人应该具备的知识，就在于生态学的知识和思想对个体的我、家庭的我、社会的我、国家的我等不同身份的正确认知和行为调整具有积极的引领作用。

　　从生态学中我们可以深刻理解到，任何生物，包括人类都离不开环境，因为生物必须直接从所在环境中摄取各种物质以塑造自身，并要求一定的外部环境条件保障生命活动的进程。所以，生物及人与环境的关系是与生俱来的，而且是无时无刻不在的。当然，不同种类的生物对环境的要求各不相同，而外界环境有其自身的发展规律，并不完全以生物及人的需求为转移。面对复杂多样和不断变化的环境，人及生物必须通过调节各种机能，以维持和扩展自身、汇集资源，实现生存、发展和繁衍，这就是"生态适应"的实质。这就是说，在生物与环境的相互关系中，环境如何影响生物、生物又如何适应环境都要由生物的生存和生活状态表现出来。环境是主导的，生物是主动的。地球上生物千姿百态，环境复杂多样，生物与生物之间、生物与环境之间的关系错综复杂。生物的生存、发展、繁衍是不能孤立完成的，构建和加入家庭、族群（种群）、群落是生命活动的基本形态，适应自然的非生物环境、适应生物环境，对任何一种生命都是重要的。

人类社会像自然界的任何生命一样，他的生存发展，离不开大自然提供的资源支持和环境保障。要获得持续的资源环境，必须保护自然，爱护自然，敬畏自然，实现人与自然和谐发展。这就是生态文明的核心要义。换句话说，就是只有人类文明地对待自然，大自然才能持续不断地为人类提供资源与环境的馈赠，人类社会才能获得可持续的健康发展。

二、中国发展需要每个公民从生态学角度认识我们的发展道路

事实上，任何国家的经济社会发展，都需要解决资源环境问题。西方发达国家曾经通过殖民地的方式来解决。

首先，殖民者对当地资源进行了掠夺式开发，以满足宗主国的需求。这些资源包括矿产、木材、农产品等，通常被运回宗主国进行加工或直接销售。这种掠夺式的开发对殖民地的生态环境造成了严重的破坏。

其次，殖民者还采取了种植园经济的方式，种植经济作物如咖啡、可可、橡胶等，以满足宗主国的消费需求。这些种植园通常由宗主国公司或个人控制，当地居民被迫从事种植或其他劳动活动。这种经济模式对殖民地的经济和社会发展产生了深远的影响。

最后，殖民者还通过科技、贸易、税收、军事等手段来控制和获取资源。他们建立了贸易网络和港口，以方便宗主国对殖民地的贸易往来，并通过科技、税收乃至军事手段获取当地资源。这些贸易和税收手段也促进了殖民地的经济发展。

西方发达国家在其快速发展的过程中，不同程度地采取了殖民地的方式，或类似于殖民的方式，解决经济发展对资源的需求，同时把污染严重的产业和行业转移到发展中国家，这些方式对殖民地的生态环境和经济发展产生了负面

的影响，而对殖民者来说，保护了他们自己国家的资源和环境。

和世界上其他任何经济体一样，我国在经济发展中也遇到了资源压力与环境恶化这个棘手的难题。但我国不可能像西方发达国家那样向外转移环境问题。党的十八大以来，党中央以前所未有的力度抓生态文明建设，全党全国推动绿色发展的自觉性和主动性显著增强，美丽中国建设迈出重大步伐，我国生态环境保护发生历史性、转折性、全局性变化。2021 年，全国地级及以上城市细颗粒物（PM$_{2.5}$）平均浓度比 2015 年下降 34.8%，全国地表水 I—III 类断面比例上升至 84.9%，土壤环境风险得到有效管控；自然保护地面积占全国陆域国土面积的 18.0%，300 多种珍稀濒危野生动植物野外种群数量趋稳向好。近十年来，全国单位 GDP 二氧化碳排放下降了 34.4%，煤炭占能源消费总量的比重从 68.5% 下降至 56.0%。可再生能源开发利用规模、新能源汽车产销量稳居世界第一，经济社会高质量发展的绿色水平显著提升。

但是，我国生态文明建设与绿色发展还面临挑战，主要体现在以下三个方面：

一是我国资源环境面临结构性问题。我国还处于工业化、城镇化深入发展阶段，产业结构、能源结构、交通运输结构仍具有明显的高污染、高排放特征，结构调整任重道远，统筹发展与保护难度不断加大。

二是历史积累问题与新问题持续叠加。我国生态文明建设仍然面临诸多矛盾和挑战，资源环境压力较大，环保历史欠账尚未还清，治理能力还存在短板等，根源性压力还很突出、尚未根本缓解，未来发展中还将有新的环境问题不断出现。

三是借助国际力量解决资源环境问题的空间受限。我国仍处于并将长期处于社会主义初级阶段，绿色转型的经济基础尚不稳固，国际局势日趋复杂严峻，不确定性风险将长期存在，实现生态环境质量改善从量变到质变的趋势性拐点还需付出艰苦努力。

我国生态环境保护面临的问题是发展中的问题，发展中的问题需要通过更好更快地发展来解决。通过高质量的保护来促进高质量发展，需要科学技术的理论来引导我们前行的道路，需要科学技术的思想来武装我们的头脑，需要科学技术的手段为我们解决问题提供路径和对策。

生态学作为探讨包括人类在内的所有生物如何智慧生存、科学发展的知识体系，将在中国进行生态文明建设实践中作为基础性科学力量，发挥应用的作用。我们面临的复杂保护与发展问题需要通过生态学来统筹认识；尤其是面对生态退化和环境污染等复合性环境问题，需要建立以生态学为基础的新科学体系来认识。生态学应该成为统领全社会发展理念的科学基础。

三、维护可持续发展需要每个地球村民共同行动

生态智慧看起来十分简单，对大自然中的生命而言，只是一种本能，时时刻刻按照这些基本要求和原则运行和发展着。但对进入社会文明以后的人类而言，已经丧失了自然生物应有的感知、预警、调控的能力；同时，人类历史短暂，时代更替远没有地球上其他生命那么多轮回和往复，还没有来得及把形成的这种生命智慧内化到人类个体基因、种群性能中，在人类知识文化体系中更没有固化为一种信息信号或群体记忆，因此还没有获得长期生存发展的自然本能，这些智慧很多都是在经历了资源危机、环境危机进而引起生存和发展危机以后又被找回来的。这些智慧的探寻与归集，涉及许多领域，不仅是在生态学、生物学，很多的思想智慧和闪光点散落在哲学、心理学、社会学、宗教学领域。生命的智慧看似简单，但博大精深，需要学习领悟、与他人交流、反思自己的经验等方式来获得。

珍惜资源，保护环境，维持大自然的良性运转，这些都是人类社会从血的教训和痛苦的历史中获得的宝贵经验，也是每个人在生命、生存和生活中处理资源获取、资源配置、营造良好环境时谨记的基本原则和操守。大自然运转几十亿年的内涵，值得才出现几万年的我们人类努力学习。

师法自然，谋求人类社会及每个人的生存发展，需要以虔诚的态度向大自然学习，在无言的自然运行中感悟生命活动的过程和相关机制，转化为自己的生态智慧，从而调整自己的行为，并努力调整和优化人类的共同行为。事实上，心理学上很多生存生活的智慧，都与此有关。

1. 自我认知：在生态学上就是要寻找和认知自己的生态位，了解自己的优点和不足，接受自己的缺点并努力改进和提升自己，努力成为自己所在生态位中的成功者。

2. 人际关系：在生态学上就是要处理好种内关系，对社会性的生物而言，

每个生物的成功都有赖于良好的种内关系的建立，既要有序竞争提高效率，更要在竞争磨砺中形成秩序，降低内耗，还要与其他个体合作、沟通和解决面临的共同问题。

3. 财富管理：在生态学上就是要对自己的资源有效配置和利用，包括如何用资源去积累新的资源、如何把资源合理利用到不同的生命过程中，尤其是繁育、衰老、极端环境条件下。有效地管理个人财务，包括理财、投资和开支，自然界能为我们提供很好的借鉴。

4. 健康管理：在生态学上就是保持身体健康，以便有足够的体能随时应对难以预料的挑战，自然界的高等动物都在包括饮食、运动和休息等方面形成了健康的内在维持机制。

5. 情绪管理：在生态学上就是减少过度的应激反应，必要的应激反应是化解危机、度过危险的重要手段，应激反应引起的资源过度消耗是难以长期稳定解决问题的，因此控制自己的绝大多数情绪，避免过度的情绪波动对生活造成负面影响。

6. 学习与适应：在生态学上，越是高等动物，越是社会性动物，越是具有良好的学习能力，从别人的失败和成功中获得启迪和能力，从而更好地适应每时每刻都在变化的环境。

当然，师法自然，不是简单地模仿，而是向进化发展了20多亿年的生命体系学习和感知他们处理和应对生物与生物之间、生物与环境之间的关系的方式，形成良好的行为规范。人类要获得生命的智慧，既要像自然界的生命一样不断地学习、试错和思考，也要充分借鉴人类已有的知识和智慧积累，通过阅读书籍、参加课程、与他人交流、反思自己的经验等方式来获得，更要保持开放的心态，接受新的经验和观点，并不断地成长和进步。

第二章 我们生存环境的生态学

　　每个生物体都是一个开放的系统，与外界环境交换物质和能量。人类以各种方式从环境中获取生存与发展所需的所有物质与能量，并将无用或有用但抛弃的物质排放至环境中。可见，光、水、大气、土壤、食物构成的人类生存环境（见图2-1）影响生物，生物反过来干预其生存的环境。生物与生存环境相互之间的关系及其规律性形成了我们生存环境和生态学。

图2-1　光、水、大气、土壤、食物构成人类的生存环境

第一节　光与温度的生态学

　　生物以光合作用、摄取食物等形式从环境中获取能量，使用这些能量进行生化反应和生长、代谢，并调节自己的温度，同时以热的形式向环境中释放能量。

一、所有生命所需能量最终来源于太阳光

　　所有生命体的生长、代谢等所需能量直接或间接来源于太阳光（见图2-2）。植物能够制造自己的食物，被称为自养生物，它们利用含有叶绿素等色素的叶绿体捕获光能，然后将光能转化为化学能储存在体内，为生命过程提供能量。生态学家称植物为生产者，因为它们以非生命（无机）材料为基础生产生命

（有机）材料。地球上能量的类型包括太阳能、化学能、地热能、风能以及其他能量。太阳是所有这些能量的来源，但实际上只有一小部分到达地球的能量被用来生产生命材料。太阳能有约一半被大气层吸收，剩下的只有 1/4 具有植物光合作用所需的波长，且这部分能量实际上仅有很少的比例被转化为植物体。在森林中，太阳总辐射量的约 1% 被最终用于净初级生产；在草原上，这一比例仅约 0.4%；而在海洋中，由于海水对太阳辐射的反射和折射作用，使能量大幅损失，这一比例可能低至 0.01%。最终，所有进入生态系统的能量都以热量的形式释放回大气中。

图 2-2 所有生命体所需能量最终来源于太阳光

绿色植物、藻类和一些光合细菌之所以能吸收可见光波长，通过光合作用将这些光的能量转换为化学能，是因为这些生物体有专门的细胞器，称为叶绿体。叶绿体中含有一层被称为类囊体的膜和一个包围类囊体的充满液体的空间，称为基质。嵌入类囊体膜内的是几种能吸收太阳辐射的色素，包括叶绿素和类胡萝卜素。叶绿素主要负责捕获进行光合作用所需的光能，即红光和紫光。叶绿素反射绿光和蓝光，这就是大多数植物的叶子主要呈现绿色的原因。过去，科学家们发现了 a、b、c 和 d 四种不同结构的叶绿素，其中叶绿素 a 是一种能将光合作用的光能传递给化学反应系统的唯一色素，其他三种叶绿素吸收的光能均是通过叶绿素 a 传递给化学反应系统的。近年来，科学家们发现了第五种叶绿素，将其命名为叶绿素 f，这种色素是在澳大利亚鲨鱼湾的藻青菌菌落中发现的。类胡萝卜素是一种橙色的光合色素，是主要吸收蓝光和绿光的辅助色素，能够吸收太阳光中的蓝光和紫光，而反射橙光和黄光。通过叶绿素和类胡萝卜素的作用，生产者可以吸收更多的太阳能用于生命体的生产。

二、光照强度

光照是生物生命过程中不可或缺的要素之一，光照的强度和时间对生物的生长和生理活动有着重要影响。光照可以提供植物进行光合作用所需的能量，同时也影响着动物的行为。光照的强度会影响植物的光合速率和叶绿素的合成，进而影响植物的生长速率、产量和品质。不同植物对光照的要求各异，有的植物喜阳，而有的植物喜阴，形成了阳性植物、阴性植物和耐阴性植物。水生植物对光照强度的适应性影响其在水中的分布。

动物在视觉器官形态上对光照强度变化产生了遗传适应性变化。夜行性动物，例如懒猴、飞鼠等的眼睛通常比昼行性动物的要大。某些啮齿类动物的眼球突出于眼睑外，以便从各个方向接受微弱的光线。终生营地下生活的兽类，例如鼠等的眼睛一般很小，有的表面被皮肤覆盖，成为盲者。动物对光照表现出行为适应性，分为昼行性动物、昼夜性动物和夜行性动物。

三、大气对温度的调节

虽然地球表面的温度属于空间的极低温度，但它保持着温和且有利于生命生存的温度，平均值约为 15℃。地球被太阳直接照射，再加上来自其内部的少量热量，平均温度不高于 -18℃。二者 33℃ 的差异正是来源于被称为温室效应的自然过程，它使对流层变暖，并有助于创造一个对生命更友好的环境。这一现象的形成是由于地球大气中存在温室气体，包括二氧化碳、甲烷和一氧化二氮等。温室效应的存在使地球热平衡的平均温度增加了 33℃。但如果大气中温室气体的浓度增加，温室效应将增强，进而导致地球平均温度上升。

四、四季变化

地球的轨道不是正圆形，而是略呈椭圆形。因此，当地球公转时，其与太阳的距离也会发生变化。此外，地球的自转轴与垂直于轨道的平面之间有一个23.5°的倾斜，这就是地轴倾斜。这个角度的变化导致了太阳直射点的移动，从而引发了四季的变化。

众所周知，四季变化对地球的气候产生了显著影响。首先，不同季节的气温、降水和光照条件的变化，使得生物在不同的季节面临不同的生存环境。例如，在春季和夏季，植物主要进行光合作用和生长；而到了秋季和冬季，则主要进行呼吸作用和冬眠。其次，四季变化也影响了大气环流和气象灾害的发生。例如在夏季，热带的低气压和飓风等气象灾害更为常见；而在冬季，极地高气压使得寒潮和暴雪等气象灾害更容易形成，这些气象条件同样显著影响生物的生存。

四季变化也对生态系统产生了深远的影响。例如植物的繁殖过程受到季节变化的重要影响。在春季和夏季，植物通过光合作用积累营养物质，并在秋季和冬季利用这些物质进行繁殖和生存。不同季节的环境条件不同，动物也必须适应这些条件的变化，一些动物在冬季进入冬眠状态以节约能量、越过低温，而在春季物质和能量增多后开始繁殖。随着季节的变化，食物链中的生物也会作出相应的调整。例如在夏季，初级生产者产生了大量的生物量，为初级消费者提供了大量食物，初级消费者的数量增加，成为食物链中的重要一环，其他二级消费者也会依靠较多的食物资源更多地繁殖后代。而在冬季，由于植物凋零，食物减少，生态系统难以支持大量生物的生存，很多动物不得不进入冬眠状态以节约能量。各种生物在漫长的进化过程中逐渐适应了四季变化的环境条件，并进化出适应环境的生存策略，得以在地球上生存，这使得地球维持了较高的生物多样性。虽然四季变化具有规律性，但仍存在一定的波动性。例如在同一年中可能发生极端气候事件（如暴雨、干旱等），这将对生态系统产生影响。因此，生态系统需在稳定性与波动性之间保持平衡，以便更好地应对季节变化及其波动带来的挑战。

五、温度对生命的决定性作用

温度是生态系统中重要的生态因子之一，对生物的生长、繁殖和生理活动均能产生直接影响。不同生物对温度的适应能力不同，有的生物适应高温环境，有的生物适应低温环境，而大部分的生物适宜在温和的环境中生存。温度对植物的种子萌发、幼苗生长、开花结果和物种分布等都有重要影响。对动物而言，温度的变化会直接影响其代谢和行为活动。温度同样显著影响微生物的生长和活性，进而影响生态系统中的物质循环和可利用性。

温度对人类赖以生存的食物来源——农作物的生长和成熟有重要影响，每种生物都有一个可以生存的温度范围。对于植物，常见的最高生存温度为45℃，常见的最低生存温度为-10℃。然而，许多植物可以在这个范围之外的温度下生存。当温度升高至一定限度时，光合作用通常会加速，超过这个限度，光合作用就会减慢。在适宜的温度范围内，作物能够快速生长和成熟，进而获得较高的产量和质量。气温过高或过低均会对作物产生不利影响，导致减产或死亡。因此，人类需要根据气温的变化来调整作物种植和收割时间。

此外，任何生物生命活动中的每一个生理生化过程都有酶系统的参与，而每种酶都有自己的"三基点温度"，且不同生物的"三基点温度"不一样。在一定温度范围内，生物的生长、生理生化速率与温度成正比。一般而言，生长在低纬度的生物高温阈值偏高，生长在高纬度的生物低温阈值偏低，这是生物长期适应温度的结果。例如某些植物需要经过一个低温的"春化"阶段，才能开花结果。

温度对动物的寿命存在影响，通常在较低温度下生活的变温动物的寿命较长，而对恒温动物来说偏离最适温度将会使其寿命下降。温度也直接限制生物的地理分布。生物发育需要一定的总热量，若生存地区的有效积温少于生物发育所需的积温，则这种生物不能完成生活史。其中，年平均温度、最冷月平均温度、最热月平均温度是影响生物分布的重要指标，极端温度也是限制生物分布的重要条件。例如苹果和某些品种的梨不能在热带地区栽培，原因一是高温破坏了植物体内的代谢过程和光合呼吸平衡，二是某些植物不能经过"春化"阶段而导致不能开花；而椰子、可可等只能在热带分布，这是由于这些植物喜温暖湿润的气候、充足的光照以及丰富的降水。一般来说，暖和的地区生物种类多，寒冷的地区生物种类较少，热带、亚热带地区往往也具有较高的生物多样性。

六、生物对光的适应

由于地球自转和公转所造成的太阳高度角的变化，使得太阳能的输入呈现周期性变化。生物的节律与周期性就是生物对光周期现象的适应，且受光周期控制。光周期现象是一种光形态建成反应，是在自然选择和进化过程中形成的，包括植物的开花、结果、落叶、休眠以及动物的繁殖、冬眠、迁移、换毛换羽等。

1. 植物的光周期现象

根据植物对日照长度的反应可将其分为长日照植物、短日照植物、中日照植物和日中照植物 4 种类型。

（1）长日照植物，通常在日照时长超过一定数值才开花，否则便只进行营养生长，不能形成花芽，这类植物在全年日照较长时开花，人工延长光照时间可促进其开花。这类植物起源和分布于温带和寒温带地区。

（2）短日照植物，通常在日照时长短于一定数值才开花，否则就只能进行营养生长而不开花，这类植物通常在早春或深秋开花，人工缩短光照时间可促进其开花。这类植物多起源和分布于热带或亚热带地区，在中纬度地区也有一定的分布。

（3）中日照植物，通常在昼夜长度相等或大致相等时才开花，例如甘蔗只在 12.5 小时的光照下才开花，在其他光照长度下其开花受到限制。仅少数热带植物属于这一类型。

（4）日中照植物，通常指在任何日照条件下都能开花的植物，即开花不受日照长度影响的植物。例如黄瓜、番茄、番薯、四季豆和蒲公英等植物。

2. 动物的光周期现象

（1）动物繁殖的光周期现象。在温带和高纬度地区的许多鸟兽，随着春季到来，白昼逐渐延长，其生殖腺迅速发育到最大，开始繁殖，这类动物为长日照动物，例如刺猬、田鼠和水貂等。有些动物在白昼逐渐缩短的秋季生殖腺发育到最大，开始繁殖，这类动物为短日照动物，例如羊、鹿等。这类动物秋季交配，春夏产子，对其来说，这时食物较为丰富，环境适宜生存。

（2）昆虫滞育的光周期现象。很多昆虫在它们的生命周期中能插入一个滞育，这通常是由光周期决定的，以利于它们适应秋冬的恶劣环境。

（3）换毛与换羽的光周期现象。鸟兽的换毛换羽是受到光周期调控的，这使得动物能更好地适应环境的温度变化。通常，在温带和寒带地区的大部分兽类于春秋两季换毛；许多鸟类每年换毛一次，少数鸟类每年换毛两次。

（4）动物迁徙的光周期现象。鸟类的长距离迁徙是由日照长短的变化引起的。例如夏候鸟的杜鹃和家燕，春季在北方繁殖，冬季飞到南方去越冬；冬候鸟的大雁，冬季在南方较暖地区越冬，次年春季北去繁殖秋季又飞回原来的地方。光周期的变化通过影响内分泌系统而影响鱼类的迁徙，例如三刺鱼。

七、人类主要生活于特定的光温条件

人类是一种相对脆弱的生物，生存下来需要适宜的温度、水、氧气及足够的能量供应。

古有传说"逮至尧之时，十日并出，焦禾稼，杀草木，而民无所食"。后羿射十日，救万民于水火。地球上所有生物的生存都直接或间接地依赖太阳提供的能量。但是，只有合适的光照以及温度才能保证地球上生物的正常生存，人类也不例外。得益于在太阳系中得天独厚的位置，地球拥有适宜生物生存的光照和温度条件。但这并不意味着地球上所有的区域都适合人类生存。人类的祖先在寻找食物、开采资源以及选择安全栖息地的过程中，经历了长时间不间断的迁徙。在这种长期不稳定、不安全的环境下，人类的祖先意识到选择一个适宜人类生存的区域定居尤为重要。回望历史长河，我们会发现人类初始文明的产生主要集中在北纬 20°—40° 的温带地区的大河流域。这些地区拥有共同的特征，即拥有充足的光照、适宜的温度、富足的水源以及平坦的地势，使其成为从事农耕活动的最佳地区。古埃及、古巴比伦、古印度和中国之所以成为四大文明发源地，与当时有利的气候环境密不可分。

在早期，一些生活在光温水条件优越的非洲地区居民极少耕种田地，他们仅靠在自然中采摘食物就可以满足饮食需求。但优越的光温水条件却也是一个

"祝福的诅咒"，由于食物唾手可得，反而限制了农业的发展。再加上炎热的气候大大加快了疾病、害虫的传播与繁衍，也影响了当地的发展。炎热的地区存在这些问题，那极寒的北极地区呢？由于可接受的光照较少且平均气温很低，北极地区几乎无法进行耕种。生活在当地的因纽特人只能通过狩猎一些高蛋白、高脂肪、高能量密度的动物，例如海象、海鱼等，发明一些属于当地特色的"美食"（如被誉为"黑暗料理"的腌海雀），来满足自身饮食和获取能量的需求。生活在光温水条件良好的温带地区的人们，不需要将过多的精力放在适应气候上。分明的四季、相对稳定的气候推动着生活在温带的人类从原始的采集社会到狩猎社会，再过渡到农耕社会。生态学中的"中度干扰假说"讲的就是这个道理。解决了温饱问题的人类，逐渐开始思考生存的哲学、宇宙的奥义，人类的科技文明就此爆发。

随着文明的发展、科技的进步，人类的足迹开始向全球各个地区扩散，逐步形成了现在的人类分布格局。中低纬度、地势低平的平原盆地以及沿海地区对人口有明显的吸引作用。当今世界人口的 79.4% 集中在北纬 20°—60° 的地区；海拔 200 米以下地区的人口占世界人口的 56.2%，海拔 200—1000 米地区的人口占世界人口的 35.6%；距海岸 200 千米以内地区虽只占全球陆地面积的不足 30%，但拥有世界一半以上的人口。可见，光温水条件良好的区域仍然是人类选择生活的"香饽饽"。

第二节　水的生态学

水是地球上最常见的物质之一，是中国古代"五行"中的一种基本元素，与大气、土壤等共同组成了地球上的物质环境。生命起源于水，水又是一切生物的重要组成部分。

一、水是生命的源泉

水和空气一样，是生命最基本、最必需的自然资源，也是生命之源。《盘古开天地》中写道："他的血液变成了奔流不息的江河"，"他的汗水变成了滋润万物的雨露"，即体现了宇宙中水的重要性。中国古代典籍《太一生水》也强调了水在万物生长中的重要作用。地球在生命活动出现之前就有了水，地球上最早的生命诞生于海洋中，因此，海洋被称为"生命的摇篮"。生命从简单到复杂、从低等到高等、从水生到陆生，很长时期都是在水中完成进化的。至今，所有生命也都离不开水，花草树木、虫鱼鸟兽、人类，每时每刻都与水紧密联系在一起，生物体内的水分保持、温度调节、营养吸收都离不开水。

水是有机生命活动的基础，植物的光合作用、呼吸作用、蒸腾作用都与水密不可分。人们喜欢到青山绿水间呼吸新鲜空气，享受绿美环境带来的馈赠，这很大程度上与植物通过光合作用释放出氧气有关，而这个过程就必须有水。水是最好的溶剂，保证了营养物质的转运。植物通过吸收土壤中的水分，经过根、茎、叶的运输，向大气中释放水蒸气，这种蒸腾作用在给环境带来良性循环的同时，对植物本身的水分运输、营养吸收、叶片降温也有很大的益处。叶片降温就是水发挥了温度调节作用，温度调节可使生物免受温度急剧变化带来的危害。《道德经》说："上善若水，水善利万物而不争"。洗脸、刷牙、做饭、洗澡、洗衣服等人类的日常生活更是离不开水。

水是人体正常代谢所必需的物质，身体的新陈代谢及各种物质的输送都必须在水溶液中进行，正常情况下身体每天要通过皮肤、内脏、肺以及肾脏排出约 1.5 升的水，并随之排出体内毒素。人体中钾、钠、氯、镁、钙等电解质要以水为溶剂，维持身体的酸碱平衡。身体中的营养物质也是依赖水来进行运输和传递，可以说水是人体内物质的搬运工。水还肩负着在体内和皮肤表面之间传递热量的重任，从而调节体温，使机体保持在稳定状态，水对生命的重要性可见一斑。

水是生命之源，没有了水，就没有了生命，因此，要像珍惜生命一样珍惜水资源。

二、水是生命的主要组分

大气、水、岩石、生物、土壤等构成自然地理环境，水是组成自然地理环境的重要因素；大气、岩石、土壤甚至生物体中都有水的存在，地球上存在生命的重要因素之一就是有液态水的存在。水是生命的组成成分，是构成细胞、组织液、血浆等的重要物质，没有水生命就会终止。

　　人体内一般含水量为 60%—80%，年龄越小，身体含水量越大，例如胎儿在母亲体内的孕育需要"羊水"包围，婴幼儿身体中含水量高达 80%，成年人身体中含水量为 60% 左右。人体内，水在血液中的比例接近 90%。水是构成人体的重要组成部分，对人体健康起着重要的作用。俗话说："人可一日无餐，不可一日无水"，人每天都要摄取足够的水分来维持身体的正常运转。常见的呕吐、腹泻在情况严重时会因脱水而致命，就是因为大量的水分丢失以及生理功能紊乱。

三、生命对水的适应

　　适应是生物的本能。俗话说"一方水土养一方人"，即不同的地理环境、资源会造就人们不同的生活方式、生存特点，形成各具特色的历史文化。例如南米北面饮食习惯的形成，就是因为南方湿润多雨，适合种植水稻，而北方干旱少雨，适合种植小麦，这就是人类对水形成适应的一种表现。人类的特征也是长期进化过程中适应环境的结果，例如长期生活在小岛上的巴瑶族人肺部比普通人大，可以在没有任何装备的情况下潜到海下 20—30 米；长期生活在极地的因纽特人身材粗壮矮小、眼睛细长、鼻尖向下弯曲，更能抵御寒冷；长期生活在珠穆朗玛峰脚下的夏尔巴人，更能适应高原缺氧环境。

　　当然，动物也表现出对水的适应性。例如绝大多数鱼类的身体表面都长有鳞片，鳞片表面光滑，可以减少水的阻力，使其在水中游动的速度更快。另外，流线型身体形状也是海洋生物适应水环境的表现，流线型结构表面光滑，前圆后尖，可以减少阻力，提高游泳效率，能迅速捕食或逃离捕食者，汽车、火车、飞机常做成流线型，就是利用这个特点减少空气阻力，提高运动速度。

　　除动物外，植物对水的适应性更为典型，水环境塑造了花、叶、根的形态。例如蕨类植物的嫩叶是蜷曲的，吸收水分时会舒张开来并迅速生长；漂浮植物叶片背面的气囊能让其漂浮在水面，须状根能让其保持平衡并吸收水中的营养；沉水植物因茎、叶都浸没在水中，身体的各个部位都能吸收水分和营养，因此其根系退化，主要起到固定植株的作用；挺水植物的根及根状茎生于泥中，茎、叶挺出水面，叶片有着与陆生植物相似的构造。不仅如此，湖滨带植物还能适应湖泊水位的丰、枯变化，在其长期进化过程中，通过改变生长时间及繁殖方式，形成了与丰水期、枯水期水位变化相适应的形态学特征和生存对策。

四、水循环

地球上的水有液态、气态、固态三种相态。水在太阳辐射、地球引力等作用下，不断发生相态的转换，这就是自然界的水循环（见图2-3）。

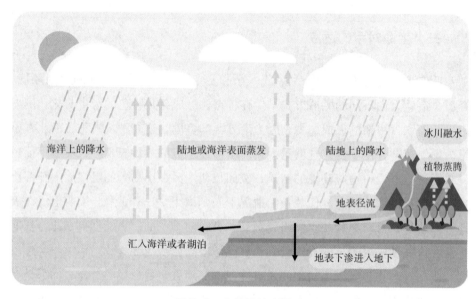

图 2-3　自然界的水循环

降水、蒸发和径流是水循环过程的主要环节。雨、雪、冰雹、霜、雾等都属于降水，是径流产生的基础，通过不同路径汇集于流域出口断面的水流即为径流。蒸发是水由液态或固态转化为气态的相变过程。

根据发生的空间范围，水循环分为海陆间循环、陆地内循环和海上内循环。海洋是地球上最广阔的水体，在水循环中起着主要作用。海洋表面的水，通过蒸发形成水汽，一部分水汽进入大气层后，在海洋上空遇冷凝结，以大气降水重新降落到海洋里，形成海上内循环；另一部分水汽被大气输送到陆地上空，在适当的条件下形成降水，降落在陆地上，在地表流动的部分形成地表径流，下渗到地下的部分形成地下径流，又都流入海洋，形成海陆间循环。陆地上的江河湖库、土壤中的水分蒸发形成的水汽与植物蒸腾作用产生的水汽，被气流带到陆地上空，遇冷凝结形成降水又回到地面，形成陆地内循环。例如云南省的降水来自太平洋和印度洋的水汽，以降水形式落到陆地，汇集到六大水系的江河湖库中，或下渗形成地下水，最终流入印度洋和太平洋，这就是水循环的结果。

　　水循环过程中的水会被人类所利用，即成为水资源。人类在利用水资源的同时，生产和生活活动中产生的大量污染物也会通过不同的途径进入水循环。例如排入大气的二氧化硫和氮氧化物能形成酸雨，进入水循环后把大气污染转变为地表水和地下水污染；大气中的颗粒物也可通过降水返回地面；在降水的冲洗、淋溶等作用下，固体废弃物中的有害物质通过迁移和扩散的作用进入水循环；生活污水和工业废水使水体受到污染，最终对海洋环境造成影响。可见，人类社会的水循环把各种水体连接起来，促进了水体中物质的迁移，也使得污染扩散，包括城市对地下水的影响（见图2-4）。例如云南属于"旱季积累，雨季输出"的污染特征，主要原因是雨季大量降水，陆地上的污染物质被冲刷进入河流湖泊，水循环加剧了污染物质的迁移、扩散。

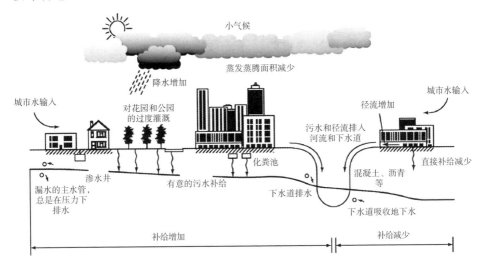

图2-4　城市对地下水的影响

　　地球上三种相态的水在时间、空间上的变化很大，导致水资源时空分布不均成为共性问题。人类活动与气候变化的叠加影响，不但改变了局部的水循环，而且一定程度上影响了全球的水循环，这种水循环的变化又反过来影响人类的生产与生活。全球气候变暖使冰冻圈处于消融退缩状态，使得淡水资源面临危机，极端天气事件愈演愈烈，极端降水和干旱频繁发生，例如 2021 年 7 月 20 日河南郑州遭遇的历史罕见特大暴雨，这是一次日降水量大幅突破极值的强降水天气事件。要保障人类社会的生产、生活、生态用水，需进行合理的水资源配置和调控，取水、供水、用水、排水等过程改变了自然的水循环，形成了"自然—社会"二元水循环过程。社会水循环主要依靠水利工程来改变自然的水循环路径，例如水库蓄水、渠道引水、跨流域调水、泵站提水等。南水北调工程就是解决北方地区水资源严重短缺问题的重大战略性工程，是包含取水、供水、用水、排水等环节的社会水循环过程的典型代表。

水循环通过周而复始的循环运动将大气圈、岩石圈、生物圈以及水圈串联在一起，各圈层相互影响、相互制约，作为地球能量的主要传输者、储存者和转化者以及海洋和陆地间联系的纽带，水循环维持着全球的水平衡，影响着全球的水资源总量。因此，为了我们共同的家园，为了子孙后代，我们每个人都要树立保护地球环境、保护水资源的意识，为构建健康、良性的水循环作出自己的努力。

五、碧水来自大自然的拦截、涵养和净化

碧水、蓝天、净土，正在成为人民幸福生活的"标配"。那么大自然中的碧水是怎么来的？我们常说"绿水青山"，可见"青山"和"绿水"之间有着千丝万缕的联系。"青山"指长满绿色植物的山，也就是"植被好"的山，这些植被在"绿水"的产生过程中扮演了重要的角色，把山与水有机地联系起来，成为水循环过程中重要的一环。

发生大气降水时，林冠层、亚冠层、灌木层、草本层、地被层逐层对降水进行拦截，当地被层的植物吸收水分达到饱和后，形成地表径流，下渗到土壤和地下水中，参与水循环。不同的是，降水的分布、地表径流量、植被的蒸发散、土壤含水量等均发生了变化，水循环过程也随之发生改变。经过拦截后，降水汇集量大幅减少，减缓了地表径流的形成，削减了洪峰流量，减少了地表的水土流失，促进了土壤中地表径流的形成，加强了地下水的补给，充分展现

了森林在拦蓄、调节、涵养水源和维持水量平衡等方面的生态功能。

大自然对水的净化包括陆地净化和水体净化。陆地净化主要通过森林拦蓄降水、物理吸附、土壤生物降解与化学作用等净化水质。水体具有一定的自净能力，河流、湖泊、水库、海洋等水体在自然蒸发过程中会带出一些挥发性物质，重金属等污染物可以通过沉淀吸附作用沉积至底泥中，某些污染物被水生植物吸收或吸附，或者被藻类、细菌等微生物吸收分解，或者通过混合、稀释等物理作用减轻水污染程度，这些都是水体的自净作用途径。但水的自净能力是有限的，且受到水流速度、流量大小的影响，例如云南九大高原湖泊，都是封闭半封闭的断陷构造型湖泊，出流河道较少甚至不出流，主要靠降水补给，换水周期长，水体自净能力较弱，一旦被污染，靠水体的自净作用是很难恢复其水质的。

简言之，我们喜欢亲近的碧水来自大自然的拦截、涵养和净化，森林生态系统和水生态系统扮演了重要的角色，保护好碧水是世世代代的责任。

六、人类择水而居

水孕育了人类文明，人们对水的喜爱从古至今。水不仅能陶冶性情，而且能启迪智慧。孔子说"知者乐水，仁者乐山"，把反应敏捷而又思想活跃的人与水联系在一起。老子在《道德经》中多处提到水，"上善若水。水善利万物而不争，处众人之所恶，故几于道"，把道德高尚的人比作水，水用自己的纯净去除他物的污秽。"天下莫柔弱于水，而攻坚强者莫之能胜，以其无以易之"，赞扬的是不屈不挠、坚定刚毅的品质。林则徐说"海纳百川，有容乃大"，说的是博大的胸怀。水成为高尚道德品行的主要象征。古往今来的尚水理念还与水的均衡、屈曲等特性有关，清代包世臣《艺舟双楫》中说"若天成之长江、大河，一望数百里，瞭之如弦，然扬帆中流，曾不见有直波"。古代诗人常以水来表达丰富的情感。李白《渡荆门送别》里"仍怜故乡水，万里送行舟"，杜牧《江南春》里"千里莺啼绿映红，水村山郭酒旗风"，杜甫《绝句》里"窗含西岭千秋雪，门泊东吴万里船"，周馨桂《暂寄》里"暂寄空山傍水居，清风朗月伴窗虚"，这些都体现了古代人们傍水而居的生活特点。现在，河流、湖泊周边依然是人们居住的最佳选择，城市住宅小区里水景成为标配。水满足了人们情感、审美、修养以及物质等方面的需要，择水而居，已成为自古以来人类居住的首要选择。

黄河文明就是人类择水而居最好的例证。作为中华儿女的母亲河，黄河是华夏文明发展的源头，为中华文明提供了物质养料，一代又一代的中华儿女在黄河流域生产、劳作、繁衍，滋养了历史悠久的中华文化。我们耳熟能详的《黄河大合唱》热情歌颂了中华民族悠久的历史，也反映出当时人们在黄河沿岸种植高粱、小米的生产活动，更赞扬了中国人民保卫祖国、顽强抗击侵略者的英雄气概，黄河塑造了中华民族自强不息、坚韧不拔、一往无前的民族性格。

第三节　空气的生态学

空气作为自然界生物圈中生物群落生存和发展的重要物质基础，其质量和成分直接关系着人类的健康；同时，作为生态系统的核心组分之一，空气通过一系列生态—环境效应调节自然生态系统平衡，由此所产生的对人类的间接生物学效应日益受到关注。

一、空气的成分

空气是指地球大气层中的混合气体。法国科学家拉瓦锡首先得出空气是由氧气和氮气组成的。19 世纪末，科学家们又发现空气里还有氦、氩、氙等稀有气体。现代科学证明，空气的成分有氮气、氧气、稀有气体、二氧化碳以及其他物质。其中氮气的体积分数约为 78%，氧气的体积分数约为 21%，稀有气体的体积分数约为 0.93%，二氧化碳的体积分数约为 0.04%（2017 年数据），其他物质的体积分数约为 0.03%。当然，空气的成分不是固定的，受海拔、气压及人类活动等的影响。

二、空气不同成分的生态价值

空气的各种成分对地球生态系统的健康和平衡起着至关重要的作用。

1. 氮气

氮气在生态系统中发挥着关键的作用，其生态价值为：

（1）促进植物生长：大气中的氮气并非植物能够直接利用的形式，但一些细菌和植物能通过固氮作用将氮气转化为植物可吸收利用的氨或硝酸盐，这是植物生长所需的关键氮源，尤其是在土壤氮含量较低的地区。植物利用吸收的氮合成蛋白质，这是构成细胞、组织和器官的基本结构。因此，氮是植物生长和发育必不可少的组成部分。

（2）提高土壤质量：氮是有机物质的重要组成部分，包括植物残体、动物排泄物等，这些有机物质在土壤中分解，释放出氮，有助于形成腐殖质，改善土壤结构和保水性。

（3）参与氮循环：氮气通过氮固定作用转化为氨和硝酸盐，植物吸收后生长。反之，氮气也通过反硝化和氨化等过程从植物和土壤中释放出来，形成氮循环（见图 2-5）。

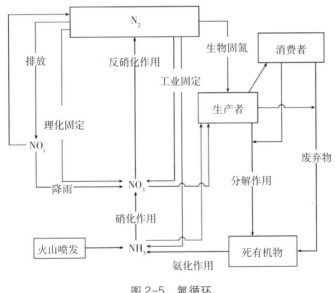

图 2-5　氮循环

（4）保持生态系统平衡：氮是构成生物体蛋白质的关键元素，通过食物链传递，维持着生态系统中各层次生物体的生存和繁衍；氮气还可帮助调节大气层中的温度，因为它可以吸收太阳辐射并将其散发到大气层中。

总体而言，氮气的生态价值主要体现在维持植物生长、提高土壤质量、参与氮循环以及支持生态系统平衡和生物多样性等方面。其合理的循环和利用对农业生产、自然生态系统的健康以及全球生态平衡都具有重要意义。

2. 氧气

氧气在生态系统中具有关键的生态价值，对地球上各种生物体的生存和生态平衡至关重要，其生态价值为：

氧气是维持生命的关键因素，各类生物体的呼吸和代谢过程都依赖氧气。动植物吸入氧气，产生能量并释放二氧化碳，这个过程对维持动植物的生存至关重要，因为有氧呼吸是获取能量的主要途径。大气中的氧气占比约为21%，这一比例的维持对地球大气层的稳定性至关重要，这是由于氧气的存在有助于调节大气层的温度和气候，且可以与其他气体形成化合物，帮助维持大气层的化学平衡。氧气还可以参与到大气的光化学反应中，从而减少空气中的有害物质。氧气也可以形成臭氧，虽然地表层的臭氧对生物体有害，但在大气中的臭氧层对生态系统的保护至关重要，臭氧层能够过滤太阳辐射中的紫外线，保护地球上的生物体免受紫外线的辐射。

总体而言，氧气在生态系统中扮演着关键的角色，不仅支持动植物的生存和繁衍，还对维持生态平衡发挥着十分关键的作用，确保适当的氧气水平对维持地球的生态健康和生物多样性至关重要。

3. 稀有气体

稀有气体是大气中含量较低的气体，主要包括氩、氦、氖、氙、氪和氡。尽管这些稀有气体在大气中的浓度相对较低，但对生态系统和地球大气层的稳定性有着重要的生态价值。

稀有气体在大气层中扮演着调节气体混合的角色，有助于调整其他气体的浓度，保持适当的气体组成，帮助维持大气层的稳定性。尽管稀有气体本身没有温室效应，但它们有助于平衡其他温室气体的效应，从而调控地球的温度；稀有气体有助于更准确地预测气候变化；稀有气体可用于气体分离和提纯；稀有气体有助于屏蔽和调节来自太阳和宇宙射线的辐射，保护地球上的生命；稀有气体能维持电离层的稳定性，对电磁波的传播和通信产生影响。

4. 二氧化碳

二氧化碳在生态系统中具有复杂而重要的生态价值。尽管二氧化碳在气候变化中的角色备受关注，但它能对生态系统产生多方面的影响，包括植物生长、生态平衡和气候状况。

首先，二氧化碳是植物进行光合作用的关键原料之一，通过光合作用，植物能够吸收太阳能，并将二氧化碳转化为有机物质，例如葡萄糖，进而构成植物生长和发育的基础。植物通过光合作用吸收二氧化碳生成的有机质一部分被输送至土壤中形成土壤有机质，提高了土壤肥力，改善了土壤结构。因此，二氧化碳也参与了土壤有机碳的循环，通过植物残体的分解、根系分泌有机物质等，促进土壤有机碳的循环和更新。

其次，二氧化碳作为一种温室气体，导致了全球气候变暖和生态系统的变化。可见，二氧化碳在生态系统中具有复杂的生态价值，是植物生长和生态平衡的基础，但过量的二氧化碳排放也导致了气候变化和生态系统的不稳定（见图2-6）。因此，全社会需要采取可持续的环境管理措施，减少二氧化碳的排放以维护生态平衡并减缓气候变化带来的影响。

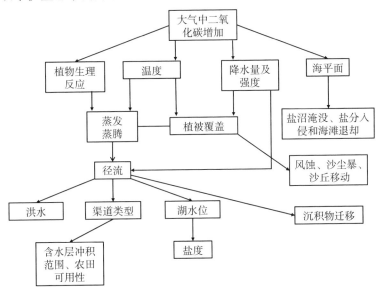

图 2-6　大气中二氧化碳增加的潜在效应

三、臭氧的生态意义

臭氧层中的臭氧在生态系统中发挥着至关重要的生态价值，为地球上的生命体提供了重要的保护，其主要功能包括：

1. 过滤紫外线，保护生物体。紫外线辐射可能导致人类患皮肤癌、白内障等，对植被和陆地动物、海洋中的浮游植物和浮游动物等生物体也具有危害性，而臭氧层过滤掉来自太阳的紫外线（B 和 C）辐射，这种过滤作用使生物体免受紫外线的伤害，有助于保护生物多样性及维持生态系统的稳定。

2. 维持生态平衡：臭氧层的存在有助于维持食物链和生态平衡，通过减少对生物体的直接伤害，臭氧层促进了各种生物体之间的相互依存关系，保持了生态系统功能和地球生态系统的整体稳定性。

3. 气候调节：臭氧层的存在会对大气层的气候产生一定的影响，维持大气层的稳定性有助于调节气候模式，影响全球气候变化。臭氧的吸收和辐射过程可能对海洋环流产生一定的影响，进而影响气候和生态系统的相互作用。

综上所述，臭氧层中的臭氧对地球生态系统的健康和可持续发展至关重要，其主要作用是保护地球上的生命免受紫外线辐射的伤害，维护生物多样性和生态平衡。

四、洁净的空气是大自然良性运转的结果

洁净的空气是大自然长期良性运转的结果，自然生态系统中的各种生物体、地球系统的调节机制以及自然的生态恢复机制共同作用，维持了空气的清洁度和生态平衡。

1. 植物光合作用和土壤过滤作用有助于维持空气的质量和生态平衡

植物光合作用和土壤过滤作用在空气净化中发挥着重要的功能，通过吸收有害气体和过滤空气中的颗粒物质，有助于维持空气的质量和生态平衡。植物通过光合作用将二氧化碳和水转化为葡萄糖和氧气，氧气被释放至大气中，帮助人类和其他生物体呼吸获取能量。植物表面的气孔可以吸收空气中的一些有害气体，有助于减少大气中的污染物浓度，提高空气质量。植物表面可以捕获和沉降大气中的颗粒污染物质，减少其对人体呼吸系统的影响。土壤微生物和有机质能够吸附和分解空气中的一些有机物，例如挥发性有机化合物，有助于清除空气中的异味和有机污染物；还能吸收空气中的一些气体，例如甲烷和氮氧化物，将其转化为更为稳定或无害的物质。土壤作为自然的过滤介质，能够过滤空气中的颗粒物。土壤的颗粒结构和孔隙空间能够有效地捕获和阻止颗粒

物的传播。土壤有助于水分的沉降和吸收，减少大气中的湿度和雨水中的颗粒物，有助于空气的清新和净化。

综上所述，植物光合作用和土壤过滤作用有助于降低空气中的污染物浓度，减轻污染物对生态环境和人体健康的影响。因此，保护、促进植被和土壤的健康对维护空气质量和生态平衡具有重要意义。

2. 风的作用和降水的沉降效应在空气净化中发挥着关键作用

风的作用和雨水的洗净效应可促进空气中污染物的分散、沉降和冲刷，有助于提高空气质量。风是大气中气体和颗粒物传输的主要动力源之一，强风能够迅速将空气中的污染物扩散至更广阔的区域，减轻局部区域的污染程度。风的流动导致不同地区之间的空气混合，使新鲜空气与受污染空气混合，这有助于平衡和稀释污染物的浓度。风能够使大气中的颗粒物沉降到地面，减少了颗粒物的悬浮浓度，这对降低细颗粒物和其他颗粒物的浓度具有重要作用。降水能包裹空气中的颗粒物，将其沉降到地面，这有助于净化大气中的颗粒物，提高空气质量。雨水中的水滴与空气中的气体发生物理和化学作用，将一些气体溶解在雨水中，然后通过降雨将其冲刷到地面，有助于去除空气中的有害气体，使空气更为清新。雨水洗净了植被表面，去除了植被表面的灰尘、污染物和颗粒物，维护了植物的健康。

综合而言，风和雨水在空气净化中相互配合，通过分散、沉降、冲刷等过程，有效地清理了空气中的污染物，有助于维护空气的清洁度和生态环境的稳定。这些自然过程对维护生态平衡和人类健康至关重要。

3. 生态系统的平衡和微生物的功能在空气净化中起着重要作用

生态系统的平衡和微生物的功能在空气净化中起着重要作用，通过调节和维持空气中的化学成分，有助于净化空气中的污染物，保持空气的质量。

生态系统中的生物通过食物链和食物网形成了相互依存的关系，各种生物体之间的捕食和被捕食关系有助于调节生物种群的数量，防止某些物种数量的过度增加，维持生态系统的平衡。微生物能够对各种污染物进行转化、分解、积累，包括空气中的有机化合物，通过代谢作用将其分解为较简单、无害的物质，从而达到净化空气的目的。部分微生物对病原体具有抑制作用，有助于维持生态系统中动植物的健康，减少生态系统中的疾病传播。

总之，通过调节生态系统的结构和功能以及微生物的多样性和活性，可以对空气中的污染物进行控制和净化，这强调了尊重自然调节机制、保护和促进生态系统健康的重要性。

4. 气层的屏蔽作用和温室气体的调节在维持地球生态系统健康方面起着关键作用

大气层能够阻挡和吸收太阳辐射中的一部分，特别是紫外线辐射，减缓了这些高能辐射对生活在地球表面生物体的有害影响。大气层还阻挡了来自宇宙射线的一部分辐射，降低了地球表面的辐射水平。二氧化碳、水蒸气、甲烷等温室气体，吸收地球表面的太阳辐射并将其转化为热能，这有助于维持地球表面的温度使地球表面的温度适宜生命存在。气温调节作用对生态系统的健康和物种的分布起着至关重要的作用。

总之，大气层的屏蔽和温室气体的调节作用对于调控地球表面温度、保护生命以及维持气候平衡具有重要意义。然而，人为活动导致的过量温室气体排放会导致温室效应过度，引起全球变暖和气候变化等生态环境问题。因此，保护大气层和合理管理温室气体排放对维护空气质量和地球环境的健康至关重要。

5. 自然的生态恢复机制促进了大气环境的稳定和生态平衡的维持

自然生态系统具有自我修复的能力，当受到污染或破坏时，生态系统可以通过自然的生态恢复机制来恢复空气的质量和清洁度。在受到自然或人为干扰后，生态系统会经历一系列演替阶段，最终趋向稳定状态，有助于保持洁净的空气和健康的生态环境。例如植被会经历一系列的演替阶段，从初级群落演替到稳定的成熟群落。随着生态演替的进行，物种的多样性逐渐增加。不同阶段的演替可能引入新的植物和动物群落，增加了生态系统的复杂性和韧性，有助于提高大气质量。

五、空气变化：从青藏高原到海南岛

空气变化是地球气候系统中一个极为复杂而丰富多彩的过程。从青藏高原到海南岛，中国境内的这一地理跨度涵盖了多种气候带，地形和地貌的差异使得空气发生了显著变化。

1. 地理背景和气候分区

青藏高原位于中国西南部，是世界上海拔最高的高原，也是亚洲最大的高原，其地理特征对空气变化有着显著影响。高原的高度导致气温骤降，形成了典型的高原气候。夏季气温适中，冬季则寒冷。这一气候特征影响着高原上的大气运动，形成了独特的大气环流。

从青藏高原向东南延伸，经过亚热带气候区和热带气候区，这两个气候带的特点是温暖湿润、气温适中、降水充沛，与高原上的干燥、寒冷形成鲜明对比。这一区域的气候变化主要受到季风的影响：夏季季风带来湿润的空气，冬季季风则相对干燥。

地处热带的海南岛被誉为"东方夏威夷"，其气温温暖，降水充沛，热带雨林气候的特征十分明显。季风带来了丰富的水汽，使得岛上植被繁茂，气候湿润。

2. 大气循环

地球表面不同的地方大气层厚度不同，受到太阳的加热作用强度不同，使得不同区域不同高度的大气密度、大气压不同，从而形成了地球不同时间和空间的大气规律性的流动，这就是大气循环。

大气循环作为地球气候系统的重要组成部分，具有多重意义。一是维持气候稳定：大气循环通过输送热量和水分，维持了地球温度的相对稳定。赤道地区的暖湿空气上升，形成低气压带和降雨，而极地地区的冷空气下沉，形成高气压带和干燥气候。这种热量和水分的重新分配，使地球各地气候多样，适宜生命生存。二是影响气候变化：大气循环对气候变化具有敏感的响应。随着地球表面温度的变化，大气循环的强度和模式也会发生变化，进而影响全球气候的分布和特征，例如极端天气事件的频率和强度。三是促进生态系统平衡：大气循环通过气体交换和能量流动，为生态系统提供了必要的物质和能量。它参与了光合作用和呼吸作用等生态过程中的二氧化碳以及氮、磷等元素的循环过程，为生态系统的物质循环提供了动力。同时，大气循环还通过降雨和蒸发等过程实现水分的全球再分配，维持了生态系统的稳定性和多样性。四是促进水循环：大气循环中的水汽输送等环节是水循环的重要组成部分。大气循环通过水汽输送等过程，促进了水在地球表面的循环和更新。大气循环对地球气候、生态系统、环境变化以及人类活动都有深远的影响和意义。

作为"世界屋脊"，青藏高原对大气循环产生了显著影响。高原上的气温差异引发了强烈的热对流,形成了高空急流和喜马拉雅山脉的风系。青藏高原南部是季风的主要形成区域之一,夏季湿润和冬季干燥的气流使得亚热带和热带地区呈现出明显的湿季和干季,对植被和农业产生了深远的影响。

3. 生态系统的变化和适应

青藏高原的生态系统因其独特的地理和气候条件而显得格外脆弱,气温低、气候干燥等因素使得这一地区的植被生长缓慢,生态系统对外部扰动的适应能力相对较弱。热带雨林生态系统所处地区由于气候湿润、温暖,植被茂盛,物种多样性高,因此生态系统的抗干扰能力相对较强。然而,人类活动导致的砍伐和烧毁等行为,热带雨林生态系统面临威胁,生态平衡受到破坏。海南岛的热带气候为其生态系统的发展提供了有利条件,岛上植被茂密,丰富的生物多样性为维持生态平衡提供了保障,但人类活动和气候变化对该岛生态系统的影响也不可忽视,应当采取措施尽可能降低此类影响。

4. 气候变化

全球气候变化对不同气候区域的影响也在逐渐显现,在青藏高原可能导致冰雪的融化,而在热带和亚热带地区则可能引发更为频繁和严重的极端天气事件,进而危害生态系统的健康和人类的生存家园。

青藏高原到海南岛的空气变化反映了地球气候系统的多样性和复杂性。气候与地形的相互影响以及生态系统的演变和适应,共同构成了中国境内空气变化的独特画卷。然而,人类活动对这一过程的干扰不断加剧,扰乱了正常的空气状况及其变化,大气环境问题日益凸显,促使我们必须更加迫切地追求可持续发展的道路,保护好大气环境和这片多姿多彩的土地。

第四节　土壤的生态学

土壤是陆地生物的生存之基,是植物生长的重要物质基础,提供了各类微生物、动物的栖息地,同时也是生物进化过程中的过渡环境。人类依靠土地及土壤的生产能力获得生存和发展的支撑条件,此外,土壤的净化和储存功能可抵御一定的污染危害。

一、土壤是生命活动的产物

万物生长靠太阳，万物健康靠土壤，土壤是生命健康之本。《周礼注疏》记载，"万物自生焉则言土，土犹涂也。以人所耕而树艺焉则言壤，壤，和缓之貌"。可见，土壤是人类通过耕种、改良土而形成的。土壤承载着水、植物和空气，是人和其他生命世代繁衍生息的唯一依赖，也是不可或缺的。

作为土壤有机成分的主要供给者及土壤形成过程的关键驱动力，生物对土壤特性如肥力的贡献至关重要。适度的阳光和水分条件使得岩石表面开始出现苔藓类的生命活动，这些生物依赖从雨水中析出的少量岩石矿物质维持生存，并且释放出分泌物参与岩石的风化过程。随着苔藓数量的增加，这种生物—岩石间的互动变得越来越强烈，最终促使岩石表面逐步演化成为土壤。随后，一部分高级植物开始在初生的土壤环境中成长，进而塑造土壤结构。植物能够根据需要有选择地吸取来自土壤母质、水源和空气中的营养元素，并在光合作用的过程中生成有机物质，最后以枯萎的枝叶或废弃物的形式返回至土壤中。各种植被类型所提供的有机养分及其方式存在差别，这成为决定土壤有机成分性质及其含量多少的核心因素。蚯蚓与白蚁等土壤动物向土壤供应有机物质的方式是排出废弃物、释放分泌物以及死亡后分解，也能通过对土地的搅拌来调整其构造、空洞程度等。而微生物的主要职责在于分解、转化有机物，形成腐殖质。

人类活动会影响土壤的形成及发展，这主要是由于人类活动能够直接或间接地影响到土壤性质的构成要素并推动土壤的发展变化。特别是农业生产的介入，例如种植稻米、小麦、玉米和大豆等一年生的草本植物替代原始生态系统，这些人为培育出的植物群体具有单调且需要额外资源投入的特点，只有在得到人类精心照料的前提下才可能实现高产。所以，人类的行为会调整土壤的构造、保持水分养分的能力、空气流通情况，也会调节土壤中的水分含量、温度环境；还会因为收割农作物而导致原本应回归土壤的一部分有机物流失，进一步破坏土壤中养分循环的状态；最后，人类又会利用化学肥料和有机肥来弥补因农作物生长消耗所导致的养分缺口，从而改变了土壤内营养元素的总量、比例及微生物活性等，最终把自然的土壤改造成各类适宜耕种的土地。人类活动对土壤的积极影响是培育出一些肥沃、高产的耕作土壤，例如水稻土等。

人类生产活动除了促进土壤适宜农业生产外，不合理使用农药化肥也造成了土地盐碱化、重金属超标等一系列问题。人类具有强大的改造能力，能大幅改变土地的用途，尤其是在土地上建设钢筋混凝土城市。

二、土地的生产力来自土壤中的生命

土壤生产力是指在特定的农田管理条件下，土壤能够产生一定种类（或者是一系列）作物的能力。换句话说，这意味着土壤主要通过供养绿植来实现初始生产的潜力。这种能力由土壤自身的养分属性与影响其功能的外界环境因素共同决定。即土壤产量的多少不仅受到土壤自身营养状态的影响，也受到外部环境如气候、水源以及管理方式等方面的制约。

土壤生物多样性是维持土壤健康和功能的关键。保护土壤生物多样性是确保全球粮食安全并达成超过一半的可持续发展目标的重要保证。当然，土壤生物多样性也是开发新药所需的化学和遗传资源的重要来源。例如土壤微生物可用于生产抗生素，青霉素是世界上使用最广泛的抗生素之一，它来源于土壤中的一种真菌。

土壤食物网中不同营养级物种间的相互作用强度和多种取食方式可反映生态系统的养分供应能力，且对维持食物网结构及其稳定性具有重要意义。集约化的土地利用方式往往会导致生物多样性降低，为缓解集约化土地利用模式带来的生态威胁，农林复合种植模式的应用显得尤为重要。农林复合种植模式中的生物多样性会受到其周围生物和环境因素的调节，因为栖息地生态环境初级构建物种（植物类群）与其他物种（例如分解者、捕食者或消费者）之间的耦合作用通过创造新的生态位、改变资源可用性和环境异质性条件而对地上地下物种关系产生影响，其中地表植物的多样性和功能类群可对土壤生物多样性及其网络关系和生态系统功能产生重要影响。

三、土壤健康与生物

健康多样的土壤中生存着脊椎动物、无脊椎动物、病毒、细菌、真菌、地衣和植物，为人类和万物提供了多重生态系统功能和服务。在一个完美的土壤生态系统中，每平方米内包含着 500 万条线虫、1000 万亿个原生动物及 10 万亿个微生物。地球上 25% 的生物种类都存在于土壤中，这种丰富的生物多样性使得土壤能够始终维持其健康的丰饶状态。土壤中的生命并非孤立地存在，而是由各种动植物组成一个复杂的食物网，形成一个密切相关的土壤生态系统。同时，土壤里的生物也给植物提供所需的营养和保障；反之，植物则通过这些生物来滋润土壤。

土壤的健康程度主要由土壤中的生物多样性来衡量，这种多样性对维持土壤的营养价值、修复土壤品质、防控土壤污染、调节气候变化等具有关键性的贡献。通常情况下，如果农田拥有适当或者较高的土壤生物多样性，那么它就可能展现出更多的"自然力量"，例如提高作物产量、提升自我净化、抗压、耐污染能力以及复原力等。因此，可以把土壤生物多样性看作一个反映农业生态系统良好运转的关键标志物。土壤大型动物蚯蚓一直以来都被视作一种可信赖的农地质量评估标志物，同时也是一种检测农田健康状态的敏感性指示生物，常常被应用于各种规模的土壤质量监测评估中。

耕地需要依靠其中生活的生物以及它们所驱动的关键生态过程来支撑其生产和生态功能。土壤中的生物对耕地的生产力形成和生态系统的维护至关重要，它们是维持耕地功能的核心推动力和稳定因素。首先，土壤生物对维持耕地生产功能具有重要作用。土壤生物所引导的生物地球化学过程对土壤成分（如元素）的转变及循环起着关键的调控作用，这包括了有机物的分解、转移和累积以及营养素的矿化和固化等环节，这些都为农田产出的提升提供了助力。其次，农田中土壤的生物多样性越高，其抵御外界压力的能力就越强大。土壤生物不仅能参与土地生态环境的修复，还能在改善土壤结构、分解、消除有毒有害物质等方面作出巨大贡献，这对农田资源生产的复苏和维护具有决定性意义。再次，土壤生物也是影响气候变迁和调整的关键因素之一。除植物外，地球上的第二大碳储存库便是土壤碳库，而土壤碳循环则是由微生物所介导的。最后，土壤生物也形成了丰富的生物资源宝藏。

四、人类一直为土地而战

在历史长河中，人类一直为土地而战，主要包括开荒、改良、城建、战争、桑争稻田和棉争粮田五种形式。

1. 开荒——人与自然的第一战

"刀耕火种"也被称为"移动式农业",这是一种非常古老且初级的农业生产模式。这个过程并不依赖于固定的耕地。首先,农户会清除所有地面植物,包括需要剥离外层树皮的大树,其次,将其点燃以清理土地并创造新的可耕种区域。他们会在这些已被燃烧过的森林残骸之上挖掘一系列的小洞穴,放入少量种子,覆盖土壤后再利用自然的肥料来获取食物。一旦该地区的肥沃度下降,他们就会选择离开此处寻找一片新的土地继续种植。因此,这一类型的农业就被定义为"移动式农业"。目前,这种形式的农业仍存在于南美洲、非洲及东南亚等平坦或丘陵地带,其主要是当地的一些土著社区实行。此外,中国南部海岸线附近的海南岛以及云南省部分少数民族也有类似的实践。总而言之,刀耕火种的方式是在播种之后不再做任何的管理工作,作物完全依靠自然条件成长。但因为缺乏人工施肥,在两年到四年的时间里,土地的养分会被作物吸收,加上雨水的冲洗和微生物的分解作用,使得燃料遗留下来的灰烬提供的营养物质逐渐耗尽,导致土地只能持续耕种十年至二十年,甚至更短的时间。如果周边的土地资源充足,则可等到大部分植被重新长出来再开始下一轮的刀耕火种;而如果土地资源有限,就需要加快更替频率,不能等到植被恢复,而是立即再次实施刀耕火种。如此,火灾后残留的营养物质会逐渐减少,植被生长期也会随之缩短,更替的速度也会变得更快。这样的恶性循环最终会导致生态平衡被破坏,人类只能搬迁到其他地方进行新一轮的耕作和播种。

同时,在开荒过程中,人类不可避免地与野生动物发生冲突,人类占领并破坏野生动物的栖息地甚至猎食野生动物,也因此开始圈养驯化野生动物,逐渐形成畜牧业;野生动物丧失栖息地后,食草动物将进入农田取食农作物,食肉动物会存在猎杀人类的现象。这样的矛盾不只在开荒阶段存在,随着社会的发展,人类与野生动物的共存已成为重要的研究议题。

2. 改良——人与自然的第二战

农田生态环境中的生物多样性容易受到人为因素的影响。农田是一种"半人工—半自然"的环境体系。首先,它具有明显的"人工性",即主要用于提供食物以满足人们的生存需求。然而,并非所有农业环境内的微生物或生态活动都对粮食增产有利,也有可能导致植物病害的发生。因此,适当的管理措施可以提升农田的功能并保护其健康。其次，这种"自然性"表明农田作为生命体会在整个种植过程中发生变化，并且能够自动调整，通过自然的平衡来维持自身的健康。但过度的人工影响会导致农田的健康状况遭受无法挽回的损害，例如养分大量流失或者土地盐渍化等。因此，综合考虑"人工性"和"自然性"的科学管理方式，有助于防止农田中生物多样性的进一步减少，维护系统的自给能力。

科学技术的飞速进展，特别是化肥与农药等的大量使用，对我国粮食产量的增长及粮食安全的维护起到了至关重要的作用。但过度使用化学制品和高度集约化的土地管理方式却引发了一系列例如土壤品质降低、农田生态恶化以及土壤环境污染等问题。在绿色发展的新时代里，我们亟须重视土壤的健康状况，建立人与自然的和谐共生关系，有效保护我们的耕地资源，这已成为推动农业高质量发展的核心任务。目前，提高耕地质量并保证耕地资源的持续可用性是实施"藏粮于地、藏粮于技"策略的关键基础和主要手段。

在土壤管理的实践中，诸如保护性耕作、多元化的栽培模式以及生物防控等方法均旨在发掘土壤与植物的生物特性，以培养健康的土壤并达到多措并举共同调节土壤性能的目标。这些目标受到多种因素的影响，包括土地使用方式、土壤特质、作物生长策略、生态环境参数以及管理方针方法。

3. 城建——人与自然的第三战

随着全球人口的持续增长，耕地面积与城市面积的需求均受到重大考验，既要保证粮食产量，又要保证城市建设及居民生活居住需要，土地用途发生从自然生态系统向人工生态系统的转变，大量城建工程被提上日程，例如平房改高层、建设跨河海大桥等，对现有土地地貌进行改造。

海岸线上的围海造地是一种为了获取更多的土地资源、缓解土地紧张状况而实施的开发策略。填海造陆能够扩展人类的居住空间，荷兰、日本、新加坡等国家也都通过填海造陆来增加土地面积。

我国沿海地区水深较浅，特别是渤海和黄海。我国的大江大河从上游裹挟大量泥沙，在入海口处淤积，将海岸线不断推向大海深处，无形之中为我国增加领土。除自然增加领土外，我国也采取人工围海造地方式增加土地面积。

4. 战争——人与人的抢地之战

回顾历史长河，在掠夺中国土地的列强中，沙俄和日本最为贪婪，尤其是沙俄。在第二次鸦片战争中，沙俄通过一系列条约，占领了中国东北和西北的大片土地，总共约为 144 万平方千米。19 世纪后期，沙俄通过《伊犁条约》掠走了我国西北边境 7 万平方千米的土地。甲午战争后，日本通过《马关条约》割占了中国的台湾全岛及所有附属各岛屿（约为 3.6 万平方千米）、澎湖列岛和辽东半岛。虽然后来在西方列强的干涉下，用 3000 万两白银赎回了我国辽东半岛，但是中国台湾及澎湖列岛仍被日本占领。除了英国割占的中国香港岛和九龙司及葡萄牙割占的中国澳门之外，主要是以租界的形式为主。从 20 世纪 30 年代开始，日本一步步地蚕食我国的东北、内蒙古等地，最后发动了全面侵华战争。第二次世界大战结束后，依据《开罗宣言》和《波茨坦公告》的规定，我国恢复对台湾及其附属岛屿的所有主权。

土地改革运动也被称为第二阶段内战。这是中国共产党领导下的中国工人与农民阶级为了对抗国民党的压迫政策，消除封建主义的土地体系，创建工人阶级的主导地位所发起的一场战斗。在大规模抗议活动结束后，以毛泽东同志为主要代表的中国共产党人开始将工作重心逐渐转移到农村地区，并在那里设立了根据地，进行了土地改革，建立了军事力量及农业政府机构，从而探索出一条新的路径：农村包围城市、武装夺取政权，这是中国历史上首次实现这样的转变。

作为美洲土著的印第安人，他们的生活受到了外来者的侵犯，从而导致了美国印第安保护区的形成。当这些印第安人的各个族群还在以刀耕火种和狩猎为主要生存方式时，16 世纪的英国及法国等欧洲殖民势力已经跨越大西洋抵达北美东岸地区。英法早期殖民者在与印第安人的争斗中，逐渐在北美站稳了脚跟。为了进一步开发，英法的殖民公司以来到北美可以无偿获得肥沃土地为诱饵，吸引了大批无地的移民。随着欧洲移民越来越多，他们开始抢夺印第安人的土地。

5. 桑争稻田、棉争粮田、英国圈地运动——人与人的抢地之战

农业结构的变化使桑树开始侵占水稻田、棉花对粮食地的竞争以及围栏养殖羊群的现象逐渐显现出来。农业结构受到满足人们的食物需求和提供衣物材料的影响，它可以分为两大类：食品生产和纺织品制造所需的原料供应。由于这些原料的获得方式各异，中国选择养蚕，英国则倾向于饲养羊只。然而，在封闭的市场环境下，这两种方式无法独立存在，需要与谷物的耕作结合在一

起。这样一来，因获取纺织品方式的差异导致农业形态也就有所区别。我国的农业模式以农桑为主体，即包含了谷物和桑树两种作物，而在西欧地区，主要是农牧业。这里的"农"，主要指谷物生产，而"桑"指蚕丝及棉麻制品的生产，同时还涵盖其他纤维类产品的生产；至于"牧"，则代表了畜牧业，涉及肉、乳、毛、皮等多种产品的生产制作，并具有食品生产和纺织品制造的功能。由此可见，无论是桑树抢夺水稻田还是把耕地改为放牧场的行为，其实质都是在食品生产和纺织品制造之间展开的土地纷争。

英国圈地运动指15世纪至19世纪发生在英国的一次历时持久、影响深远的土地变革运动。英国授权庄园主人占有自由佃户不需要的荒地，这一行动改变了土地所有权，并对土地使用和农耕方式、村落布局以及农民的生活习惯产生了影响。很多失地农民因此进入城镇成为劳动力，使劳动者与其劳动条件的所有权分离，为资本主义生产方式的形成奠定了基础。由于公共土地、森林、牧场和沼泽等被占据，小农在这些地方的放牧和砍伐柴火等传统权益实际上已经丧失。不过，由于大量的荒地被圈围并开垦，还有轮作农业对传统休耕地的改变，英国农业产出有了很大的增长。圈地运动结束后，英国小麦的平均产量因圈地有所下降，但大麦和燕麦的平均产量却呈上升之势，羊群和牛群的数量更是急剧增长，很明显，英国的土地产出率因此得到了大幅的提升。

随着农作物从水稻转向桑树与棉花，中国的农业发展逐渐向多元化种植模式转变，这主要是由于大量的稻田被用于养蚕或种植棉花。为了应对这一变化，需要获取更高的粮食产量，例如通过多种谷物的混合种植来实现。尽管如此，这些措施仅能适度缓解因桑树侵占稻田和棉花占用粮食耕地导致的粮食短缺问题，且可能导致更多的人口压力及粮食供需失衡的问题。此外，虽然引入新品种可以提供更多的食品选择，但在当时的历史环境下，这一问题仍然没有得到有效解决。

第五节　食物的生态学

食物是人类生活中不可或缺的一部分，它不仅关系到我们的口腹之欢，更深刻地影响着整个生态系统和人类的身体健康。食物的生态学不仅关乎食物链和生态平衡，更是环境与健康之间相互关联的综合体现。

一、食物的本质：能量和物质

正如空调需要耗电，卡车需要耗油，人体的日常活动也需要消耗热量。食物中蕴含的能量刚好可以满足日常消耗。植物、动物、人都是一个"有机体"，存储着相应的能量，这些能量归根结底来源于太阳能或者直接、间接来源于光合作用固定的化学能。热量除了供给人在从事运动、日常工作和生活所需要的能量外，同样也提供人体生命活动所需的能量，包括血液循环、呼吸、消化吸收等。

植物从大气中吸收二氧化碳，从土壤中吸收矿物质和水分，然后通过光合作用合成自身的有机质，把太阳能转化为化学能，只有当合成超过呼吸消耗才会形成自身的生物量积累。植物从大气、土壤中吸收的"营养物质"就是植物的"食物"。人类作为高等灵长类生物之一，不但具备生物的特征，还具备社会属性。55万年前的中国，在北京附近的周口店遗址（猿人洞）的"北京人"学会利用火对人类社会的形成具有重要意义，包括使食物变得更加容易消化，从而有利于脑容量的提高；将有毒的植物变得可以食用；同时使人可以在某些气候更加寒冷的地区居住；可以消灭病毒和细菌；甚至可以吃某些植物来治病和康复；人类逐渐习得了种植谷物和使用工具辅助狩猎的手段。随着人口数量的增加，只靠采摘获得的果实已经无法满足需求，为此人们开始定居并生产自己的食品。农业和养殖业也因此发展起来，人类的食物变得更加丰富。随着现代社会的高速发展，人类的饮食变得越来越多样、精致。这些多样的食物可以提供多种营养素，包括糖类（碳水化合物）、脂肪、蛋白质、乙醇、有机酸等。

以"食品"为研究对象，人们的关注点自然而然地会放在"营养"与"卫生"两个方面。食品营养体现出的是食品的本质价值，而食品卫生体现出的是食品的安全需求。一般而言，食品营养与否是"相对的"，需要结合具体类型的消费主体进行界定，例如体育运动员训练中需要补充高热量食物，但高热量食物对一般人而言会导致"营养过剩"。而食品安全与否则是"绝对的"，包括原材料、生产工艺、运输过程等，无论面对哪一类消费主体都要保障干净卫生，尤其是在出现了"三鹿三聚氰胺事件""健康元地沟油事件""年福喜臭肉门事件"等食品安全事件后，食品安全问题已成为人们关注的焦点。

二、不同的生物依赖不同的食物

各类食物本质都是为生命提供物质和能量，其来源归根结底是太阳能。"大鱼吃小鱼，小鱼吃虾米，虾米吃水藻""螳螂捕蝉，黄雀在后"是典型的食物链形式。生产者与消费者之间按食物关系排列的链状顺序被称为食物链。食物链是由英国动物生态学家埃尔顿（C. S. Elton）于 1927 年提出的。然而，受能量传递效率——林德曼效率所限制，食物链的长度不可能太长，一般由4—5 个环节构成，生物能量和物质通过一系列捕食与被捕食的关系在生态系统中传递。

很多情况下，多数动物的食物并不是单一的，生物之间实际的捕食—被捕食关系并不像食物链所表达的那么简单，例如食虫鸟不仅捕食瓢虫，还捕食蝶蛾等多种无脊椎动物；食虫鸟本身既可能被鹰隼捕食，也可能是猫头鹰的主要猎物。因此食物链之间是交错相连的，构成复杂网状关系，即食物网。食物网的构成并不是随意的，很多是在自然界进化过程中逐渐形成的，这也就形成了不同生物的捕食范围和习惯，即不同的生物依赖不同的食物。

1935 年，英国生态学家坦斯利（A. G. Tansley）明确提出生态系统是生态学领域的一个重要的结构和功能单位，包含非生物环境、生产者、消费者和分解者。从物种丰富的热带雨林到结构简单的农田生态系统，都是开放系统，均以太阳能为主要能源。其中物质循环、能量流动和信息传递是生态系统的主要功能。而物质循环和能量流动往往沿着食物链或食物网进行。一般情况下，食物网越复杂，生态系统抵抗力越强，越不容易受到外力干扰；而食物网越简单，生态系统抵抗力越弱，越容易在外力干扰下发生大的波动甚至崩溃。

竞争与捕食对食物网的形成起着重要作用。竞争排斥原理指相同的生态位下物种不能共存。高斯的实验显示，双小核草履虫和大草履虫分别培养时均生长良好，混合培养时，因为竞争同一食物，最后大草履虫完全消亡。生物种群之间除了竞争食物和空间资源外，还有一种直接的对抗性关系就是捕食关系。

生态位的分离，保证了对资源的合理利用。营养生态位分离指的是吃不同的食物，例如狼吃肉、羊吃草、鸟吃虫。时间生态位分离指的是在不同的时间出来活动，例如燕子在白天、蝙蝠在傍晚、猫头鹰在深夜进行活动。生态位分离还体现在不同草食动物的取食高度差异上。非洲草原上食草动物的取食高度有所不同：斑马较高、角马居中、瞪羚较低，保证了合理有效地采食。鸟类对食物的取食分化体现在取食食物大小、取食时间、取食空间的分化上。

人类因生产、制造水平的提高，食物种类越来越丰富，有自然界生长的动植物，也有人类加工的各种食物。对食物的需求在不同情况下往往有不同的侧重点。例如在军队作战过程中"压缩饼干"以方便携带、可快速补充能量而广泛出现。对于人类而言，食物远远不只是一种维持生命的需求，也是一种快乐的源泉。

三、食物的供给因不同生态环境而异

不同生态环境条件下，生物尤其是人类的食物组成差异较大。同一种食物也往往因产地的光照、温度等生长环境不同而有很大的差异。

食物的供给因不同生态环境而异。一般情况下，水热条件较好、土壤养分充足的区域适合植物的生长，从而会形成种类较为丰富的植被类型，其所供养的动物、昆虫、寄生者等生物的多样性也比较高，会形成较为复杂的食物网。

人类社会进入旧石器时代晚期，普遍出现了"广谱革命"，即人类从比较单一的通过渔猎采集获取生活食物资料的方式，转变为对广泛的生活食物资料的追求。这是人类生活资料获取方式的变革性发展，是人类从直立人向智人进化的突出特征。人类学会了适应更加广谱的食物，也寻求获取和分享更加广谱的资源。人类对食物的全新认识和改变，是走向新时代的物质基础和认识基础，加速了人类的进化和智慧升级。

一个国家或地区所形成的独具特色的传统饮食文化是受自然（地理位置、气候等自然因素）和人文（风俗习惯、宗教信仰、社会发展等人文因素）两方面因素共同影响的。不同国家形成了不同的饮食文化，因此，通过饮食文化也可以更好地了解各国的风俗习惯乃至国家文化。

地理环境对饮食文化的影响显著。多数西方国家位于北纬35°—60°的北

温带西风带内，属于温带海洋性气候，不利于农作物的成熟，却有利于牧草的生长，对发展畜牧业有利，因此在这些国家人们的食品以肉类为主。北欧寒冷且多数国家是海洋国家，主食以鱼类、肉类和根茎、块茎类蔬菜（例如土豆）为主，牛奶和奶酪则是主要的副食。濒临海洋的新加坡，饮食离不开海鲜，尤其喜欢海蟹。有研究比较了河南新郑市孟庄镇、宁夏中宁县枣园乡、新疆且末县阿热勒镇 3 个产区的灰枣的主要营养成分差异。结果表明，在不同的生态环境条件下，日照时数对灰枣主要活性成分的影响较大，光照强度和昼夜温差也会使得灰枣品质产生不同程度的差异。

中国自古为农业大国，南北纬度跨越大，气候变化明显，从而生长出各色食材，形成了不同的地方特色小吃、地方风味。中国把饮食划分成了传统的"八大菜系"：粤菜、川菜、鲁菜、淮扬菜、浙菜、闽菜、湘菜、徽菜，形成了"南甜北咸、东酸西辣"的饮食分布特色。这种饮食特色习惯的形成与生态环境密切相关。

四、一方水土养一方人

俗话说"一方水土养一方人"。用生态学的原理来解释，指在特定的地理区位环境下，受特定气候条件、自然环境等不同生态因子（温度、湿度、水、土壤矿物质、食物种类等）的影响，生物会形成与特定环境相适应的形态特征、生理机制和行为习惯。所有生物间会构建一个互惠共生的生态大系统，人类在这个大系统下生存繁衍，也就形成紧密的共生关系，才形成了这一方的人和那一方的人。构建人体骨骼的矿物质成分就是当地土壤、水中所含的矿物质成分，各种矿物质的比例与结构组合关系决定了骨骼的几何形状，从而决定了当地人的身高、头形、眼眶、身材等的基本特征，因此我们常常听到一句话，"一看你就是某某地方的人"。

此外，生活中还存在到了一个新地方容易生病的"水土不服"现象。每个地方的人长期食用当地产出的食物，决定了其摄取能量与营养的膳食结构，也决定了其体能与健康状况能够适应当地的气候条件，其身体内的微生物菌群（细菌、真菌、病毒等）在习惯的环境中形成特定地方人群的微生物种群的微生态（体内外的微生物种类结构与种群的平衡）平衡关系。当搬迁至一个新的异地环境，由于气候条件和食物结构（饮食）的改变，身体内各种微生物的生存受到影响，使身体的正常代谢功能出现"紊乱"，即出现"水土不服"现象。最典型的症状包括胃肠功能紊乱、肠胃应激综合征、各种过敏反应等。

很多人在饮用牛奶后出现诸如腹胀、腹痛甚至腹泻等腹部不适症状，在医学上称为乳糖不耐受。这是因为消化系统对乳糖、蛋白质、脂肪等营养物质中部分成分识别有误造成的，其中最主要的原因是对乳糖识别有误。而以畜牧业为主的地区，因为常喝牛奶，人口的乳糖耐受性比例要高一些。在泰国，乳糖耐受性的人群比例占3%，而在畜牧业比较发达的印度北部，乳糖耐受性人群的比例可以达到70%左右。

水稻是我国南方主要的粮食作物。由于自花且闭花授粉的习性，水稻异交需要人工去雄和人工授粉。1970年，袁隆平及其助手在海南崖县发现野生稻雄性不育株（以下简称"野败"），为培育杂交水稻打开了突破口，使得三系配套杂交制种体系从理论走向实践，推动了杂交水稻的商业化发展。我国西部干旱地区的粮食以小麦为主，人们喜欢吃面食，尤以山西、陕西较为著名。陕西省乾县古称"乾州"，当地出产的锅盔由于面质优良、制作精细、口感好，备受食客欢迎，成为家喻户晓的地方食品。锅盔实际上是一种通过烙烤方式作出来的干面饼，民间俗语云："陕西十大怪，烙馍像锅盖！"这种说法体现了降雨量对饮食文化的影响。

"一方水土养一方人"还体现在生态系统平衡上。自然生态系统在历史进化过程中生物种群数量由其捕食者或者天敌控制，不会无限增长。而造成生物入侵的原因往往是入侵物种缺少天敌或者"致命弱点"而数量激增，进而对生态系统造成不可避免的危害。对有害生物而言，要将适宜其生存的生境转变为不利的生境，生物防治是一种降低有害生物数量的生态方法。可以通过引入捕食者、寄生物或疾病病源，对有害生物进行基因调控绝育以及使用性信息素作为诱变剂，来干扰交配，从而进行害虫防治。例如欧洲穴兔在1859年引入澳大利亚，20年后种群数量激增，种群持续多次暴发，当地采用多种方法处理均未取得明显效果，直到引入对欧洲穴兔不致命的黏液瘤病毒后才得以控制。生物防治能够有效实施的前提是寻找到有害生物或者入侵生物的致命弱点。

五、人类的饮食结构

食品在人类文明中有着举足轻重的地位。世界上的饮食文化是丰富多彩的，每个国家、民族都有自己独特的饮食结构和饮食习俗。

随着人类文明的迅速发展，人们对赖以生存的食物也有了更高的要求：从原始人类刀耕火种、狩猎捕集，到现在通过人工栽培或养殖各式各样的食材，人类的饮食结构变得越来越均衡和多元化。人类不再仅满足于本地的时令食品种类，开始进行远距离运输和通过大棚控制环境条件进行种植、养殖等，进而获取跨越气候条件的食品。

无论粮食还是肉食都是人类生存的必需之物。《诗经》堪称中国的百科全书，真切地记载了黍、稷、菽、麦、麻、稻等粮食作物以及牛、羊、猪等动物食源90多种。通过《诗经》可以看到当时人们的饮食生活呈现简单的特征和等级性的差异，从人类对动植物的认识和利用情况更可窥视出当时各阶层人们的饮食结构、饮食风尚乃至饮食科学水平。《本草纲目》明确提出，"饮食者，人之命脉也，而营卫赖之"，认为一个人是否健康长寿首先取决于合理的饮食结构和饮食方法。而五谷杂粮有益于人类健康，因此提倡食疗养生和药膳养生。

营养均衡是人类保持身体健康、提升生活质量的重要基础，而科学合理的饮食结构则是保持营养均衡的重要途径。不科学的饮食结构，例如高脂肪、高胆固醇食物的过多摄入以及不良的生活习惯致使"吃"出来的疾病越来越多。中国居民高血压、肥胖、糖尿病、血脂异常、冠心病、痛风、癌症、脂肪肝等慢性非传染性疾病的发生率迅速上升，越来越严重地威胁身体健康。科学研究表明，这些疾病与现代人类的饮食结构有关。不同的膳食结构直接影响肠道微生物的种类，进而调节肠道微生物代谢产物的生成，替机体作出"促癌"或"抑癌"的选择。一般认为可以通过饮食调控肠道微生态及其代谢产物，进而影响恶性肿瘤的发生、发展、治疗效果及预后。所以，人们开始注重科学膳食与人类自身健康的内在联系。糖类、脂类、蛋白质被公认为人体必需的三大营养素，主要起着提供能量的关键作用。而低碳水化合物饮食指通过减少或限制碳水化合物的摄入（要求碳水化合物占每日摄入总热量的45%以下），相应地提高蛋白质和（或）脂类的摄入量，以缓解、控制或预防疾病的一种饮食结构。随着中国居民生活条件的日益改善，乳制品在人类能量来源中的占比逐渐提高，对人类的膳食结构产生了十分重要的影响。膳食纤维则是人类所需的除碳水化合物、蛋白质、脂肪、维生素、矿物质、水之外的第七大营养素，在维持膳食平衡方面发挥着重要作用。

六、不同地方对食物的需求不同

国民营养与健康状况是反映一个国家或地区经济社会发展、卫生保健水平和人口素质的重要指标。膳食模式指居民日常膳食中各类食物的数量及其在膳食中所占的比例。世界各地由于经济、文化、科技水平和食物资源的不同，其膳食模式各不相同（见图2-7）。

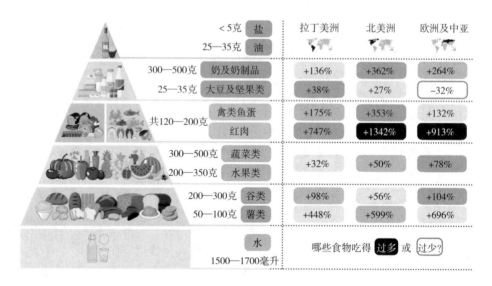

图2-7 不同地区现代人类的膳食模式

世界膳食模式大体可分为三种，分别是东方、西方和地中海膳食模式。这3种膳食模式所摄取的各种食物如表2-1所示。其中，以美国、加拿大和北欧一些国家为代表的西方膳食模式摄取的脂肪较高，占总热量的39%，且脂肪中饱和脂肪占比较高，达18%，且摄取的肉禽类较多。这种高脂肪、高饱和脂肪酸的膳食对健康十分不利，容易引发高血脂、动脉粥样硬化、冠心病、脑血管疾病、结肠癌、乳腺癌等疾病。地中海膳食模式是指地中海沿岸国家，一般以希腊为代表的膳食，这种模式虽然摄取的总脂肪量与西方膳食相似，但三大慢性疾病的发病率与死亡率却在三大膳食模式中最低，主要的区别是该膳食模式中饱和脂肪只占总热量的8%，且水果摄取较多、肉禽类摄取很少。当地居民所摄取的脂肪主要来源于橄榄油，其中含有80%的油酸与ω-3、ω-6脂肪酸，无论是对健康还是口味来讲都是最好的。对70岁以上老人进行流行病学调查后发现，地中海膳食模式者，平均寿命比西方膳食模式者高17%，这表明地中海膳食是比较合理的人类膳食模式，在预防心脑血管等疾病时可参考或吸收这方面的经验。东方膳食模式中脂肪摄取量最低，但人们所患三大慢性疾病的死亡率却不比西方膳食模式低。因此，脂肪的种类对慢性疾病的发生更为关键。

表2-1 世界三大膳食模式的比较

膳食模式中所摄取的食物	西方	东方	地中海
脂肪（%）	39	22（18.6—28.4）	37
饱和脂肪（%）	18	18	8
蔬菜（g/d）	171	310	191
水果（g/d）	233	52	463
豆类（g/d）	1	11	30
面粉和谷类（g/d）	123	440	453
薯类（土豆为主）（g/d）	124	86.6（包括红薯）	170
肉禽类（g/d）	273	58.9（猪肉37.1）	35
鱼类（g/d）	3	27.5	39
蛋类（g/d）	40	16.8	15
酒（g/d）	6	16.8	23

世界各地慢性代谢性疾病的发病率持续增高。尽管病因复杂，但许多代谢性疾病仍然可以通过改变并长期实践适宜的饮食模式和参与体育活动来预防。大量证据表明，健康的饮食模式可以减少与饮食有关的慢性代谢性疾病例如糖尿病、心血管疾病、高血压、肥胖和癌症的发生风险。最早发现膳食模式与疾病及健康有密切关系是在第二次世界大战期间。当时由于食物，尤其是肉类、奶类与蛋类缺乏，人群中发病率高的是慢性传染病，例如肺结核与肝炎，而心、脑血管疾病与恶性肿瘤等慢性疾病的发病率则较低。而第二次世界大战后5—10

年，由于经济复苏，人民生活水平逐渐提高，食物供应充裕，膳食中的蛋白质、脂肪，尤其是动物脂肪大量增加，使肺结核和肝炎等传染病发病率显著降低，而心、脑血管疾病和恶性肿瘤的发病率则大幅增加。因此，科学家与医学专家们开始认识到膳食模式与各种疾病的发病率、死亡率及人类健康有着密切的关系。

随着生活水平的提升，我国居民营养状况显著改善，甚至有营养过剩的趋势。由中国营养学会发布的《中国居民膳食指南（2022）》是适合我国居民科学、健康地摄入每日所需营养的指南，旨在指导居民通过平衡膳食改变营养健康状况、预防慢性病、提升健康素养（见图 2-8）。

 中国居民平衡膳食宝塔（2022）
Chinese Food Guide Pagoda (2022)

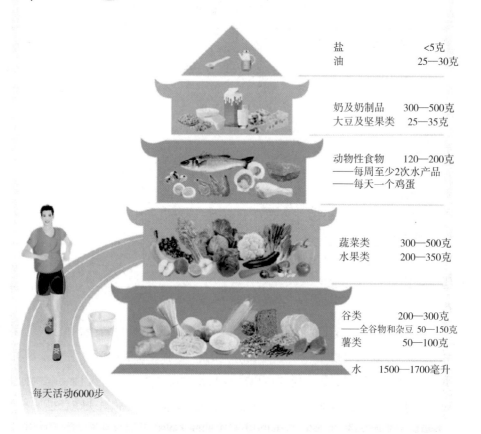

图 2-8　中国居民膳食指南（2022 年）

资料来源：《中国食物与营养》编辑部，2022 年。

对比 1989 年、1997 年、2007 年、2016 年和 2022 年 5 个版本的中国居民膳食指南的基本组成与修改之处发现，每一版膳食指南坚持的健康理念均包括合理搭配、能量平衡与健康体重、三减（降盐、降脂和降糖）以防止慢性非传染性疾病的发生等理念。地区食物差异往往也会对人体造成不同的影响，最典型的是一些地方病和食源性疾病（本质上是食物中毒）的出现。地方病也称生物地球化学性疾病，指个别微量元素在生物体内含量为万分之一以下的含量，超过或低于一般含量，引起生物体内微量元素平衡严重失调所引发的特殊性疾病。从环境地质学角度来看，地方病是由于地壳中元素分布不均匀，某些地区某种或某些元素严重不足或显著偏高所造成的。

环境因素对人体健康和疾病的发生有着重要影响。目前，医学地质学作为一门新兴学科，正处于迅猛发展阶段，且其重要性在人类谋求人与自然和谐发展的进程中与日俱增。以地方病为突破口，可认知医学地质学研究在地球化学性地方病防控中发挥的重要作用以及医学地质学研究中存在的薄弱环节及未来的发展方向，从而可推动我国医学地质学快速发展。我国高度重视粮食安全，始终把解决人民吃饭问题作为治国安邦的首要任务，顺应人民从"吃得饱"到"吃得好""吃得健康"，再到"吃得可持续"的食物结构变化趋势。

第六节　人类对自然生态要素的影响

自然界的空气、水、阳光和土壤等各种生态要素提供了人类生存所必需的基础物质，也构成了地球的自然资源，例如大气资源、水资源、海洋资源、土壤资源、矿产资源等。然而，是资源就有利用和争夺的价值，不仅是人类，植物、动物甚至微生物也深谙此道。

生物与环境高度嵌合、协调统一的生态系统使得环境具有一定的纳污能力，也就是我们说的"环境自净能力"。良性的生态系统能通过物理、化学和生物作用净化污染，使环境保持相对原有的模样。但当污染物过多，超过自然生态系统的承载能力时，往往会造成污染和生态风险。

一、污染的本质：人类排放超过大自然的分解转化能力

人类向环境排放废弃物，且污染物的量超过了环境自净能力，即发生了环境污染。人为环境污染往往不易及时察觉，一旦累积到一定程度，对环境的影响产生质变，后果将十分严重，主要表现为影响范围广、持续时间长、影响消除难。从人类利用资源的历程和在这个过程中对各种生态环境要素造成的污染这两条脉络阐述人类对自然生态要素的不良影响，其中涉及错综复杂的连锁反应。

人类从主要依靠采集和狩猎为生的时代，向农耕时代过渡以后，最先向自然界排放的过量物质就是农药。为减少病、虫、草、鼠等给农作物带来的危害，提高农作物产量与质量，20世纪中叶，药效好、成本低、使用方便的有机氯、有机磷、有机硫等农药被合成及推广，例如滴滴涕、六六六、萎锈灵、百草枯等杀虫剂、杀菌剂和除草剂，这类农药脂溶性强，能快速进入动植物体组织，对杂草和害虫的杀灭效果较好。每年因病、虫、草害损失的粮食占全球粮食总产量的一半，而农药的使用能挽回其中的约15%，为保证人类所需粮食的生产作出了巨大贡献。但农药的施用也对生态环境造成了较大的影响。

过量的农药进入环境，起初是"城门失火，殃及池鱼"，有益的昆虫及动物也被误伤了，例如捕食害虫的天敌——蜘蛛、青蛙、胡蜂、瓢虫等以及传粉昆虫、鸟类等。世界野生动物基金会指出，在20世纪末的短短25年间，地球上约32%的生物因此濒临灭绝。同时，由于这些农药性质稳定，不易降解，能长时间在农作物上残留，并随食物链积累和富集，甚至漂洋过海降临南极大陆，人们已经在南极企鹅的体内发现了有机氯农药的累积。残留在农作物体表或体内的农药，直接食用将致使人和动物产生慢性病害、急性中毒或死亡，例如致癌、致畸、致突变、死胎、流产等。

由于生态元素之间彼此关联，密不可分，环境要素间的污染往往也会产生连锁反应，例如化肥的过量施用。作物生长对氮、磷、钾等元素的需求量比较大，而土壤中这些元素的含量较少，在农业生产中往往通过施加化学肥料予以补充。然而，缺什么？缺多少？施多少？怎么施？这些均没有明确的标准，进而导致肥料的不合理施用和污染的产生。

二、水体污染

地球表面 70% 以上都被水覆盖，其中 97% 为咸水，不适宜饮用；剩下 3% 的淡水中，约有 2/3 以雪、冰川和极地冰盖的形式被封存，剩下不到 1/3 的淡水可供人类使用。在全球范围内，可用淡水正在成为一种日益稀缺的资源。2019 年全球供水总量为 13.86 亿立方千米，到 2023 年全球平均每人每年用水量不足 1000 立方米。平均而言，全球 10% 的人口生活在高度或严重缺水的国家。我国每年所排放的污水量约为 600 亿吨，且很多污水未经处理或处理程度较低，导致水体污染而使水资源变得不可用，造成水质性缺水，导致人类生活所需的水资源总量减少。当前我国人均水资源占有量仅为 2200 立方米，而当前世界人均水资源占有量也仅为 9000 立方米。

水是生命之源，如果没有清洁的淡水，人类无法生存。而地球绝大多数的淡水都被"封印"在冰川中。人类排放的温室气体，正在逐步解封冰川中的淡水。若冰川大量消融，不仅会造成海平面上升，同时也会进一步收紧极地生物（如北极熊、企鹅等）的生存空间。

然而，在如此紧缺的水资源占有量下，人类却制造了各种各样的水体污染物。现在，全世界的城市每年排出的工业废水和生活污水超过 500 亿立方米，根据《2020 年联合国世界水发展报告》，目前只有 26% 的城市和 34% 的农村卫生和废水处理设施得到了安全有效管理。未经过无害化处理的污水，含有氨氮、磷、重金属、有机氯、多氯联苯等物质，最终导致湖泊以及海洋的污染。例如农药喷洒在土壤中，随雨水及农田排水流入河、湖水体，造成污染，危害水生生物。残留在土壤中的农药则可通过渗透作用到达地层深处，从而污染地下水。地下水一旦受到污染，即使彻底清除了污染源，地下水质恢复也需要很长时间。

工业源污染、农业源污染和生活源污染是水体污染的主要源头。目前，生活源污染已经超过工业源污染，占废水排放总量的 70% 以上。人体排泄物和食物残渣中有害化合物含量很低，基本属于容易生物降解的物质；而洗涤污水中含有多种有毒有害化合物，生物难以降解，对环境造成较大的破坏作用。

三、土壤污染

土壤在生态系统中是连接水圈、大气圈、岩石圈以及生物圈的重要节点。土壤中的污染物主要分为无机污染物和有机污染物两大类。但实际上各类污染物是以一种复合的状态存在于土壤中。土壤在自然界中的地位特殊，大气、水中的污染物可以进入土壤，而土壤中的污染物也可迁移至大气以及水体中。2021年《全球土壤污染评估报告》指出，2018年全球人工合成氮肥的使用量高达1.09亿吨。如此数量庞大的化肥施入土壤中，难以被作物完全利用，环境中过量的氮、磷等元素会随径流进入水体，造成水体污染。

再比如农膜（地膜、棚膜）的大量使用造成土壤遭受塑料污染。自1993年以来，农膜覆盖技术在我国飞速发展。据统计，2017年我国农膜使用总量达252.8万吨，其中一半以上用于地膜覆盖，覆盖面积达2.76亿亩，约占当年耕地面积的12%。然而，这厚度仅0.01毫米的聚乙烯塑料薄膜在田间地头风吹日晒，一茬下来变得千疮百孔，难以重复利用，回收更是费时费力，且回收后也没有有效的处理方法。这导致大量农膜残留在土壤中，可能需要百年以上的时间才能降解，造成了严重的"白色污染"。若这些"白色污染"继续在环境中暴露，经过风吹日晒雨淋的侵蚀作用，则会逐渐破碎为微塑料进入生态系统中造成更严重的生态风险。

除"白色污染"外，土壤重金属也是需要重点关注的污染之一。在20世纪60—70年代，日本曾发生由镉污染导致的震惊世界的公害事件——富山骨痛病（也称痛痛病），敲响了关注土壤重金属污染的警钟。

四、大气污染

随着经济的发展，除了上述水体和土壤污染外，以大气污染为主的一连串环境污染问题接踵而至（见图2-9）。20世纪最早记录的公害事件有：1930年比利时马斯河谷烟雾事件，1948年美国多诺拉烟雾事件，1952年英国伦敦烟雾事件，1961年日本四日市哮喘事件，大气污染呈愈演愈烈的态势。工业排放的二氧化硫、氮氧化物、煤烟粉尘及金属颗粒等污染严重超标，短时间内在近地表大气中久聚不散，会引发人类呼吸系统疾病，甚至死亡。化石燃料燃烧长期不断向大气中排放的二氧化硫、氮氧化物还会与水汽反应形成酸雨，二氧化碳排放则加剧了海洋酸化与全球变暖进程。

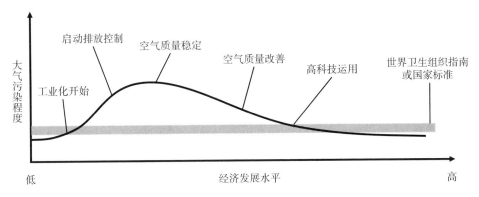

图 2-9　经济发展水平与大气污染程度的关系

　　正常降水因为溶入了二氧化碳而呈弱酸性。但二氧化硫、氮氧化物在大气中逐渐被氧化成酸性氧化物，与水汽结合成雾状的硫酸、硝酸等强酸性物质，然后伴随雨、雪、雾、雹等降落，就形成了 pH 值小于 5.6 的大气降水，称为"酸雨"。酸雨具有腐蚀性，被称为"空中死神"，所及之处，无论是天空中的飞鸟、陆地上的植物、江河里的鱼虾，还是建筑古迹，无一不遭殃。酸雨使森林生产力下降，1988 年我国西南地区因酸雨造成的木材损失达 630 万立方米，直接经济损失达 32 亿元。酸雨会使土壤中的钾、钠、钙、镁等营养元素溶解流失，造成土壤贫瘠化，间接导致农作物大幅减产。1995 年我国由于酸雨和二氧化硫污染造成农作物、森林和人体健康等方面的经济损失就高达 1100 多亿元，已接近当年国内生产总值的 2%，成为制约我国经济和社会发展的重要因素。近年来，我国从脱硫技术应用和法律法规实施等方面严控导致酸雨产生的大气污染物的排放，大大减少了酸雨现象的发生。

　　但燃烧的最终产物二氧化碳就没那么好去除或被利用了。过量的二氧化碳进入大气，一部分被海洋吸收，使海洋酸化；另一部分像盛夏暴雨后湖面的水汽一样，笼罩在地球表面，加剧了全球气候变暖。2022 年全球平均气温比工业化前（1850 年至 1900 年）的平均气温高出了约 1.15℃，这意味着当代人类在应对气候变化方面存在极大的挑战性。

气候变暖将进一步加剧全球气候动荡，增加干旱、洪涝、高温热浪和低温冷害等极端气候和复合性事件（例如炎热、干燥、大风组合导致的野火事件，极端降水、风暴等导致的洪涝事件等）发生的频次和强度。有研究表明，未来全球每增温1℃，极端日降水事件的强度将增强7%。

五、高空污染——臭氧层空洞

臭氧是大气中自然存在的气体。约90%的臭氧存在于距离地表25千米以上的平流层，也就是我们说的"臭氧层"。臭氧层是地球生命的保护罩，能完全阻挡太阳光中破坏生物DNA结构的短波紫外线（UVC，波长为100纳米—280纳米）的辐射，还能阻挡约95%会导致晒红晒伤的中波紫外线（UVB，波长为280纳米—320纳米）的辐射。有研究显示，大气层中的臭氧含量每减少1%，地面受太阳紫外线的辐射量就增加2%，患皮肤癌的人数就会增加5%—7%，患白内障和呼吸道疾病的人数也将增多；如果大气层中的臭氧含量减少10%，地面不同地区的紫外线辐射将增加19%—22%，皮肤癌发病率将因此增加15%—25%。臭氧层作为"生命的穹顶"，当之无愧。然而，这一"穹顶"远在高空中也正在被"打扰"。

研究认为进入平流层的氟利昂等物质在强烈的紫外线照射下会分解释放出氯原子，并以"以一挡万"的战斗力破坏臭氧分子，臭氧层被大量损耗后变得稀薄，当臭氧层中的臭氧含量减少到正常值的50%以下时，我们称为"臭氧空洞"。20世纪80年代后期，氟利昂的生产使用达到了高峰，全世界向大气中排放的氟利昂在当时高达2000万吨，并且氟利昂在大气中的平均寿命可达数百年。这就好比遇到数量庞大的强敌，而且个个武力超群，高空中的臭氧分子被消灭，形成臭氧层空洞（见图2-10），似乎只是时间问题。截至2020年秋季，南极上空的臭氧层空洞依然有2320万平方千米，超出中国国土面积2倍以上，是迄今观测到的最大臭氧层空洞。德国航空太空中心的观测数据显示，2023年11月北极上空约有100万平方千米的臭氧空洞。近年来，观测发现青藏高原上空的臭氧正在以每10年2.7%的速度减少，已成为大气层中的第三个臭氧空洞。尽管人类已使用氢氟碳来代替氟利昂，其不含氯或溴，不会破坏臭氧层，但却具有较强的温室效应（加剧全球变暖）。对此，人类尚未找到周全的补救方法。

（单位：百万平方千米）

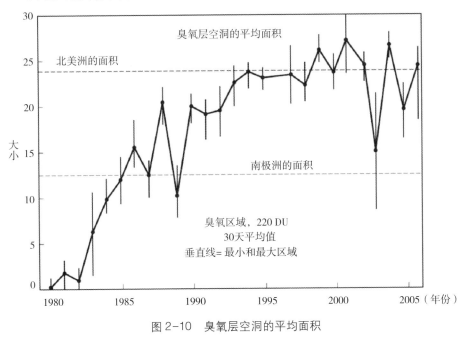

图 2-10　臭氧层空洞的平均面积

　　为了应对人类发展给生态系统带来的破坏和压力，人类正在积极地通过正向干预，恢复生态系统的自净能力，以维持各自然生态要素及其与包含人类在内的生物间的协调统一。

第七节　维护我们生存家园中的生态要素

　　光、水、空气、土壤等非生物要素与包括人类在内的生物要素之间相互依存、相互影响，使得地球这个大的生态系统得以发展、存续。人类依靠光、水、空气、土壤和地球上的动、植物满足吃、穿、用、行、住，同时，人类的生产生活也能直接或间接地干扰和影响地球生态系统。地球生态系统及其组成要素在一定的干扰限度内具有自我恢复的能力，当干扰超过一定限度时，则需要通过人工恢复措施维护人类生存家园的生态要素（见图 2-11）与自然生态系统的平衡与健康。

图 2-11　维护人类生存家园的生态要素

一、自然生态系统的维护

地球生态系统通过物质、能量的循环以及物种间的相互作用，为包括人类在内的生物提供物质供给、气候气体调节等生态系统功能，与人类的生存息息相关。当生态系统受到不同强度的外界干扰时会表现出不同的生态响应。大多数情况下，在一定的阈值内，生态要素拥有自我恢复能力；超过阈值，生态要素依靠自我恢复能力难以实现恢复目标，需要借助人工措施进行恢复。生态系统能够自我恢复的能力也称为生态系统弹性力，这个概念最早是在 1973 年由霍林（Holling）提出来的，其定义是生态系统的自我缓冲和调节的能力，保证生态系统在受到外界扰动时依然能够保持原真状态。通常，生态系统的弹性力取决于生态系统自身的性质，包括地形、地貌、气候、土壤、温度以及植被状况。从宏观上来讲，生态系统内的景观组分越丰富（即景观类型多样化），生态系统抗外界干扰的能力就越强，在受到外界干扰时自我恢复的能力也越强。这是因为多样化的环境的生态要素之间的关系更复杂，也更稳定，生态系统的稳定性越不容易受到威胁。除景观多样性外，景观连通性也是影响生态系统弹性力的重要因素。景观连通性指景观对生态过程的连接程度，即便利或阻碍生态流的程度。具有良好连通性的景观格局能够保证景观内物质、能量的流动和物种、基因的交流，使得生态系统内部实现良性循环，从而拥有较强的自我恢复能力。综合目前的研究成果来看，人类土地利用开发活动是造成生态系统退化、生态弹性力减弱甚至丧失的最主要威胁因素。农业种植以及基础设施建设等土地利用开发活动会导致景观组分同质化、景观连通性降低，物质、能量以及物种及基因之间的交流受阻，从而使得生态系统自我恢复的生态弹性力降低甚至丧失。

为了维持生态系统的健康，我们应减少对生态系统的干扰，保持其原真的状态，让生态系统保持能够自我调节、自我修复的良性循环状态。具体来说，就是要减少农业开发、基础设施建设等活动对原生生态系统的干扰，尽量减少占用林地、草地和湿地等生态用地，避免景观组分同质化；开展森林封山育林、草地禁牧限牧等活动，让生态系统得以休养生息，维持健康状态。如果人为干扰已超过生态系统的弹性力，就需要借助包括植树造林、退牧还草、退田还湿以及构建生态廊道等人工保护措施进行生态系统修复，提高景观的连通性，从而维持生态系统的健康稳定。

二、水环境的维护

水是我们生存家园中生态要素的重要组成部分，是包括人类在内的一切生物生存的必要条件。在一定的污染阈值内，水体同样具有自净能力，这是水体维护自身平衡和水生态系统健康的一种自然趋向，是水体自我保护的一种特殊功能。不同地区、不同环境条件下水体的自净能力不同，即水体的自净能力具有空间异质性。

水体的自净能力来源于诸多物理、化学和生物因素的直接和间接作用所产生的复杂过程，是通过一系列自然发生的过程使氮磷等污染物得以转化、吸收、再分配，从而让水体得以净化并恢复到初始状态的过程。影响水体自净能力的因素很多，包括水量、水文情势以及水体中生物（包括微生物）的物种数量及群落结构等。其中，水量的多少能够调节水体的物理净化、化学净化和生物净化的作用，因此气候湿润、水量丰沛地区的水体的自净能力往往比气候干旱、水资源量少的地区的水体自净能力更强一些。水体流动能够增加水体的氧气含量，同样也能增加水体的自净能力。此外，水体中的生物群落特别是草本植物不仅能够吸收和富集大量污染物，还可通过营造水体微生境从而改变水中微生物的种类、数量和活性，继而改变水体的自净能力。因此，为了维持水体的自净能力，保持足够的水量是极为关键的，其能稀释更多的污染物。此外，适量生长的水生植物能够在生长的过程中吸收水体中的氮磷等营养物质，在供给自身生长的同时，降低水体中营养物质的浓度，从而净化水体。

但水体中的污染物总量超过水体自净能力后就需要进行人工干预治理了。水污染治理的方法主要包括生物、物理以及化学方法。其中人工湿地是水体污染生物处理的典型例子。一方面湿地植物可对水体中的污染物进行富集，减少水体中的污染物，另一方面湿地植物根系的吸收、滞留以及湿地基质的吸附、截留和附着生物膜分解转化也使人工湿地具有强大的污染物消纳和去除能力。人工湿地对水环境的改善能力与水中污染物的浓度、湿地植物和基质的搭配息息相关。在利用人工湿地进行水环境治理时，应该根据水中污染物的浓度选择香蒲、菖蒲、芦苇等具有污染物高富集能力的土著植物进行合理搭配，有效提高人工湿地的水污染治理能力。水体污染物理处理的典型例子是治理城区河道时采用的人工水循环、强化富氧和渗滤净化等工程措施，即通过增加水体的流动性和水体含氧量并结合物理过滤进行水质净化。

三、空气环境的维护

空气同样是我们生存家园的重要组成部分，且同样具有自净能力，其被定义为大气自身所具有的对大气污染物的扩散稀释和清除能力。大气自净能力主要是通过大气的自由扩散来实现的，受到气象条件、地貌以及污染物特征的影响。其中，大气稳定性是影响大气污染物扩散最为主要的因素，大气气流变化越快，污染物扩散越快；大气流动越缓慢，其对污染物的扩散能力也就越弱。此外，地形地貌改变会导致风向与风速的突然改变从而形成机械湍流。多障碍地带还会造成地表受热不均，使大气在垂直方向上形成热力湍流。机械湍流和热力湍流共同作用，使得污染物不能上升到空中进行扩散，而是在地面扩散，形成地面污染。

对于依靠大气自净能力能够解决的大气污染问题，我们通常采取的做法是优化布局污染源。尽量将污染源布置在居民集中生活区域的下风向位置，减少污染物随风力运动而产生大面积扩散的现象。同时避免将污染源布置在地形地貌条件复杂的区域，减少因机械湍流和热力湍流作用使污染物聚集难以扩散而产生大气污染的风险。

为了从根本上解决大气污染问题，目前我国采取的主要措施有以下几项：一是优化产业结构，促进产业产品绿色升级，总体来说就是严控新建高耗能、高污染的"两高"项目，对已建项目要进行提升改造，开展清洁生产审核，提升清洁生产水平，从源头上控制大气污染物的大量产生。二是优化能源结构，加速能源清洁利用和低碳发展。加快推进能源结构优化，推动能源体系向清洁低碳发展，提高太阳能、风能、水能等清洁能源的比重，减少因煤炭燃烧产生的大量大气污染物。三是优化交通结构，推动清洁高效运输。倡导清洁能源交通运输工具的使用，减少交通运输行业带来的大气污染物。四是强化挥发性有机物和氮氧化物减排，促进大气环境污染治理提质增效。挥发性有机物和氮氧化物治理难度较大且会产生二次污染物，因此需从源头上严控此类污染物的排放，以石油、化工、工业涂装、包装印刷、油品储运销为重点行业对象削减挥发性有机物的排放；以工业炉窑为重点推进氮氧化物减排。

四、土壤环境的维护

土壤是生物生存的基础。土壤的自净能力表征土壤环境的纳污能力。土壤通过吸附、分解、迁移、转化而使土壤污染物浓度降低甚至消失，达到净化目的。土壤的净化能力主要受土壤的理化性质及土壤中生物的影响。其中土壤的理化性质包括土壤质地、结构、pH 值等，通过影响土壤对污染物的过滤、氧化还原、沉淀溶解、吸附等过程影响土壤的纳污能力。一般来说，结构松散且呈酸性的土壤，土壤中的污染物特别是重金属离子易溶于水而被土壤中的植物吸收或随水溶液迁移；而质地紧实且呈碱性的土壤中大多数重金属会形成难以溶解的氢氧化物沉淀而较少被植物吸收。

提高土壤自净能力的途径主要包括以下两种：一是多施用有机农家肥代替化肥，农家肥一方面可以改善土壤质地，增强土壤的吸附能力；另一方面可以加快土壤微生物的生长和繁殖，增加土壤分解污染物的能力。二是多施用草木灰、石灰等碱性物质，使土壤胶体上的氢离子解离，增强土壤对重金属的吸附能力，提高土壤的解毒能力。

若土壤污染物超过土壤的自净能力，则可以通过物理、化学和生物修复措施对其进行治理。物理措施主要包括换土法、翻土法、隔离法、热处理法和清洗法等。一般来说，换土法就是用干净的土壤替换已被污染的土壤；翻土法就是将表层受污染的土壤转移至深层进行稀释；隔离法就是用防渗透材料隔离清洁土壤和污染土壤，阻断污染物的扩散转移；热处理法是利用加热处理措施分解、挥发土壤中的污染物；清洗法是利用清水等将土壤中的污染物稀释、分离。施加化学试剂的清洗法则属于化学治理法，化学试剂与土壤中的污染物结合，将污染物带离土壤。化学治理措施还包括在土壤中加入生石灰、秸秆炭、腐殖酸、膨润土等改良剂使土壤污染物与改良剂发生沉淀钝化作用形成不易迁移和溶解的物质，阻断土壤污染物的迁移扩散。生物修复措施一般是利用动植物吸收土壤中的污染物质或利用微生物代谢作用减少土壤中的毒性物质，从而达到对土壤污染进行治理的目的。

五、动植物的维护

生态系统中的动植物是人类生存必不可少的要素，直接或间接地影响人类的生存和发展。在自然状态下，动植物通过自身生长繁殖能够维持物种种群的动态稳定。但如遇到气候条件改变、人类无序利用和破坏以及生物入侵等威胁后，大部分的动植物因生存资源受到影响会面临种群数量降低甚至灭绝的风险。气候变化主要是对生态位狭窄的物种产生影响，这种影响往往是长期积累的效应。相较于气候变化，人类的无序利用和破坏对物种造成的影响是急剧的。人类对野生动物的偷猎捕杀，对野生植物的偷砍盗伐和私挖乱采行为会极大地减少野生动植物的种群数量，部分物种因种群数量达不到维持生存的最小种群数量而逐渐灭绝。此外，来自人类活动的另一个威胁是对物种栖息地的破坏，栖息地的破坏使得物种丧失适合其生长的生态位空间，丧失觅食和种群基因交流的机会，最终导致物种灭绝。生物入侵的影响主要体现在：一方面，入侵物种通过与土著物种竞争生存资源（包括光、水、土壤养分等）、改变动植物物种之间的捕食、传粉关系进而直接对动植物物种产生影响；另一方面，入侵物种能够充当生态系统工程师，通过改变生态系统的水分、养分循环和光合作用等间接影响动植物物种、种群的生存和发展。

为维持人类生存家园中的动植物种群，需严禁对动植物资源进行破坏和无序利用；减少对野生动植物栖息地的破坏；加大生物入侵的防控力度，降低生物入侵对土著动植物资源的威胁。

对已经或正在遭受严重威胁甚至面临灭绝风险的物种，一方面，应坚持开展栖息地的恢复与保护，保证野生动植物的生存空间，就地保护是保护动植物最有效的途径之一；另一方面，可以通过开展迁地保护或离体保护开展紧急抢救，降低野生动植物的灭绝风险。栖息地恢复与保护的有效途径主要包括加强栖息地植被恢复、建设生态廊道解决栖息地破碎化问题，建立自然保护地或保护小区强化栖息地的保护。迁地保护一般来说就是将野生动植物迁移到适合其生长的野生动植物保护园区进行有效保护。离体保护一般来说是将野生植物的种质资源进行收集保存，将动物的组织、胚胎干细胞等进行保存以应对物种灭绝的风险。

第三章

我们生活中的生态学

生态学是自然界的经济学，经济学就是人类的生态学。我们的日常生活（见图3-1）自然或不自然地受到生态学及其规律的支配，只是我们还不自知而已。

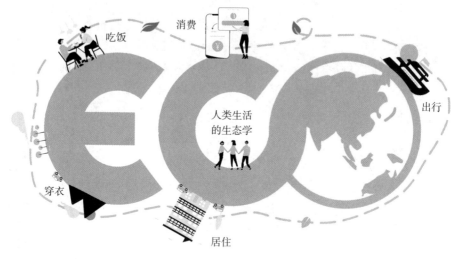

图 3-1　人类生活的生态学

第一节　饮食的生态学

自古以来，"民以食为天"既是生命的本能，也是推动社会发展的基本动因。从生态学的角度看，这句话也揭示了人类生存的生态学本质及其与生物多样性的密切关系。

一、食物链的能量传递

生命世界通过一系列吃与被吃的关系，把生物之间紧密联系起来，这种生物成员之间以食物营养关系联系起来的序列，称为食物链。"大鱼吃小鱼，小鱼吃虾米，虾米吃水藻。"这就构成了水藻→虾米→小鱼→大鱼的食物链。食物链是英国动物生态学家埃尔顿于1927年首次提出的生态学术语，指生态系统中各种动植物和微生物之间由于摄食关系而形成的一种联系，因为这种联系就像链条一样，一环扣一环，所以被称为食物链。食物链的每一食物级称为营养级，水藻为第一营养级，虾米为第二营养级，依次类推。食物链形成了一个生态金字塔，揭示了生物系统中物质循环和能量流动规律，物质和能量从一种营养级转移到下一个营养级时，后者（高营养级）的生物量约为前者（低位营养级）生物量的1/10。

获取食物的本质是获得能量，为了获取能量，几乎什么生物都可作为食物；人类处在食物链的顶端，因而，食物的安全性一直困扰着人类。食物链和能量传递是生态系统中生物多样性的重要体现，而对食物的利用则是人类最初利用生物多样性的本质需求。在生态系统中，能量是通过食物链逐级转移的。食物链的作用主要是维持生态平衡和能量流动。初级生产者能够利用太阳能进行光合作用制造有机物质，并将其转化为化学能。食物链在生态系统中描述了食物在生态系统中的传递和利用过程，是生态系统中能量流动和物质循环的重要组成部分。食物链通常由生产者、草食动物、肉食动物等不同层级的生物组成。生产者指能够进行光合作用制造有机物质的生物，例如植物、藻类等。草食动物则以植物为食，被肉食动物捕食。肉食动物则以草食动物和其他小型动物为食。这样，食物在生态系统中不断地传递和转化。

在包含人类的食物链中，人类作为顶级捕食者，通过摄取动植物等生物体获取能量和营养。这种能量传递过程不仅维持了我们的生命活动，也构成了生态系统的基础。从人类进化的角度看，食物是推动人类不断适应和发展的重要驱动力。早期的人类依赖狩猎和采集，利用周围环境中的生物多样性获取食物。随着农业和畜牧业的兴起，人类开始主动管理和改造环境，以获取更稳定的食物来源。这种转变不仅改变了我们的生活方式，也塑造了人类的社会结构和文化观念。根据古人类学家的研究，约200万年前，人类祖先开始使用石器工具进行狩猎和采集，标志着人类食物获取方式的重大转变。农业革命大约始于1万年前，人类开始种植谷物和饲养家畜，例如小麦、稻谷和牛羊等，这一变革使人类食物来源更加稳定。

二、生态塑造不同饮食习惯

全球多样化的饮食习惯是由多种因素共同塑造的，其中地理位置、文化背景、宗教信仰以及烹饪方式起着重要作用。这些因素不仅影响人们的饮食选择，而且反过来对生态系统的结构和功能产生深远影响。

地理位置是决定饮食习惯的重要因素之一。不同地区的气候、土壤和地形条件导致了生物多样性的差异，从而直接影响当地人的食物来源。例如寒带地区由于气候寒冷，狩猎和捕鱼成为主要的食物获取方式，而热带地区则因气候适宜，农作物种类繁多，人们更倾向于农耕生活。这种基于地理环境的饮食选择不仅满足了人们的生存需求，也塑造了独特的饮食文化。

不同国家和民族在发展过程中，逐渐形成了各具特色的饮食文化和烹饪技艺。这些文化和技艺往往与当地的自然环境和社会历史紧密相连。例如中国的川菜以麻辣著称，这与中国西南地区的潮湿气候和当地人对辛辣食物的偏好有关；而法国菜则以其精致的烹饪工艺和丰富的食材闻名于世，这反映了法国人对美食的追求和其在烹饪艺术上的创新精神。

宗教信仰对饮食习惯有着深远的影响。不同的宗教教义规定了不同的饮食禁忌和偏好，从而塑造了独特的饮食文化。这些宗教信仰不仅影响了信徒的饮食选择，也在一定程度上保护了某些动物和植物物种，维护了生态平衡。

烹饪方式的多样性也是塑造全球饮食文化的重要因素之一。不同的烹饪方法不仅能改变食物的口感和营养成分，还能反映出不同地域和民族的饮食特色。例如烤、炖、煮、炒等烹饪方式在全球范围内广泛存在，它们使食物更加美味可口，同时也提高了食物的利用率。这种多样化的烹饪方式不仅丰富了人们的饮食生活，也在一定程度上减少了食物浪费和对自然资源的过度消耗。

三、粮食生产的生态环境影响

全球粮食系统是生物多样性丧失的主要推手，据世界自然保护联盟统计，人类以猎杀、采集或其他方式捕获了大约 15000 种脊椎动物。这大约是地球上所有脊椎动物物种的 1/3，其涉及广度是任何生态系统中排在人类之后的下一个顶级捕食者的 300 倍。在过去的 50 年中，自然生态系统转化为作物生产地或牧场是栖息地丧失的主要原因，全球在面临灭绝危险的 28000 种物种中，农业对其中的 24000 种构成威胁，进而减少了生物多样性。城市化对粮食供求和土地使用产生了显著影响。随着城市人口的增长，粮食需求增加，导致农业生产压力增大和土地使用方式的变化。这些变化不仅直接影响了农业生产者，也影响了供应链中游的加工分销商和消费者。城市化还使得生产者、加工分销商和消费者之间的联系变得更加复杂。

在人类的农业历史中，已经栽培种植了超过 7000 种植物来满足食物需求，根据粮农组织的估计，20 世纪大约有 3/4 的农作物的遗传多样性已经丧失。然而，在这些丰富的植物资源中，仅有不到 200 种植物在产量上达到了显著水平。更为惊人的是，经统计，近年来仅仅 9 种作物，包括甘蔗、玉米、大米、小麦、马铃薯、大豆、棕榈果、甜菜和木薯，就占据了全球粮食产量的 66%。全球肉类、乳品和蛋类产品的生产主要依赖于约 40 个家畜品种，其中仅少数品种占据了主导地位。然而，在全球 7745 个本地家畜品种中，有 26% 的品种正面临灭绝的威胁。此外，近 1/3 的鱼类资源因过度捕捞而处于危险之中，超过一半的鱼类资源已经达到或接近可持续发展的极限。根据 91 个国家提供的报告，野生粮食品种以及许多对粮食和农业生态系统服务至关重要的物种，例如传粉昆虫、土壤有机物和昆虫的天敌，也正在迅速减少。

1. 遗传多样性的丧失

农作物品种的减少：随着现代农业的发展，为了提高产量和经济效益，农民往往选择种植少数高产的作物品种，这导致大量传统和本地品种被边缘化甚至淘汰。

基因资源的丧失：许多传统农作物品种携带了丰富的基因资源，这些基因可能对培育抗病、抗虫、耐旱等性状的新品种具有重要价值。随着这些品种的消失，这些宝贵的基因资源也随之丧失。

2. 物种多样性的丧失

野生近缘种的消失：农作物野生近缘种是与栽培作物具有亲缘关系的野生植物。它们通常具有一些栽培作物所缺乏的优良性状基因，例如抗病性、抗虫性和抗逆性等。然而，由于现代农业的扩张和生态环境的破坏，许多野生近缘种正面临灭绝的威胁。

生态系统中的物种减少：农业生态系统的简化导致许多与之相关的物种，例如特定的昆虫、鸟类和土壤微生物等，数量减少或局部灭绝。这不仅影响了生态系统的稳定性，还可能削弱其提供的某些关键生态功能和服务价值。

3. 生态多样性的丧失

集约化农业生产方式导致了土壤和生态系统的退化，降低了土地的生产力。为了满足不断增长的食物需求，需要更加集约的粮食生产方式，这进一步加剧了生态系统的压力。现代农业往往采用单一化的种植模式，例如大面积的单一种植，这种做法简化了生态系统的结构，降低了生态系统的复杂性。

生态功能的减弱：生态多样性不仅包括物种的多样性，还包括生态系统的功能多样性。生态多样性丧失导致生态系统功能的减弱，例如土壤肥力下降、病虫害频发、水资源调节能力减弱等。

4. 食物全球化带来的挑战

国际贸易的蓬勃发展使得食物越来越成为一种全球化的商品。这虽然增加了食品的可获得性，但也导致了地方特色食品的消失。全球化使得许多传统食品被标准化的快餐和其他加工食品所取代，这些食品往往缺乏营养且过度加工。随着地方饮食文化的消失，与之相关的传统农业和食品加工技术也可能失传，这进一步加剧了食物多样性的丧失。

现代生活方式的快节奏和高压力使人们更加倾向于选择方便快捷的加工食品、中央厨房标准化出品、预制菜等，而不是传统饮食中营养丰富、多样化的食物。饮食单一化不仅导致了个体营养摄入的不平衡，还可能增加患慢性疾病的风险。

这种趋势还对整个生态系统的可持续发展构成威胁，因为它削弱了人与自然环境之间的紧密联系，削弱了生态系统内部的多样性和复杂性。综上所述，食物遗传多样性、物种多样性和生态多样性的丧失是当前农业生产面临的严峻挑战。为了保护生物多样性，需要采取一系列措施，例如推广生态农业、保护农作物野生近缘种、促进农作物品种的多样化和加强生态系统管理等。

作为全球温室气体排放的主要贡献者，粮食系统也在推动着气候变化，进一步恶化了栖息地环境，并导致物种分散到新的地点。反过来，这又使新物种相互接触和竞争，并为传染病的出现创造了新的机会。

动植物的基因多样性保护以及渔业资源的可持续管理等方面的进展缓慢且不均衡。过度捕捞、污染和管理不善等问题对全球鱼类种群构成了持续威胁，而自然灾害对农业造成的直接损失也在逐年攀升。此外，土地退化和山区生态系统的脆弱性也对农业生产和粮食安全带来了严重威胁。同时，尽管各国都在努力建立完善的数据和统计系统以监测可持续发展目标的进展情况，但仍存在巨大的数据差距。这种差距使我们难以准确衡量不同地区和社会经济群体的实际进展情况，从而无法有效地将资源和投资导向最需要的地方。

四、我们离食不果腹的时间不长

人类真正过上丰衣足食的生活并不长，主要是工业革命后期部分发达国家能够达到的物质高度。我国数千年的社会发展中，普通老百姓能够过上温饱的日子并不多见，新中国成立后，20世纪50年代末到80年代初这一时期，我国处于计划经济时期，实行物质配给制，人们自主选择消费的空间很小，消费行为受到物资短缺的严重制约，呈现出"供不应求"的局面，即使到了90年代，物质还很匮乏，与现在相比有着天壤之别，人们需要通过各种方法来充分利用有限的资源，例如将一碗白饭倒进锅里翻炒几下，裹上剩下的油，略微加点盐，就成了油盐饭，以此来改善口味并避免浪费。对中国人而言，现在已经告别温饱问题、走向全面小康了。

但是，粮食安全是全球发展的共同挑战。随着2030年日渐临近，联合国粮食及农业组织的最新报告揭示了全球在粮食和农业可持续发展上的严峻现状。受到新冠疫情、气候变化及武装冲突等多重危机的冲击，全球在实现这一目标上仍面临着巨大的挑战。

饥饿与营养不良的加剧，过去20年，尽管全球在减少饥饿和营养不良方面取得了一定成就，但最新数据却显示这一进展已经放缓甚至出现倒退。《2023年世界粮食安全和营养状况》报告指出，自2019年以来，全球新增1.22亿人饥饿人口。2022年全世界有6.91亿人至7.83亿人面临饥饿，中位数高达7.35亿人。同时，发育迟缓和消瘦率持续处于高位，而超重儿童的比例在过去十年中也未有明显改善。

五、肉蛋禽奶生产的生态环境影响

肉蛋禽奶生产的生态环境影响主要包括对生态的影响、对环境产生的污染等。畜牧业作为我国农业发展的重要组成部分，尤其在北方大面积的草原地区、青藏高原地区等，成为最主要的产业形态，在带来经济效益的同时，也对生态环境产生了一定的负面影响。

畜牧业对草原的影响主要体现在以下三个方面：一是草原生态环境恶化：过度放牧导致草原植被破坏，水土流失加剧，草原抵抗自然灾害的能力下降，逐渐出现荒漠化、沼泽化现象，威胁草原的可持续发展。二是草原生物多样性受损：放牧活动可能减少草原生物多样性，影响草原生态系统的稳定性和功能。三是草原生产能力下降：由于过度利用，草原的生产能力逐渐下降，优质牧草数量减少，有毒有害杂草丛生。因此，畜牧业的发展需要注重草原的保护和合理利用，以实现草原生态和畜牧业的可持续发展。

畜牧业生产对生态环境的污染方式包括：一是影响居民生活，污染生活用水：畜牧养殖产生的粪便和污染物含量高，直接排放会破坏水源水质，导致水体富营养化，破坏生态平衡，最终危害人体健康。二是污染周围土壤，影响农作物生长：畜牧业养殖中，畜禽粪便的处理是一个重要问题。在一些地区，粪便直接排放到地面上堆积或未经处理直接用作肥料，这种简单堆放方式会阻挡土壤空隙，降低土壤透气性，造成植物根系通气困难，长此以往会导致土壤板结化，影响农作物生长和当地农民的经济收入。三是污染空气，造成病菌传播：禽畜粪便和尿液中含有大量的有机物，未得到全面降解的部分相互混杂，会产生腐烂和发酵现象，散发出恶臭气味，污染空气，并可能招来蚊子苍蝇，增加当地环境的病原种类，影响居民的身心健康。四是导致全球变暖：畜牧业产生的温室气体占全球温室气体排放的18%，对全球气候变暖有重要影响。

为了防治畜牧业对生态环境造成的影响，应采取针对性的防治措施，包括有计划地放牧、减少过度畜牧业发展引起草场退化和沙漠化等，对畜牧养殖基地要优化项目选址、合理布置养殖场区、采用粪污全量收集还田利用等模式以及加强环境监控与污染管理机制的建设。

六、吃饭中的浪费与污染

1. 食物浪费严重

联合国环境规划署发布的《食物浪费指数报告》认为，2022年约有10.5亿吨的食物浪费产生，约占消费者可获得食物总量的1/5。其中，60%来自家庭生活，28%来自餐饮服务，12%来自零售业。2018年《中国城市餐饮食物浪费报告》对某市学校餐厅的调查显示，该市中小学生人均食物浪费量约为每餐 130 克，浪费率为 22%；在浪费的食物构成上，主食为主要品种之一，占总量的 45%；中国城市餐饮业仅餐桌食物浪费量约为每年 1700 万吨至 1800 万吨，相当于 3000 万人到 5000 万人一年的口粮。

在《食物浪费的真相》一书中，美国食物研究专家安德鲁·史密斯（Andrew F. Smith）书写了食物从生产到消费等各个阶段是如何被浪费的。

2. 我们浪费的食物去了哪里？

从剩菜到变质的农产品，我们扔掉的约 94% 的食物最终会被垃圾填埋场和燃烧设施处理掉。

3. 防控食物浪费，可以这样做

联合国环境署负责人英格·安德森（Inger Andersen）指出："减少粮食浪费将减少温室气体的排放，减缓土地流转和污染对自然的破坏，提高粮食的供应量，从而减少饥饿，节省资金。全世界的企业、政府和公民都必须尽到自己的责任。"2019 年日本众议院通过《食物浪费削减推进法案》，明确政府有责任推进有关避免食物浪费的政策；2021 年中国通过《中华人民共和国反食品浪费法》，立法减少食品浪费。

作为普通人，养成定期检查冰箱的习惯；列清单，吃什么买什么，省钱省时，吃更健康的食物；学会正确的储存食物方式，例如苹果、梨、香蕉、橙子要分开放置，避免过早成熟；注重食物的质量而不是数量。

第二节　穿衣的生态学

人类穿衣的历史已有 7 万年。从最初遮盖身体、抵挡风寒，到追求舒适、美观和情绪价值，服装的材料、功能发生了翻天覆地的变化。穿衣呵护人类，穿衣如何降低对生态环境的影响也是文明发展的重要体现。

一、人类的保暖材料

人类穿衣用来蔽体遮羞，更重要的是用于保暖。人类最初的衣服可能是几片树叶、几根羽毛或者是一块兽皮，也就是说，我们的祖先很早就开始依靠大自然，从动物和植物身上获取材料做成衣服以抵御低温和寒冷。直至今日，我们的衣服原材料仍然有一部分取自于动植物，包括动物皮毛、动物纤维和植物纤维。

动物皮毛是人类最古老的衣料之一，在古代，兽皮通过打猎容易获取，用兽皮制成衣物方法简单，狐狸、貂、貉子、熊、獭兔以及牛、羊等动物的皮毛都是制成衣服的原料，这些动物皮毛制成的衣服就是今天的皮草。提到御寒保暖，那莫过于由动物皮毛制成的衣服。

动物纤维和植物纤维可以通过纺织技术制成衣物。其中纺织常用的动物纤维有羊毛、兔毛、蚕丝等。羊毛纤维属于蛋白质纤维，主要由鳞片层、皮质层和髓质层组成。羊毛纤维的强力较差，但弹性较好，毛织品挺括、不易皱，可塑性强。羊毛纤维的保暖性优于其他纤维，吸湿性和透气性都较好，但易虫蛀和霉变。

此外，蚕丝柔软平滑、极富弹性，制成的衣物穿着轻薄柔软、亲肤服帖、抗菌耐用，十分舒适。丝绸就是蚕丝织造的纺织品，直到今天，它仍然是美丽且环保的衣料之一。此外，鹅绒、鸭绒等被作为衣服的填充物制作成羽绒服，羽绒服已经成为现代冬季最普遍的保暖服装类型。

当然，相较于从动物身上获取制衣原料，更容易大量生产的纺织原料当然是取自于植物。用于纺织衣物的植物纤维可以取自于植物的种子、皮（韧皮）、叶或茎干。人类在长期生活实践中，对自然界的众多植物物种进行了筛选，最终选择了葛、麻、棉等植物作为纺织原料，人们大面积种植这些植物用于纺布制衣，它们也称为纺织作物。

葛、麻用于纺织布料的部分都是韧皮纤维。葛是豆科葛属多年生落叶草质藤本植物，藤蔓可长达八米，葛的藤蔓中含有丰富的纤维，由葛纤维纺织出葛布、制成葛衣，其颜色洁白、质地轻飘，葛衣轻薄透气、吸湿散汗，穿着既舒适又美观。制作麻衣的麻布是由麻类植物纤维纺织而成，麻有不同种类，制衣的麻类植物常见的有亚麻、苎麻、黄麻等。麻布透气性和吸湿性较好，但表面质地粗糙。

棉花是锦葵科棉属的 20 多种植物的通称，用于纺织布料的纤维是种子纤维，棉花种子里面含有大量的棉纤维，制成的棉布具有柔软、舒适、保暖、耐用、吸汗等优点，很受大众喜爱。

动物纤维和植物纤维都是天然纤维，然而现如今我们日常穿着的衣服大多是由人工材料或天然和人工材料混纺制成的，统称为化学纤维。化学纤维是指以天然或人工高分子物质为原料制成的纤维，根据原料来源不同分为再生纤维（人造纤维）和合成纤维。再生纤维常见的有莫代尔纤维、莱赛尔纤维、醋酯纤维、竹纤维等，合成纤维常见的有聚酯纤维（涤纶）、聚酰胺纤维（锦纶）、聚丙烯腈纤维（腈纶）、聚氨基甲酸酯纤维（氨纶）等，这些面料在我们日常服装的标签上都很常见。化学纤维面料结实耐用，生产成本低，部分化学纤维的舒适度甚至可以超过某些天然纤维。

二、适应环境的穿衣

我们都知道，穿衣首先根据温度来决定，厚实的衣服来应对冬天的寒冷，轻薄的衣服来应对夏天的炎热，是我们穿衣适应环境温度变化最直接的体现。从短袖到棉袄，这些适应不同温度的衣物选择让人类可以从容应对多变的气候。

不同地区的气候特征孕育出了不同的服装特点，例如藏袍的设计就与适应当地气候特点有关。由于藏区处于高原地区，海拔高，气温寒冷，藏袍的材质一般为厚实的羊毛织物，羊毛保暖性较好，同时具有良好的透气性和吸湿性，可以保持身体的温暖和干燥。而且藏袍为长袍样式，衣袖和下摆较长，更利于包裹全身，抵御风雪，提升保暖效果。此外，藏区气候多变，昼夜温差大，温差甚至可高达20℃，因此藏袍设计宽松，在白天气温升高时，可以褪去一只袖子散热，夜晚温度下降后再将袖子穿上，恢复保暖效果，穿着这样设计的藏袍比更换衣服方便得多。

不同地区的自然资源条件也会影响当地的服饰特征。例如在我国东北地区，由于冬季寒冷但当地的自然条件不适宜种植棉花，在羽绒服普及以前人们往往穿着动物皮毛制作的衣物抵御严寒。例如大兴安岭的鄂伦春族，他们的服饰，上至帽子、下至靴袜多以兽皮为原料。兽皮不仅经久耐磨，而且防风抗寒性能极好。

三、穿衣对生态环境的影响

你可能没有想过，我们每天穿在身上的衣服会对生态环境产生什么不利影响。然而一件可能售价仅需几十块的便宜又美丽时尚的衣服，其背后的环境代价却远大于此。一件衣服从原材料种植或合成、纺织、印染、销售、使用以及最终丢弃处理，都会给生态环境造成不同类型的影响或危害。我们大致可以把衣服的一生分为生产、使用和丢弃三大过程来看：

1. 服装生产对生态环境的影响

（1）服装生产影响气候变化

中国纺织工业联合会会长在 2019 气候创新·时尚峰会上直言，纺织服装行业已成为仅次于石油行业的全球第二大污染行业。据统计，纺织品生产每年排放约 12 亿吨温室气体，已经超过了所有国际航班和海运的总排放量，占全球碳排放量的 10%，而其中超过 60% 的纺织品都是用于服装行业。

每生产 1 千克布料就要排放 23 千克的二氧化碳。由于原料生产过程不同，不同的服装面料产生的碳排放量也有所不同，比较亚麻、棉、丝和羊毛这几种常见的天然面料，可以发现亚麻和羊毛分别是碳排放最低和最高的面料，棉、丝介于中间。亚麻纺织面料的碳排放较低是因为亚麻在种植、纺线、织布的过程中碳排放都很低。羊毛是碳排放较高的一类纺织面料，主要由于在牲畜饲养的过程中会排放大量温室气体，例如甲烷等。除了天然面料，还有人工合成面料，例如化学纤维，由于是由石油等原料人工合成，消耗的能源和产生的污染物也相对较多。当然，即使是相同面料的衣物，浅色衣物因其染色流程比深色衣物更少，碳排放量也较小。

（2）服装生产消耗大量水资源

棉花是服装面料常用的一种天然纤维，然而，却是一种非常消耗水的植物。虽然全球仅有 2.4% 的耕地种植了棉花，但这些棉花却消耗了全球 3% 的淡水。曾是世界四大湖之一的咸海，位于乌兹别克斯坦，由于当地大力发展的棉花种植，消耗了大量水资源，这成为这个大湖即将干涸的原因之一。

根据联合国环境规划署的数据，生产一件棉衬衫大约需要 2600 升水，相当于一个人每天喝八杯水，可以持续三年半。生产一条牛仔裤大约需要 7500

升水，相当于一个人每天喝八杯水，足以持续十年。服装印染也会消耗大量的水，要将 1 吨纤维布料进行染色甚至需要用 200 吨干净的水。现在服装业已经成为全球耗水量第二大产业，每年要消耗 1.5 万亿升的水。

（3）服装生产污染环境

我们穿着的衣服色彩丰富，图案多样，这些都归功于纺织印染工艺，然而纺织服装行业每年所产生的废水量占全球废水量的 20% 左右，一年就有 20 亿吨左右的废水排出。排放的纺织废水，尤其是印染废水会污染水环境，每印染加工 1 吨纺织品耗水 100 吨—200 吨，其中 80%—90% 成为废水排出。印染废水属难处理的工业废水之一，其成分复杂，有机污染物含量高，含有砷、铅、镉、汞、镍等大量有毒物质，这些有毒物质在无法完全处理的情况下排入环境中，随着河流流入海洋，会对海洋生态环境造成巨大破坏，甚至可能促使一些海洋生物的灭绝。

人们为了生产出优质的纺织原材料，在一些纺织作物的种植过程中，喷洒大量的化肥、除草剂和杀虫剂。例如种植面积仅占全球耕地的 2.4% 的棉花作物，却能消耗全球 25% 的农药。过量使用农药产生的代价是土壤污染。此外，人们为了大量生产羊毛织物，肆意扩大养殖规模，过度放牧，导致草原生态退化。

2. 服装使用对生态环境的影响

你可能无法想到，洗衣服也会对生态环境带来不利影响。现如今衣物的面料常使用合成纤维，其中聚酯纤维（涤纶）被广泛应用于服装制作中，是现代服装中最常用的面料。由于聚酯纤维含有塑料成分，在洗涤过程中会脱落出非常微小的纤维，随着洗衣废水的排放，最终进入海洋，成为海洋中微塑料的主要来源之一。2017 年 2 月，世界自然保护联盟发表的一份报告显示，全球海洋中微塑料总排放量为每年 150 万吨，同时报告也指出来自纺织品洗涤脱落的纤维约占 34.8%，即每年 52 万吨。

3. 服装丢弃对生态环境的影响

衣服的最终归宿往往是被我们丢弃，然而丢弃后它还会经历什么你可能并不清楚。我们丢弃的衣物只有 15% 会被回收利用，其他的最终都成为垃圾，若处理规范则会被运往垃圾场进行焚烧或填埋处理，若散扔则对大自然的危害更大。然而无论采取焚烧还是填埋，都无法避免对生态环境的不利影响。

采取焚烧处理，无论什么材质的衣物在进行焚烧时都会造成空气污染，尤其是化纤材质的衣物。化纤类衣物在焚烧过程中会产生大量有毒有害气体，这些气体被释放到空气中，会威胁到周围生物的健康。此外，焚烧后的残渣也会对土壤造成不可逆的伤害。

采取填埋处理，棉麻等纯天然原料制成的衣物在两三年后，会自动分解腐烂。然而现在的衣物天然原料比例较小，大约有一半以上的服装面料都是涤纶等化纤材质，化纤面料因为含有塑料很难自然降解，自然降解可能至少需要长达 200 年的时间才能完成。填埋处理除了占用空间外，这些衣物中大量的染料等化学物质还会渗入土壤，对当地的土壤和地下水造成污染。

现在我们知道衣服从生产、使用到丢弃全过程都会对生态环境产生不利影响，因此，选择环保材质与拒绝穿衣浪费显得尤为重要。

四、拒绝穿衣浪费

随着社会经济的发展，穿衣早已不单单是为了御寒保暖，丰富多样的服装款式更是为人们提供了表达个性、彰显身份、追求美貌等功能。

全球每年生产超过 1500 亿件新衣服，足够提供给地球上每个人至少 20 件。然而在我们购买衣服的数量和频率不断增长的同时，丢弃衣服的速度也越来越快，服装的使用周期变短，淘汰频率加快。每年有超过千亿件衣服被丢弃，而被丢弃的衣服中，有超过一半的衣服距离其生产日期还不足一年。一件衣服平均只被穿 7 次就会被丢弃。中国循环经济协会的数据显示，中国每年都有超过 2600 万吨废旧衣物被丢弃。据相关数据推测，在 2030 年后，我国每年丢弃的废旧衣物数量将上升到 5000 万吨，也就是说，一年将至少产生 250 亿件废旧衣物，平均每人每年将产出 16 件废旧衣物。

面对如此庞大夸张数量的服装浪费，没有人不为之震撼。大量的服装丢弃不仅会造成资源浪费，还会对生态环境产生污染和破坏。

现如今，为了满足人类无尽的物欲，服装生产不再围绕换季推出新品，服装业一年也不再只有四季，而是每个星期都成了换新季。快节奏的服装设计和生产，使得越来越多追求时尚、材质廉价的衣服被生产出来。廉价的材质往往是对生态环境更不友好的化纤，虽然可以降低生产成本，但在使用过程中和丢弃后对生态环境产生的危害更加严重。"快时尚"的衣物由于更易过时且材质不良，会不断加快服装生产、使用、丢弃这个流程，使得"快时尚"诱发了服装浪费的恶性循环。

穿衣本身不是导致出现生态环境问题的原因，通过穿衣来表达自我风格，用漂亮的衣服来装扮自己是人类追求美好事物的习惯。然而，当我们把衣服作为一次性消费品，无节制地浪费衣物，频繁地购买再频繁地丢弃，这种消费习惯才是穿衣导致环境污染和生态破坏问题的元凶。要拒绝穿衣浪费，就要改变这种不良的消费习惯，减少衣物的生产和丢弃，延长衣物的使用寿命，将衣物投入循环回收的流程中，而不是把它直接变成垃圾。

要知道，我们浪费的每一件衣服，为此买单的并不只是我们消费的钱，付出更大生态代价的是我们共同的家园——地球，以及其他与我们一样共同生活在这个大家园的其他生命。我们穿衣是为了更美好的生活而不是毁掉生存的家园，拒绝穿衣浪费，为地球的可持续发展贡献绵薄之力是每一个地球公民的责任和义务。

第三节　居住的生态学

住所是满足人类特定生活需要的人类社会生产活动的产物，人类利用自然资源，在相应的社会生产活动的作用下形成了解决住所的相应方式和形式。现代社会庞大的建筑体系一方面体现了人类文明发展的水平，另一方面也对生态环境产生了重要的影响。鉴于人类社会 1/3 的能耗是在建筑上，产生的废弃物量最大的也在建筑领域，如何降低建筑的能耗和物耗，是保护生态环境、建设生态文明的重要内容。

一、人类住所：人类与环境的相互作用的产物

人类住所的演变反映了人类与环境的相互作用，受到自然地理环境和社会生产活动两个方面的影响。自然环境给人类住所提供了立地条件与资源，建造适应环境的人类住所，当下的社会生产活动对人类住所的建筑技术、功能、审

美、布局等方面都有重要影响。人类在此过程中有很强的创作欲望，但不能否认的是自然环境本身也在塑造人类及其思想。

人类住所的变化过程中，环境对人类的制约作用在逐渐减弱，人类对环境施加的影响在逐渐增强，对环境改造的强度也在增加。在人类狩猎采集和农业社会时期，人类住所受到环境的制约较大，住所方式和材料的选择与其所在生境自然条件的局限性相适应，在活动范围之内寻找适合生存的空间与建筑材料，因陋就简，往往直接使用，加工、创造的痕迹很少，但身处不同自然环境的人类发展出不同类型与材料的住所，例如洞穴、巢居、树屋等。

人类与大自然的斗争过程中，对环境的强大适应能力，使其种群不断发展壮大，改造自然的能力不断提高。进入工业社会，人类利用环境和改变环境是通过我们施加到自然环境中的实物来实现的。随着生产力的提高，人类尝试构建一个尽量少受自然环境影响的舒适居住空间，住所的位置、使用的材料、住所的舒适性、功能性都在变化，人类住所受自然环境的限制在逐渐减少。在工业革命开始后200年，人类取得以快速工业化、城市化为表征的现代化的巨大成就。伴随着工业化和城市化的加速推进，大量人口涌入城市，人类住所的数量和规模呈现史无前例的膨胀，出现的大型人类聚落的规模和分布所带来的影响深刻地改变着地表的自然环境，人类创造出来的景观环境已经超过自然环境的影响。大规模的人类住所附属的人工环境在克服自然生态环境的限制之时，由于自然生态的缺失，近年来在城市人群（特别是青少年）中，出现了自然缺失症现象。人类在对未来住所进行思考的时候，一大挑战就是人类如何在人工环境占主导的情况下与自然环境和谐相处。

二、人类住所的演变

伴随着人类社会的发展，人类住所经历了从穴居、帐居到木屋、楼宇时代的变化（见图3-2），住所的规模也从单个洞穴或帐篷过渡到村庄、城市大面积的建筑群。

1. 穴居

如果穿越回两万五千年前，你有很大的可能性会在一个山洞中醒来。洞外的野兽在嚎叫，洞穴里点起的温暖篝火，在黑夜中熊熊燃烧，像白天的太阳一

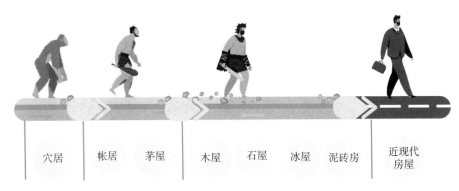

图 3-2　人类住所的演变

样温暖着大家，可以取暖、煮熟食物，也能驱散靠近的野兽，帮助你和同伴们
缓解在外奔波一天之后的疲惫。这是穴居时代人类住在山洞的样子。在不同的
自然条件下，人类采用各种各样的穴居形式，例如天然洞穴、人工洞穴、岩
棚、巢穴和树洞等。

　　天然洞穴是穴居时代人类最主要的住所形式。天然洞穴的形状大小不一，
对应所能容纳的人数也在几个人到数十人之间。洞穴内部通常会利用树枝、石
头、兽皮进行一些简单的加工和改造，区分不同的功能空间，以适应人类的基
本生活需求。岩棚是指岩石下面形成的天然遮蔽处。岩棚为人类提供了类似于
洞穴的居住场所，一般比洞穴更敞开，可以为人类提供遮风挡雨的场所。生活
在平原或森林地带的人类缺乏合适的洞穴，巢穴往往是人类居住的临时住所，
这些巢穴一般由树枝、树叶、兽皮等天然材料搭建在树上、洞穴中或岩石缝隙
中而成，以躲避野兽和天敌的侵袭，隐蔽性和安全性俱佳。与巢穴类似的还有
树洞这种居住形式。树木由于疾病、昆虫侵蚀或自然老化造成的空洞被人类利
用起来，这样的树洞空间较小，只能容纳一两个人，且多位于高大的树木上，
以躲避野兽和天敌的侵袭。巢穴和树洞可以为人类提供基本的生活空间，为穴
居时代人类提供了隐蔽和安全的住所。

　　此外，通过挖掘或改造天然洞穴而形成的人工洞穴也是重要的住所形式。
人工洞穴可以选择更适合生存的地方，获得更加宽敞、干燥和安全的住所。在
洞穴的结构和功能上，能根据需求灵活调整，以满足不同的居住需求。世界各
地都有史前人工洞穴的发现，其中最著名的包括：法国多尔多涅省的拉斯科洞
穴是世界著名的史前洞穴艺术遗址，距今已有约 17000 年至 19000 年的历史。

拉斯科洞穴内壁上绘有大量栩栩如生的史前壁画，这些壁画描绘了史前人类的狩猎、舞蹈、宗教仪式等场景。西班牙坎塔布连海岸的阿尔塔米拉洞穴是西班牙最著名的史前洞穴艺术遗址之一，距今已有约 14000 年至 18500 年。阿尔塔米拉洞穴内壁上绘有大量精美的史前壁画，这些壁画以其逼真的画风和丰富的色彩而闻名于世。人工洞穴的出现，标志着人类居住环境的改善和人类文明的进步。

2. 帐居

随着对居住环境要求的提高，人类开始寻求更加舒适和安全的居住方式。在一万多年前，人类开始有意使用大型动物的骨骼、兽皮、树枝、草和泥土等材料搭建帐篷，居所绝佳的保暖性帮助人类渡过了严酷的冰河时期。帐居时代持续的时间大约从公元前 10000 年到公元前 3000 年。

帐篷在提供更好的通风、采光条件之外，便于搭建和拆卸的特点，也满足了人类随着季节和资源的变化进行迁徙的需求。不同生活环境的差异，使得人类创造出材料、形状和结构各异的帐篷。帐篷搭拆方便的特点高度适宜游牧生活，例如蒙古族的蒙古包、哈萨克族的毡房、藏族牧区的毡帐、西伯利亚图瓦人的帐篷和适应沙漠中游牧生活的贝都因人的帐篷等都是具有代表性的帐篷形式。

帐篷的出现和发展对人类文明的发展产生了深远的影响，人类开始从穴居生活向定居生活转变，稳定安全的生活环境促进了人口增长和文化交流。灵活运用不同材料搭建的帐篷，标志着人类建筑技艺的进步以及人类形成更加紧密的社会分工。帐篷高度适应游牧文化，作为一种独特的文化符号，成为许多以游牧为主的民族和地区文化传承的重要载体。

3. 泥砖房

在干旱地区，水源缺乏，植被稀疏。面对木材的缺乏，古西亚人从夯土墙开始，到以常见的黏土为原材料，加入稻壳、稻秆后晒干制作成土坯砖再到将土坯砖烧制成强度更大、防水性更好的烧砖，以沥青、陶钉、石板贴面及琉璃砖保护墙面，泥砖房逐渐实现材料、结构、构造与造型的有机统一。

西亚地区最早的泥砖房可以追溯到公元前 9000 年左右的新石器时代早期，泥砖房的出现与人类定居农业和城市化进程密切相关。随着定居农业的发展，城市开始出现，大量人口聚集在一起，防火性能好的泥砖房成为主要的建筑形式，减少了内部人口密集可能存在的火灾风险，外部的城墙和堡垒则能提供较好的防御能力，从而使聚居环境更加安全。

古巴比伦人建造了宏伟的泥砖城市，例如巴比伦城和乌尔城，拥有高大的城墙、神庙和宫殿以及大片的居民房屋，城市中居住着不同阶级的大量人口，包括统治者、祭司、工匠、商人、农民和其他劳动者。泥砖房不仅为西亚人民提供了住所，也为他们提供了发展文化的空间。在泥砖房中，发现了精美的壁画和浮雕以及记录着当时人文风貌的泥板文书，这些艺术作品生动记录了他们的生活、信仰和历史。

泥砖房展现了人类适应不同环境的能力和文化多样性，至今仍然是许多地区传统民居的典范，例如中国黄土高原的窑洞，是中国传统民居之一，被认为是最具有西北特色的传统建筑形式之一。窑洞是劳动人民在适应当地环境的同时，创造性地利用黄土为原材料进行建造的传统房屋形式。深厚的黄土颗粒均匀细腻、直立性强、结构紧密，在黄土中挖掘出的窑洞有很好的稳定性。黄土高原气候干旱少雨，窑洞不易受雨水侵蚀，而且窑洞上面一般会留足 3 米以上的黄土层，减少雨水淋湿坍塌的风险。窑洞一般选择阳坡黄土壁向内挖掘，除了有采光取暖的好处之外，干燥的黄土硬度更高。黄土具有良好的保温性，窑洞除洞口一面朝外，其他各面则包裹在厚土之中，这使得洞内温度变化小，冬暖夏凉，适于居住。黄土质地疏松，挖掘难度较小，建造技术相对简单，不需要大量的木材，对森林植被稀疏的黄土高原而言，窑洞是一种经济实用的房屋形式。窑洞的设计无不适应着当地的自然条件，体现着劳动人民适应自然，改善生存环境的朴素智慧。

4. 茅屋

随着人类生产力的提升和农业的发展，人类利用工具和适应环境的能力进一步加强，帐篷被更加保暖、坚固和舒适的茅屋逐步替代，人类的居住方式进一步改变。茅屋时代的人类对身边的建筑材料有了一定的认识，开始使用草、木、竹等多样的材料建造房屋。此时农业发展的进步使人类可以固定在一个地方进行农作物种植与家畜圈养，而不需要跟随猎物进行定期放牧迁徙。因而在房屋建造上开始舍弃帐篷拆装便捷的灵活性，改用更粗、更结实的材料，建造在地面或半地下，从而增加房屋的坚固性，以提供更安全的居住空间。茅屋的具体形式因地区与文化的差异而有所不同，一般来说，茅屋地基通常是用石头或木头搭建而成，提供房屋足够的稳固性，墙壁和屋顶则采用容易得到的茅草或其他植物材料编织而成，这些材料具有良好的保温和隔热性能以及一定的防水功能，保证能应对不同的天气状况。茅屋建造的材料易得，且能很好地适应自然环境，建造技术工艺的门槛相对较低，一直以来都是某些地区重要的房屋形式。造型独特工艺简单的芦苇屋，在阿拉伯半岛的沼泽地区至今仍十分盛行。阿拉伯芦苇屋的墙壁和屋顶都很厚，可以很好地隔热和隔音；冬暖夏凉，非常适合在伊拉克南部湿热的气候条件下居住；是阿拉伯地区一种很有特点的建筑，一般作为住宅使用。时至今日，茅屋仍然广泛分布于纬度较低、降水较多且较为偏远落后的地区，例如巴布亚新几内亚的 A 型茅屋、海南黎族的船型屋等。

茅屋时代的兴盛时间大约在公元前 3000 年至公元前 1000 年之间，这一时期，得益于人类生产力和农业的发展进步，人口得到进一步增长，人们开始定居下来，并建造永久性的房屋。茅屋时代的出现，标志着人类在住所建造方面的一次重要进步，更加先进、复杂的房屋结构在此基础上得以发展。茅屋的出现是人类生产力发展之后的重要成果，它与社会制度、聚落、技术的进步相互促进，社会分工进一步细化，城市的出现成为可能，人类逐渐走进农业社会。

5. 石屋

石制房屋是指主要采用石头建造的房屋。石制房屋的历史悠久，在世界各地，都有石制房屋的遗迹或建筑，尤其是在一些气候干燥、石材资源丰富的地区。如中国的广东、福建沿海地区，地中海沿海地区等。石制房屋坚固耐用、防火、防潮、隔音效果好，缺点在于建造时间长、造价高、室内温度变化慢。石制建筑优缺点明显，除受制于建材资源外，还广泛应用于各类功能建筑，如城墙、陵墓、教堂、城堡等。印度的泰姬陵就是一座著名的石制建筑，采用白色大理石建造而成，具有极高的艺术价值。欧洲地区的城堡既是军事防御堡垒，也是封建领主的私人住所。城堡一般被认为起源于公元 9 世纪、10 世纪，兴盛于公元 13 世纪、14 世纪，直到大炮发展到可以轻松击穿石质材料构成的城墙之后，城堡作为军事设施的职能才逐渐退出历史的舞台，但作为住宅的城堡至今依然分布在欧洲各地。石头冷峻、坚固、不可侵犯的特质很容易让人对宗教建筑产生敬畏，欧洲大量的教堂使用石头作为主要的材料，主体结构为石材的巴黎圣母院是法国哥特式建筑的代表作之一，也是世界上最著名的教堂之一，外部装饰非常华丽，有许多精美的石制雕塑和浮雕。

6. 木屋

木屋时代是人类历史上一个重要的时期，这个时期人们开始学会利用木材作为主要的建筑材料，建造出结构稳定、功能齐全的房屋。木材是原始社会中比较容易得到的材料，利用身边易得的材料，采用草树木的枝条，编扎形成支撑结构和覆盖结构，从而发展演变为建造在地面上的各类建筑。木屋通常采用木梁、木柱等木材支撑起空间，墙体多使用竹木、石头、泥土等材料，屋顶采用木材、稻草、瓦片等材料搭建，在不同自然环境条件下，诞生了各美其美的多样木构建筑。在世界传统建筑体系中，东亚与东南亚地区的建筑是以木结构建筑为主，其中中国的木结构建筑发展最早也最为成熟，影响深远。

中国是世界上最早使用木材建造房屋的国家之一，先秦文献中就有"构木为巢"的记述，中国木构建筑的历史悠久，可以追溯到新石器时代。在距今约7000年的河姆渡文化遗址中，传统木结构建筑标志性的榫卯技术就已经出现。在距今3800—3550年的河南偃师二里头文化遗址中，出现了大型木构架夯土建筑。商周时期，中国木构建筑得到了进一步的发展。在殷墟遗址中，发现了大量的木构建筑基址，包括宫殿、宗庙、贵族住宅等大型的木构建筑群。春秋战国时期，出现了斗拱这一重要的结构构件。斗拱的使用使木构建筑的结构更加稳定，抗震性能更强。秦汉时期，出现了许多大型的宫殿建筑群，例如秦始皇陵、汉未央宫等。这些宫殿建筑群规模宏大，是中国木构建筑的杰出代表。隋唐时期，出现了拥有大量的木构建筑的大型城市，例如长安、洛阳等。宋元时期，出现了许多新的建筑形式，例如园林、书院、会馆等。明清时期，出现了许多大型的宫殿建筑群，这些宫殿建筑群规模宏大，结构复杂，装饰精美，是中国木构建筑的又一杰作，例如故宫、颐和园等。同时期还出现了许多民居建筑，例如徽派民居、晋派民居等。这些民居建筑风格独特，反映了中国各地不同的风土人情与人文风貌。当今，由巢居发展而来的干栏式建筑，非常适应当地湿热的环境，例如湘西吊脚楼、云南西双版纳的傣族竹楼、婆罗洲的萨拉—脱亚人民居、槟城的浮脚楼、印度尼西亚达雅克人的长屋等。

7. 冰屋

生活在寒冷的北极地区的因纽特人，冬季在烈风和酷寒下变得异常艰难，白茫茫的冰原上，除了冰雪之外，空无一物。在这严酷的环境下，因纽特人建造冰屋来躲避烈风严寒。冰屋的历史非常悠久，在北极地区，因纽特人已经建造冰屋数千年了。冰屋是由厚重的雪和冰块搭建而成，冰屋的建造通常是在背风向阳的地方，用锋利的工具切割冰块，并将冰块堆叠起来，形成冰屋的墙壁和屋顶。冰块之间的缝隙可以用雪填补，以防止冷风进入。外形为圆顶形，这种独特的设计能够很好地隔离外界的寒冷气流，并且在冰屋内部保持相对温暖的气候。因纽特人巧妙地利用雪和冰的隔热性能，以应对当地气候的极端寒冷。在冰屋内部，人们会利用石头或木头来搭建支撑结构，以增加稳固性。冰屋开门较小，平时多用雪砖封口或者设计从旁边开口的"U"型通道进入，用来隔绝冷空气的流入。冰屋内部通常会有一个小火炉，用来烹饪食物和提供温暖。他们还会利用石头和寒冰来搭建炉灶和炉边坐垫，起到隔热的作用。在冰屋中，因纽特人会使用厚重的毛皮和羽绒服装来保持身体的温暖，并且艰苦地节约着有限的燃料。冰屋是因纽特人对抗极端环境的法宝，可以为他们提供温暖、干燥和舒适的生活环境。

极端环境下却选择在冰屋里居住，貌似矛盾的做法却展示了他们对极端环境的认知和适应能力，这种生存智慧来源于因纽特人与环境的和谐相处。因纽特人从冰川和海洋中取得冰块，巧妙地打造居住和生活空间。冰屋具有很强的环保可持续性，因为冰块不会对环境造成污染，并且可以在季节性的融化中循环利用。他们尊重自然、依赖自然，与自然建立了紧密的联系，这种生活方式是与大自然和谐共处的典范。

8. 近现代房屋

开始于18世纪末欧洲和北美的工业革命，使得生产力大大提高，经济快速增长，带动了人口大量从农村涌向城市，人们的生活方式发生了巨大的变化，人们的生活更加便利和舒适。工业制成品材料例如钢筋混凝土、砖块、玻璃等材料逐渐取代木材、石头、泥土等传统建筑材料。近现代房屋内部结构也发生了很大的变化，出现了客厅、卧室、厨房、浴室等功能分区，使得住房更加舒适、卫生、安全，人们的生活质量大大提高。现代建筑技术不断进步，钢筋混凝土结构的出现使房屋的承重能力大大提高，搭配性能更好的建筑材料，从而使得房屋拥有更好的安全性和稳定性，可以建造更高、更宽敞的房屋。摩天大楼和大规模的城市社区得以出现，人口大量聚居在城市中，对住房的需求也大大增加。近现代房屋建造速度快、成本低，可以满足城市人口对住房的需求。

生产力和技术的进步使人类住所在选址、材料、规模方面有了更大的自由度。建造的大型城市，依靠外部输入的物质与能量，支撑着城市的运行，对当地环境的改造力度超过以往。例如完全建造在沙漠中的拉斯维加斯、中东国家卡塔尔首都多哈等，其创造的文化景观支配了环境，在空间上占据大面积的"建筑环境"，与周围的自然环境已无联结。

人口在近现代快速地向城市靠拢，城市成为人类主要居住与活动的区域。然而，城市的扩张不可避免地引发了与自然生态环境的冲突，城市扩张会侵占自然土地，导致森林砍伐、湿地消失、生物多样性减少。

三、未来人类住所的发展

未来人类住所的发展仍然受到自然环境和社会生产活动的影响。作为大自然一部分的人类，短期之内不能脱离自然环境，人类住所也会长期存在于自然环境。在人类开始建造住所之初，重视住所与自然地理景观之间的协调，不同自然景观下住所的建筑特色也常常具有地域性。未来人类的住所将借助设计对自然环境进行抽象艺术性表达，更好地融合自然环境景观特征与地域性特色。不同气候环境成就了不同类型的人类住所，未来人类住所同样需要考虑到全球气候变暖、海平面上升、极端气候频发等情况带来的挑战。人工环境的大量出现、自然生态环境的缺失问题日益显现，人类住所、社区、城市生态环境建设进入演替"近自然—真生态"的新阶段。

人类社会的生产活动对未来住所的影响很大。电子信息、人工智能、材料科学、建筑技术、能源利用方式的改变将随着时间的推移得到空前的进步，在科技进步的帮助下，未来的人类住所将是智能化、个性化的居住空间；人类居住的空间和地域将得到进一步的释放，可能会拓展到目前的极端环境，例如两极地区、高寒地区、沙漠地区等。未来人口的数量还会增加，超大规模的城市将出现，面对庞大的人口，未来的住所将向天空和地下延伸，以获得足够的空间。人口老龄化将进一步发展，适合老龄人生活出行的住所、社区、城市将会出现。

人类的居住环境一直不断进化，朝着绿色低碳环保方向发展，对建筑领域节能减排的意义尤为重大。

第四节　出行的生态学

快速、便捷、廉价的交通出行是人类社会进步、文明发展的重要表现之一。随着社会的发展、科技的进步，现代社会的出行方式越来越多种多样，汽车、飞机、火车、轮船、地铁在"节能减排""碳达峰碳中和""低碳生活"等环保议题上备受关注。低碳环保，绿色出行也成了许多人的生活态度。

一、人类出行方式的演变

人类的出行方式经历了漫长的发展历程，从最早的步行、骑马、驾驶马（牛）车，到船、自行车，再到现代的汽车、高铁和飞机等交通工具，人类的出行方式逐步发生了革命性的改变（见图3-3）。

图3-3　人类出行方式演变示意图

19世纪初，火车（蒸汽机）诞生标志着人类交通工具的革命，改变了人类的出行方式，使人类可以更快、更便捷地出行；19世纪末，汽车的发明标志着人类交通工具的又一次革命，使人类的出行方式更加自由、便捷，也为人类出行带来了更多的可能性；20世纪初，飞机的出现又一次改变了人类的出行方式，使人类可以跨越大洋出行，极大地拓展了人类的出行范围；20世纪中期，高速火车的出现再次改变了人类的出行方式，使人类出行更加便捷、高效。未来，随着科技的不断发展，人类的出行方式将会发生更多变化，出行将会更加安全、高效、便捷。

二、不同出行方式的环境影响

不同出行方式对环境的影响也有明显差别，在人力、借助牲畜出行阶段，无环境影响或影响轻微，以汽车为代表的现代交通工具出现后，随着交通工具现代化水平提升、交通网密度提升以及出行频率明显提高，现代交通工具出行的环境影响日趋明显。

现代交通工具主要有飞机、火车、汽车和轮船等。飞机的环境影响有航空噪声排放、废气排放、减少生物多样性（主要是鸟类）等，且具有局部性与集中性的特点，机场污染已成为城市污染的重要组成部分（见图3-4）；火车和汽车的环境影响具有线性、网络型的特点，包括土地资源占用、噪声排放、废气排放（含碳排放）、废水排放（站场）以及减少生物多样性（阻隔影响等）；现代船舶环境的影响具有线性特点，包括废气排放（含碳排放）、废水排放、环境风险影响等。

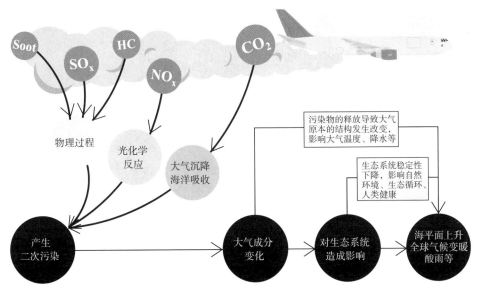

图3-4　飞机排放大气污染物对环境影响示意图

城市作为人类活动的聚集区，带来的碳排放量约占全球碳排放总量的80%，而城市交通是城市碳排放量的主要来源之一。根据国际能源协会2020年的研究报告，进入21世纪以来，全球交通行业的二氧化碳排放量从2000年的5770百万吨增长至2019年的8222百万吨，占全球二氧化碳排放量的24.46%，平均增长率为每年的2.24%；我国交通行业的二氧化碳排放量在2000—2019年由260百万吨增长至910百万吨，平均增长率为每年的13.00%。统计数据显示，中国交通行业碳排放量约占全国总碳排放量的11.00%，其中北京、上海的交通碳排放量占比甚至高达25%，是城市中碳排放量增长最快的行业。随着我国城市化进程的推进和居民出行需求的日益提高，城市交通碳排放量逐年上升。

城市居民交通方式包括步行、自行车、摩托车、小汽车、公共汽车、有轨交通等，其中公共汽车、有轨交通、自行车和步行为绿色出行方式，小汽车（燃油）为高碳出行方式。研究表明，以小汽车、常规公交（燃油）、轨道交通以及非机动车（自行车、步行等）为主导的个体出行链碳足迹进行测算，平均碳排放量分别为5.69、0.49、0.74、0.01千克/天·人，平均人千米碳排放分别为0.2380、0.0310、0.0390、0.0017千克/千米·人，其中小汽车碳排放量最大，是非机动车出行链的370倍，非机动车出行链几乎不产生碳排放。

可见，绿色出行方式对城市居民出行碳减排发挥着重要作用，例如绿色出行比例提高10%，则出行链人均千米碳减排量大约可提高25克/千米·天，当出行链中绿色出行比例为100%时，平均人千米减排量达0.25千克/千米·天。

因此，我们要积极开展绿色出行创建行动，倡导简约适度、绿色低碳的生活方式，优先选择公共交通、自行车和步行等绿色出行方式，降低小汽车通行总量，提升绿色出行水平，降低出行对环境的不利影响，保护生态环境，建设人类美好家园。

三、未来的域外旅行

1961年4月12日，苏联宇航员加加林乘坐东方一号宇宙飞船，发射升空，在最大高度为169千米至327千米的轨道上绕地球一周，历时1小时48分钟，最后安全降落，完成了人类历史上第一次载人宇宙飞行，从此，人类认识世界的观念有所改变，由"日出"转变为"地出"（见图 3-5）。

目前，累计有 600 多位曾经到过近地轨道空间站的宇航员，27 位曾经到过月球轨道（其中 12 位登上过月球），他们绝大部分是飞行员、工程师和极少数科学家、进行旅游的个人（6 个）。

图 3-5　阿波罗 8 号宇航员于 1968 年 12 月拍摄的"地出"

1997 年，太空冒险公司成立并成为世界上第一家专门从事太空旅游服务的私营企业。1998 年，美国国家航空和宇航局和美国航空运输协会联合发表了题为"一般民众的太空旅游和太空旅游业"的研究报告，报告指出：过去几年，日本、英国、德国和美国的一些团体对太空旅游的市场调查表明，有 42.2% 的人对太空旅游感兴趣。美国富翁蒂托通过太空冒险公司于 2001 年 4 月 28 日登上国际空间站，成为世界上第一位太空游客。伴随着维珍银河（Virgin Galactic）、蓝色起源（Blue Origin）和太空探索（SpaceX）3 家公司的太空旅游项目的首飞，2021 年被称为"太空旅游元年"。

1992 年 9 月，我国载人航天工程正式起步，规划"三步走"发展战略。第一步，发射载人飞船，建成初步配套的试验性载人飞船工程，开展空间应用实验。第二步，突破航天员出舱活动技术、空间飞行器交会对接技术，发射空间实验室，解决有一定规模的、短期有人照料的空间应用问题。第三步，建造空间站，解决有较大规模的、长期有人照料的空间应用问题。2023 年是中国首次载人飞行任务成功 20 周年，截至 2024 年，中国已有 24 名航天员登上太空。从神舟五号到神舟十七号，从首次太空飞行到长期驻守中国空间站，其中神舟五号完成我国第一艘载人飞船成功发射，神舟十号完成我国载人航天首次应用性飞行，神舟十二号航天员代表中国人首次进入自己的空间站，神舟十四号航天员乘组向神舟十五号航天员乘组移交中国空间站的钥匙，标志着中国空间站正式开启长期有人驻留模式。2022 年 12 月 31 日，国家主席习近平在新年贺词中向全世界郑重宣布"中国空间站全面建成"。20 年间，中国载人航天事业实现了跨越式发展。据悉，中国科研人员正在加紧研制新一代载人飞船、月面着陆器、载人月球车等，确保如期实现 2030 年前中国人登陆月球的目标。

21 世纪的载人航天活动中，太空旅游将是一项重要的活动内容，甚至可能是未来载人航天发展的主要推动力。太空旅游是未来出行的一大趋势。随着太空技术的不断发展，人类已经可以通过太空航行进行出行。未来，太空旅游将会成为一种新的出行方式，可以通过太空旅游来探索宇宙、了解宇宙。

四、离开地球寻找另一个家园？

地球是包括人类在内的各种生命体孕育和发展的基本空间。1971 年，美国宇航员詹姆斯·欧文乘坐"阿波罗 15 号"飞船成功地完成了登月壮举，回到地球。他情不自禁地描述道："站在月球上远远望去，我第一次惊异发现，我们的地球是那样的伟大而美丽，又是那样地渺小而脆弱！她就像一个蓝色的皮球，孤零零地悬在黑乎乎的空间，在无垠的宇宙中，造化赐给人类的，竟是一个如此狭小的生存空间，她太宝贵了！"

为了试验人类离开地球能否生存，美国在亚利桑那州建造"生物圈Ⅱ号"的失败验证，迄今为止地球仍是人类唯一的家园，人类应当努力保护它，而不是破坏它。太空探索的成果也验证，整个银河系内尚未发现可供生物生存的星球，也就是说，地球是我们人类唯一的家园，即目前离开地球寻找另一个家园是不可能的。

目前尚未发现完全适合人类生存的星球，但科学家们也在试图寻找一些可能具备宜居条件的行星，它们的表面温度可能适宜液态水的存在，而液态水被认为是生命的必要条件。这些行星距离地球远近不一，但都位于其母星的宜居带上，其中开普勒 22b，表面温度适宜，甚至被认为可能与地球类似，适合居住。然而，这些行星的具体条件是否真正适合人类生存，仍需要进一步的科学研究和探测来确认。

问题是，这颗可能适合人类居住的行星——开普勒-22b 距离地球约 600 光年。它位于天鹅座方向，是目前发现的与地球环境非常相似、离地球最近的行星之一。但由于其距离地球过于遥远，即使乘坐的飞行器达到光速也需要 600 年，以人类目前的科技水平，实现星际移民仍然是一个巨大的挑战。

2021 年 4 月 22 日是第 52 个世界地球日，宣传主题为"珍爱地球——人与自然和谐共生"。习近平总书记指出："地球是全人类赖以生存的唯一家园。我们要像保护自己的眼睛一样保护生态环境，像对待生命一样对待生态环境，同筑生态文明之基，同走绿色发展之路！"因此，人类只有一个地球，保护生态环境，推动可持续发展，是大家的共同责任。

2024 年 4 月 22 日是第 55 个世界地球日，主题为"珍爱地球，人与自然，和谐共生"。在这一背景下，中国各地积极开展了丰富多彩的科普宣传活动。例如，中国地质学会在北京组织了公益科普宣传活动，旨在引导全社会树立生态文明理念，推动建设美丽中国。

第五节　消费如何影响生态环境

整个人类社会以生产、交换、分配和消费等环节维持自身的运转，消费成为社会再生产过程中的一个重要环节。然而，消费具有两面性，在满足人类需求、促进经济社会发展的同时也在消耗着大量的自然资源，影响着与我们息息相关的生态环境。

一、人类的消费

工业革命以来，随着科技和经济的不断发展，人类社会的生产能力快速提高，消费已经成为人类社会的重要行为，人们通过使用、消耗一定的生产资料来满足个人的基本需求，例如食物、水等维持生命，居住场所、交通工具等保障生活需要，当人类拥有了一定的物质财富后，会通过消费满足更高层次的需求，例如获取知识、娱乐社交、强健身体，从而得到精神上的满足，可以说，消费是人类自我完善与发展的必要途径和实现方式之一。

随着社会的快速发展和人们生活水平的提高，消费的内容、方式和观念也不断变化。在过去，人类的消费主要是购买生活必需品以维持生存需求，进行基本的娱乐活动以满足精神需求；而现在，消费内容和消费方式越发丰富，不再局限于衣着、食品、居住、交通、教育、医疗等方面，逐步转变为追求个性化、高品质的消费方式。例如，当下体验式消费已经成为消费的一个重要趋势，人们通过参加各种活动来获得愉悦和满足。体验式消费的兴起，一方面源于人们对新鲜事物和独特体验的追求，另一方面也是人们生活品质的提高和对精神富足的追求。此外，随着互联网的普及，网购尤其是直播购物也已经成为当代人消费的一种重要方式。人们可以通过互联网购买各种商品和服务，从而实现便捷、快速的消费。同时，健康消费已经成为当代人重要的消费趋势，例如购买健身服务、健康食品、保健品等。人们在不同商品和服务上的支出比例和消费结构也发生了巨大变化，这反映了人们的消费习惯和偏好以及经济社会的结构和发展水平。总之，人类消费的转变受经济状况、个人特征（年龄、性别、个人偏好等）、职业、文化背景、价值观、社会舆论和媒体宣传等的综合影响。

然而，消费也是一把"双刃剑"。个性化消费和体验式消费的兴起促进了旅游业、文化产业等相关产业的发展，同时进一步促进了人们的自我表达和个性化发展。但却消耗着大量的自然资源，影响着与我们息息相关的生态环境。1992年，联合国环境与发展大会通过的《21世纪议程》指出，不合理的消费方式是全球环境恶化的主要成因。人类依靠"环境透支""生态赤字"等来维持经济的发展，破坏了生态平衡，人类开始陷入生态危机之中，人类的生存和发展受到极大的威胁，尽管我们不能绝对地说生态环境的变化均因人类消费行为所致，但是针对目前全球积重难返的资源紧张和环境问题，毋庸置疑，人类消费扮演了极其重要的角色。

为了供养70亿人口，大量土地转为农业和建设用地、商业和工业用地，这种转变带来了许多挑战，减少了其他物种可用的自然栖息地的面积，成为许多物种减少和灭绝的重要原因。除了对土地的掠夺与资源的消耗增加外，同时也会产生更多的污染和废弃物。例如外卖和网购增加后产生的"白色垃圾"增加，这种消费方式的转变影响着环境。用聚苯乙烯、聚丙烯、聚氯乙烯等高分子化合物制成的各类生活塑料制品在使用后被弃置成为固体废弃物，在自然界中难以降解处理，除了影响环境美观外，如果填埋处理还将会长期占用土地。混入塑料的生活垃圾不适用于堆肥处理，分拣出来的塑料垃圾也因无法保证质量而很难被回收处理，如果进入农田会影响农作物吸收养分和水分，将导致农作物减产，如果被动物当作食物吞入会导致动物死亡。因此，人们需要更加注重环保和可持续性的消费方式，以保护环境和地球。

二、产品与服务

基于自然提供丰富资源的基础上，充分发挥人的主观能动性，创造出适合人类需要的产品和服务并进行消费。在消费过程中，产品与服务都是消费的重要组成部分，消费者通过购买和使用产品或服务来满足自己的需求，消费会对环境产生直接和间接影响。

产品是消费的主要对象，是消费者可以直接购买和使用的物品，例如资源、食物、衣服、电子产品、住宅等。产品在制造加工的生产环节会对环境产生直接影响，例如能源密集型产品——汽车和空调，在生产过程中会消耗大量的能源并产生大量的废气，严重影响空气质量。产品在消费使用阶段也可能会对环境产生间接影响，例如废弃产品的处理处置过程中资源的消耗和污染的产生，电子产品在处理处置过程中成本高、污染性大。当然，产品在整个生命周期过程都可能会对生态环境造成影响，例如排放有害气体、产生废弃物导致空气污染、水污染和土壤污染等。因此注意产品生产过程本身的资源环境问题是远远不够的，还需要注意产品在流通、消费以及废弃后的处理处置等环节的资源环境问题。

服务则是以信息和知识为主导，一种提供给消费者的非物质产品，与传统的工业制造业不同，服务不直接消耗自然资源，但是随着服务规模的扩大和内容的丰富，服务业对能源消耗的需求大大增加，对环境的直接和间接影响越来越明显。增长最快的服务是交通和通信，这与我国经济发展居民消费水平息息相关，主要表现在汽车制造业和计算机通信电子设备的增长，进入信息化时代后需要大量计算机提供支持和维护，所以需要大量电力支持。

目前，人类高碳消费推动的高碳经济发展模式造成了全球变暖和日益严重的环境危机。从表面看，以燃烧化石燃料为主的高碳经济是造成全球变暖的主要原因，事实上，高碳生产背后是人类的高碳消费，无视环境压力和环境恶化的生活方式是造成全球变暖、环境恶化的真正原因。当下，产品的生产和服务的提供仍然严重依赖石油、天然气、煤炭等化石燃料，它们均是由碳元素构成的自然资源。"碳"耗用得越多，导致地球变暖的"二氧化碳"等温室气体也更多。全球变暖导致的环境恶化也正在严重威胁着人类的生命、健康、财产和生活方式。许多高发疾病都和空气污染有关，例如常见的呼吸道疾病、哮喘等。

当然，服务的质量和效率也会影响消费行为对生态环境的影响。如果服务提供者能够提供高效、环保的服务，例如能源效率高的电力供应、垃圾分类等，那么消费者的消费行为就会更加环保。此外，消费行为对社会生态环境的影响还表现在能源和资源浪费方面。随着人们对物质生活水平的追求，大量的能源被消耗，导致环境污染和资源耗竭，因此，需要优化居民消费结构和促进第三、第四产业①的发展，从消费者终端降低产业能耗，倡导居民在经济条件许可范围内选择环保可持续、节能减排的产品和服务，循环利用资源，理性消费，从而降低资源浪费、减缓对环境的损害。

三、生态足迹：水足迹，碳足迹

生态足迹是一种衡量人类对自然资源利用程度以及自然界为人类提供的生命支持服务功能的方法，通过估算维持人类的自然资源消费量和吸纳人类产生的废弃物所需要的生态生产性空间，并与给定人口区域的生态承载力进行比较，来衡量区域的可持续发展状况，是一种评估人类活动对自然资源和生态环境影响的重要指标，与可用生态容量的相关。

生态足迹的值越高，代表人类所需的资源越多，对生态和环境的影响就越严重（见图3-6）。同时，计算生态足迹为制定可持续发展战略和政策提供科学依据，促进人们更加关注环境保护和可持续发展，推动经济社会的可持续发

---

① 第四产业指以知识经济、信息技术为核心，聚焦智能创新和可持续发展的新兴经济领域。

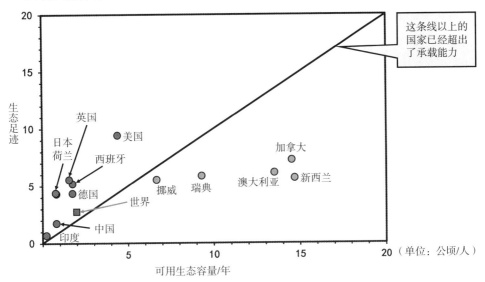

图 3-6　2003 年多个国家和世界生态足迹与可用生态容量的关系

展，帮助人们了解自己的消费行为对环境的影响从而采取措施减少负面影响。为了降低生态足迹，人们可以采取多种措施例如选择环保、可持续的产品和服务，减少资源消耗和废弃物的产生，提高能源利用效率等。

其中，水足迹和碳足迹是生态足迹的两个重要组成部分。水足迹指人类生产、生活等活动过程中对水资源的消耗量，包括直接用水和间接用水。前者是指人类直接消耗的水资源，例如饮用水、农业灌溉等；后者则指人类在生产、生活等活动中消耗其他产品时所消耗的水资源，例如工业生产、交通运输等。碳足迹则指人类活动过程中所排放的与气候变化相关的气体总量，包括二氧化碳和其他温室气体。这些气体排放主要是由化石燃料燃烧、土地利用变化、森林砍伐等原因引起的。水足迹和碳足迹的计算需要考虑多个因素，例如人口规模、资源利用效率、能源结构、不同地区的自然条件和资源禀赋差异以及不同国家和地区的经济发展水平、技术条件、生态生产力和产业结构等。

四、消费—贸易—全球一体化

消费是生产的最终目的和动力，是经济发展的基础和终极目标，是经济发展的压舱石，是畅通国内大循环和国内国际双循环的关键。从全球范围来看，消费在国际市场中发挥的作用越来越大，并成为重要的国际竞争力。随着全球化的加速，不同国家和地区之间的消费格局和需求趋势的变化激发了各种商品和服务的需求，从而推动了国际贸易的发展，各国之间的经济联系更加紧密，消费和贸易也更加频繁和广泛。

然而，全球一体化的贸易形势对生态环境产生巨大影响。一是能源正以越来越快的速度被开发，这给了人类改变环境的巨大力量，大量的资源被用于生产商品和服务，加速了资源的消耗，其中一个指标是世界商业能源消耗，在20世纪50年代至80年代增长了两倍，然而这种资源消耗往往伴随着环境破坏和资源浪费。二是产生环境污染。例如产品的生产过程中会排放大量的废气、废水等污染物，对空气、水和土壤造成污染；国际贸易中的一些产品可能含有有害物质，对环境和人体健康造成危害；贸易活动和消费行为可能会造成生物入侵和生物多样性的降低，"正如贸易跟着国旗走，动物也跟着植物走"。贸易中的一些产品可能含有外来物种，无意中被引入到新的地方，对当地生态系统和生物多样性造成威胁；消费和贸易活动中的一些产品可能含有高碳排放的原材料或能源密集型产品，其生产和消费过程中会排放大量的温室气体，进一步加剧全球气候变暖。

为了减轻消费、贸易和全球一体化对生态环境的影响，需要采取一系列措施。首先，政府和企业应该加强环保监管和宣传，推动绿色生产和消费，减少资源消耗和废弃物的产生。其次，也应推动国际贸易中的环保合作和技术交流，促进绿色贸易的发展。最后，进一步加强生态环境保护和修复工作，保护生物多样性和生态系统健康。

五、没有消费就没有杀戮

需要注意的是，消费者的选择和行为也会对环境和生态系统产生巨大影响，虽然消费并不直接产生杀戮，但过度消费、浪费和污染等行为会对环境造成负面影响，从而间接地导致动植物等其他生物的生存受到威胁。例如"没有买卖，就没有杀害"这个耳熟能详的公益广告，创造这个口号的是国际公益组织野生救援机构。野生动植物是自然界的宝贵财富，它们在维持生态平衡、传播种子、控制害虫等方面发挥着重要的作用，可见，拒绝消费野生动植物是保护环境也是保护自己。然而，由于人们的好奇、攀比、虚荣之心，产生了穿皮草、戴红珊瑚脖串、用象牙制品、吃熊掌、喝虎骨酒等野生动植物消费需求和行为，这种野蛮粗暴丑陋的消费行为违反公益和损害公共道德，致使野生动植物种群正面临着严重的威胁，一些珍稀物种甚至濒临灭绝的边缘，进而破坏生态环境，威胁人类健康。首先是对野生种群造成了巨大的伤害，野生动植物是生态系统的重要组成部分，它们在食物链中扮演着重要的生产者、消费者角色，一旦种群数量骤减，将会导致生态平衡破坏，造成生物多样性的丧失，进而影响到整个生态系统的稳定。野生动物身上携带的病毒和细菌往往具有高度的传染性，通过食用野味，人类易受到各类传染病的威胁，历史上的许多传染病疫情，都与野味消费有着密切的关系，例如禽流感、非典型病原体肺炎等。而人类如果对野蛮粗暴的消费熟视无睹和无动于衷，迟早要为此买单，付出更大的代价。因此，人类应该注重环保和可持续的消费方式，减少资源浪费和环境污染，保护生态环境和生物多样性。

消费何种质量的生活资料在很大程度上直接决定了人的体质、心理、素质、能力和品质。换句话说，消费对象和消费方式不仅满足着人的需要，也塑造着人的需要和自身。虽然生活越来越好，但克制不合理的消费欲望，避免过度消费和虚荣心的驱使，恪守消费道德，倡导文明消费、理性消费、环保和可持续性的消费非常重要，是每个人都应当秉持的。

第六节　绿色消费的兴起

绿色消费的提出和兴起绝非偶然，有着深刻的社会背景。面对日益严重的环境污染、日益匮乏的生存资源、逐渐退化的生态系统，通过对传统的不可持续的消费方式进行生态探究和哲学反思，人类在实践过程中逐渐形成了绿色消费这种全新的消费方式和价值理念。以"绿色、自然、和谐、健康"为宗旨，强调消费行为有益于人类生存、健康和生态环境，绿色消费的兴起是人类生态思想的一次可贵觉醒。绿色消费是可持续发展的关键组成部分，是对人类生存困境的忧思，也是社会发展过程中，人类生态意识日渐增强，消费观念深刻变化的必然结果。

一、绿色消费的来源及意义

20 世纪七八十年代，英国学者约翰·埃尔金顿（John Elkington）和朱莉娅·海尔斯（Ju Lia Hailes）在《绿色消费者指南》中第一次提出了绿色消费的观点。1992 年，联合国环境与发展大会通过的《21 世纪议程》首次提出，"不适当的消费和生产模式所导致的环境恶化、贫困加剧和发展失衡是地球所面临的一个严重问题，所有国家均应全力促进可持续的消费形态"，绿色消费理念自此开始在全球范围内得到倡导和传播。1994 年联合国环境规划署《可持续消费的政策因素》报告提出可持续性消费的概念，即"提供服务以及相关产品以满足人类的基本需求，提高生活质量，同时使自然资源和有毒材料的使用量减少，使服务或产品的生命周期中所产生的废物和污染物最少，从而不危及后代的需求"。2022 年，中国制定了《促进绿色消费实施方案》，方案提出到 2025 年，绿色消费理念深入人心，绿色低碳产品市场占有率大幅提升，重点领域消费绿色转型取得明显成效，绿色消费方式得到普遍推行。到 2030 年，绿色消费方式成为公众自觉选择，绿色低碳产品成为市场主流，重点领域消费绿色低碳发展模式基本形成，绿色消费制度政策体系和体制机制基本健全。

传统消费以人的需求为中心，从大自然中过度地摄取资源，造成了大量的资源浪费，生态环境被破坏。而绿色消费理念提出消费者应具有环保义务，不主张消费在生产、使用和处理环节中对环境造成负面影响的产品，呼吁个人进行既满足需求又避免破坏自然环境的消费活动。

绿色消费兴起的哲学基础是有机论的生态哲学，它把世界看作"人—社会—自然"构成的复合系统的活的有机整体，从有机整体主义价值观的角度看待人与自然的关系，超越了消费主义的人类中心主义思想。同时，绿色消费具有深厚的生态伦理意蕴，扩展了绿色消费文化的视域。绿色消费是生态文明建设必不可少的组成部分，对实现碳达峰碳中和目标具有重要意义。

一是绿色消费本身能够直接带来碳排放量减少。2023 年 12 月《中华人民共和国气候变化第三次两年更新报告》显示，2017 年，中国城镇居民直接二

氧化碳排放量为 2.7 亿吨，农村居民直接二氧化碳排放量为 2.89 亿吨。预测
2037 年中国城乡居民直接二氧化碳排放量将达到峰值（6.73 亿吨），之后缓
慢下降，至 2050 年仍有 4.41 亿吨。消费领域绿色化转型将有效降低居民生活
方式中的直接碳排放，为国家"双碳"目标实现作出直接贡献。

　　二是绿色消费能够有效促进绿色生产和社会绿色转型。目前，消费领域已
经成为制约中国经济整体绿色转型的重要方面。而绿色消费可以通过价格机
制、竞争机制、信息传导、共存机制，倒逼生产领域的绿色转型。通过消费者
价值观念和消费行为的变化，间接推动生产端的绿色转型，从而对整个社会的
绿色转型产生巨大带动力。

　　三是绿色消费为政策制定提供抓手，有助于培养有更高环境素养的新公
民。消费领域碳排放已经成为温室气体减排政策管理创新的重点领域，迫切需
要把绿色消费纳入政府决策层面，制订符合我国国情的绿色消费战略与行动计
划。通过消费观念的创新和消费方式的转变，引导消费由增量型向高质型转
变，以开展绿色消费战略奋力实现人民群众日益增长的对美好生活的向往。

　　可见，绿色消费理念自提出至今，受到越来越多的重视，绿色消费行为方
兴未艾。

二、绿色消费的科学合理性

　　绿色消费是一种"节约型"消费。这里所说的"节约"是主张适度消费
反对奢侈和浪费，也就是适度消费。适度消费以获得基本需要的满足为标准，
而非鼓励对物质无止境地使用占用，是一种环境友好型消费。节约、适度消费
不是低消费，而是与现有生产力水平、社会发展阶段、生态环境相适应的消费
方式。适度消费意味着既要满足人类物质生活所必需，同时又有利于人类的可
持续发展。适度消费要求建立科学合理的消费结构，提倡必需型、健康型、生
态化的消费方式，反对奢侈型、形式化、提前透支的消费方式，消费要与环
境、人的发展、社会稳定相协调。

　　绿色消费抛弃了消费主义对物质需要与享受的痴迷，绿色消费文化不仅注
重满足人的生理需要，保障人的身体健康，更加注重满足人的心理需要，增进
人的身心健康，满足人的自由全面发展的需要。首先，绿色消费倡导人们保持

适度物质消费的同时，更加重视心灵的成长与富足，注重道德品格的修炼，重视自己精神的自由发展与成长，注重自己的社会价值与贡献，这有利于克服传统高消费片面追求物质享受造成的人的价值和精神的扭曲，使人的物质消费和精神消费能够和谐统一。其次，绿色消费文化不仅倡导对自己有利的绿色产品的消费，同时也注意不对他人和自然造成不利的影响，主动承担对他人和自然的责任，有利于人的伦理道德素质的提高，有利于人的精神境界的全面提升，因而能够促进人的自由全面发展。最后，绿色消费提倡人们过简单、轻松的生活。简单生活、轻松生活成为一部分人的价值追求和时尚行为，休闲旅游和休闲产业的兴起都体现了这种趋势。绿色消费提倡适度的物质生活、丰富的精神生活和自由支配时间三位一体的轻松生活方式，更符合人的生活的本质，更有利于人的自由全面发展。

绿色消费，也称为可持续消费，避免或减少对环境的破坏，崇尚自然和保护生态等为特征的消费行为和过程。这使得人们在选购产品和服务时，既要有利于自己的身心健康，又不破坏生态环境，也不会对子孙后代的生存和发展构成威胁。一般来讲，在绿色消费模式中，消费者会选择未被污染或有助于公众健康的绿色产品，这些绿色产品未被过度包装，而且在消费过程中也更注意对垃圾的处理，不对环境造成二次污染，更重要的是，绿色消费模式更加崇尚自然、健康的生活方式，注重精神的满足、自身精神价值和社会价值的实现。这种绿色的消费和生活模式在追求生活舒适的同时，注意保护环境，节约自然和能源，实现消费领域的持续性，引领绿色风尚，使整个社会形成绿色生活方式。

此外，绿色消费又能引导并拉动绿色生产，形成健康循环的绿色产业链。绿色生产是按照生态环保的原则来组织生产过程的，创造出绿色产品，以满足绿色可持续消费的一种生产模式。绿色生产不是以资本追逐利润为导向的，而是以生态环保为导向，注重节能、降耗、减排，通过对生产全过程的污染控制，把污染物的排放量降到最低。而在现实生产中，绿色生产的规模化、产业化又需借助资本的巨大力量，当然如何把资本追逐利润的逻辑与生产的环保导向统一起来是极其考验人类智慧的。目前，世界各国都在进行积极的尝试与实验，以期形成绿色生产、绿色消费的良性社会循环。

绿色消费深刻贯彻了生态文明建设的实际内涵。反映了以"人—自然"

系统为基础而建立的一种整体性价值观，是人类文明演进过程中的一种新的文明形态。绿色消费模式展现了人类真正积极的生存方式的首要特征应是基于自然整体及其对生态平衡尊重的可持续性，而不是物质财富的无限增长。因此，可以说生态文明是一种真正意义上的绿色文明，它将彻底克服农业文明和工业文明的反生态性质。要把中国建设成为生态文明的现代化国家，就必须建立与之相适应的消费模式、生活模式。绿色消费的理念与生态文明高度契合，强调的人与自然协调的消费理念，引领的绿色消费结构、消费行为和消费方式是一种可持续性的、符合生态文明发展要求的消费方式，这种可持续性的消费方式必将与可持续性的绿色生产方式形成良性循环，共同推动生态文明建设。

三、绿色消费的物质与精神内涵

绿色消费倡导使用对环境友好的绿色产品，所谓绿色产品是经过国家有关部门严格审查的符合特定环境保护需求的、质量合格的产品，它是从生产到使用再到回收处置的整个过程中都符合特定的环保要求，对生态环境无害并有利于资源的再生、回收的产品，具有可回收性、可降解性、能源节约性、物种无害性等特征。也有从绿色产品的生命周期角度来考察其对环境的影响的，绿色产品的生命周期评价是产品的原材料与所需能源的采集、加工、制造、使用消费、回收利用以及废弃物处理全过程"生命周期"，分析其在"生命周期"各阶段中对环境的影响。因此，绿色产品必然是利用清洁的能源和原材料，经由清洁生产或环境友好性生产，消费阶段亲环境并有利于回收利用与处理的产品。

1. 积极推进绿色消费的物质文明建设

绿色消费物质文明是为了满足人类绿色生活和发展需要创造的物质产品及其所表现的文化，是具有物质实体的可感知的文化事物，体现和凝聚了人们绿色消费、绿色生存方式的物质过程和物质产品，既包括绿色消费的器物文化，例如绿色产品、绿色设备等，也包括绿色环境文化，例如绿色工作环境、绿色生活环境等。目前，关于绿色产品，世界各国普遍采用的是绿色标志认证制度，中国于 1993 年开始实施这一制度，目前涉及建筑材料、汽车、家用电器、纺织品、食品饮料、办公用品、儿童玩具等，但相对绿色消费的需求还远远不够。当前，在中国的很多城市和小区建设中，绿化面积被严重压缩，公共绿化严重不足，绿色环境文化急需改善。绿色消费物质文明是人对自然界维护和改造的成果，反过来又会对人产生引导和约束功能，使人对其产生归属感和依附感。

2. 积极推进绿色消费的精神文明建设

人类的精神生活是人类区别于其他动物的标志之一，是一种比物质消费层次更高的消费目标。消费，特别是精神文化的消费是实现人的自由全面发展的根本条件和途径。如果精神的提升落后于物质的繁荣，人将沦为物质的奴隶。在现代社会，能否拥有较为充实丰富的精神生活是衡量人类生活质量高低的决定性因素。

绿色消费的精神文明指消费者在消费过程中追求环保健康、科学合理、身心平衡的价值观念、行为准则、道德规范等方面的内容。要建立正确的绿色消费价值观念，就要克服消费主义把物质消费作为人生目的的错误价值观，树立消费是为了促进人的自由全面发展的价值观。人不仅有自然的物质需求，更有体现人的本质的精神需求，只有精神的富足和心灵的自由才更能体现人之为人的价值。因此，要积极建设精神文明，大力繁荣社会主义文化，促进人的全面发展。

3. 积极推进绿色消费的制度建设

绿色消费的制度主要指绿色消费的社会制度和规范。绿色消费的制度建设对推进绿色消费、形成绿色消费与生产模式具有强制性的导向和限制作用。绿色消费的制度建设要以政府为主导，把绿色消费的价值观融入法律、制度、政策的建设中去。在绿色消费制度建设中，政府通过整体规划，可以形成绿色消费的制度体系。首先，健全、完善与绿色消费相适应的法律文化。立法机关和政府应健全、完善促进绿色消费的相关法律法规，为绿色消费的形成提供强有力的法律保障。近年来，虽然中国出台了一些法律法规，为节约能源资源、提高能源利用效率、控制污染物排放等提供了一定的保障，但从总体上看，还缺乏一些必要的、关键的技术法规。因此，完善相关环境和资源保护的法律法规，规范、约束消费者的思想和行为，从而推动绿色经济、绿色消费的形成和发展。健全、完善与绿色经济、绿色消费相适应的规章制度。当前，中国的绿色消费制度主要有：政府建立的对绿色产品生产和消费的约束、激励机制，例如限制高污染企业的市场准入制度，对绿色企业的税收优惠措施等；政府对绿色产品的监测、监督和管理制度；政府积极推行的绿色标志产品认证制度和标识管理制度；政府努力建设的绿色核算制度等。

4. 积极践行绿色消费的行为文化

绿色消费的行为文化是指消费者在具体的绿色消费过程中的一种动态的活动文化。绿色消费的行为文化分别体现在政府、企业和个体消费者三个层面。政府绿色消费行为文化不仅体现在制定绿色法律法规、政策措施，而且要负责监督这些法律制度的落实；不仅要加强对市场的监管，保证绿色生产与绿色消费的秩序，而且要积极推动绿色产品的认证工作；不仅要利用媒体等宣传方式普及绿色消费知识，倡导绿色消费理念，营造良好的观念环境，而且要发挥绿色消费示范带头作用，推进政府的绿色采购，推动绿色消费社会化。在企业层面，企业研发、生产、经营绿色产品的各环节，绿色消费行为文化都要贯彻绿色消费文化。在消费者层面，要把"低能耗、低污染、低浪费"的绿色消费观落到实处，及时了解绿色消费的市场信息，把手中的钞票变成"绿色选票"，用切实的购买行为促使企业强化环境责任和社会责任。消费者要从身边小事做起，养成低碳生活习惯和低碳生活方式，尽力减少耗能，减少环境污染；在日常生活中，要反对奢侈消费行为和不节约消费行为，实现低浪费，更多关注精神生活，提高自己的精神境界。

5. 大力推广绿色消费文化，推进生态文明

任何消费文化和消费模式的建立都是整个社会系统综合作用的结果，绿色消费文化与绿色消费模式的建立同样也需要整个社会系统的选择与配合。目前，大部分消费者的环保意识、绿色消费意识及生态道德水平都有待提高，人们对绿色消费及模式的认知度和认同感还比较低，因此，应大力推广绿色消费文化。首先，通过绿色消费文化的广泛宣传教育，在整个社会营造出绿色消费的强大舆论氛围，提高整个社会的绿色消费意识与生态环保意识，提高整个社会的生态道德水平，形成宏大的伦理道德规范与行为约束，使绿色消费文化深入人心，内化为公众自愿、自觉的行为。其次，积极利用大众传媒宣传推广绿色消费文化。在各种广告、电影杂志、报纸、电视文艺节目的狂轰滥炸中，消费主义文化充斥着社会的各个角落，刺激着人们的消费欲望，影响甚至决定着人们的消费需求、消费判断、消费选择，进而形成人们的消费主义的生活方

式。最后，个人消费者要不断提高自己的绿色消费意识，掌握绿色消费知识，确立绿色消费价值，践行绿色消费，并主动宣传推广绿色消费文化。

只有政府、企业、组织与个人、新闻媒体等共同行动起来，开展广泛、深入、持久的宣传，才能使更多的消费者了解绿色消费，树立绿色消费观念，形成绿色消费模式，追求绿色消费生活，形成绿色消费文明。

第四章 我们生产中的生态学

人类社会通过生产制造人类所需的商品，或通过劳动提供服务。这些活动的集合体就构成了产业，一般分为三种基本类型：第一产业，主要从事原料的生产和加工，例如农业、林业、畜牧业、渔业；第二产业，包括采矿业、制造业、电力、热力、燃气及水生产和供应业以及建筑业；第三产业，主要涵盖服务性行业，例如交通运输、仓储和邮政业、住宿和餐饮业、金融业、信息传输、软件和信息技术服务业等。

不同的产业发展阶段、产业形态、产业规模和组织形式，对资源需求不同，产生环境问题的特点不同；每个产业都存在资源的瓶颈、环境污染与生态破坏问题，科学布局、合理规模、整体优化是不可或缺的；人类未来要大力发展生态产业，把自己的需求与自然界良性运转的需求有机结合起来，实现可持续发展。

第一节　生态学眼中的农业

相较于约 200 万年的人类活动历程，人类社会的农业发展（见图 4-1）不

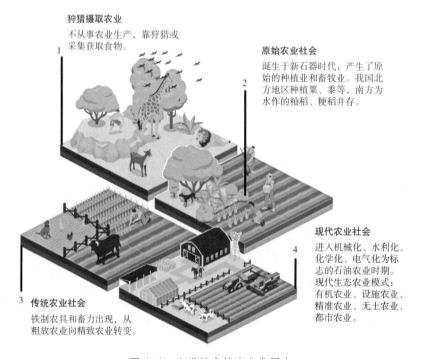

图 4-1　人类社会的农业发展史

过近1万年，但农业活动却是推动人类文明转型的颠覆性活动。在不同的文化中，"农业"一词具有相似的意义。例如我们常用"稼穑"来泛指农业活动，这源自《毛诗诂训传》中的"种之曰稼，敛之曰穑"。英文中 agriculture 来源于两个词根 ager 和 culture，是"田地"和"耕种"的意思，这个词表示在特定的土地类型上进行耕种活动，我们也常常用"种地"或者"种田"来代指农业耕种活动。

一、粮食生产的数量

谈到粮食，我们总在追求稻谷、小麦、玉米、土豆等作物尤其是可供人类食用部分的高产量。那么怎样才能获得数量更多的粮食产出呢？这些举措又改变了生态系统的哪些自然属性呢？要回答这两个问题，我们可以借鉴"能量"的视角，去理解生态系统视角下的"生产""生产力"是什么。再回到农田生态系统的运转过程中，去看待农业活动是如何构建、改造环境的。

1. 能量流动：粮食生产的动力

所有生物的最终能量都来源于太阳辐射，而能量在生态系统内的运行方式决定生态系统的功能，当然包括该生态系统产出"产品"的情况。自然界中，只有绿色植物和部分细菌可以将太阳辐射中的能量和环境中的无机物质直接转化为有机物储存起来，它们叫作"自养者"，自养者在生态系统中扮演着生产者的角色；与此相对应，动物和绝大多数微生物只能通过捕食、消费或者分解自养者来获取能量，它们被称为"异养者"，异养者则扮演着消费者和分解者的角色。三种角色的生物彼此以食物链和食物网的形式传递和转化物质与能量，同时，各自与环境组分交换物质和能量。这种传递与交换形成的有方向的流动叫作能量流动和物质循环。能量不会凭空出现和消失，从进入生态系统时就不断随着食物网的流动而减少，一般而言，传递到下一营养级的能量只有上一级能量的10%左右，这是生态系统内能量流动的基本规律（见图4-2）。

生态系统同化和固定能量的能力就是生产力。一个生态系统通过生产者从环境中获取能量与物质，将之转化并储存到自身，这个过程称为"生产"，这种同化能量的能力就是该生态系统的"生产力"或"物质生产力"，表征的是该生态系统能量转化和物质转化的效率。如果减去这些生物呼吸消耗的能量，

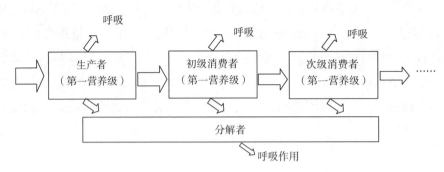

图 4-2　生态系统中的能量流动

只计算被储存下来的数量，就叫作净生产力，表征的是该生态系统固定能量的能力。净生产力是我们能直接称量出的生物量，也是我们日常能测出来的产量。

2. 初级生产力：决定粮食产量的关键

提高系统的初级生产力是增加粮食产量的关键。由于不同生物转化能量的手段不同，在系统中扮演的角色也不同，代表的生产过程也就不同。作为生产者的绿色植物可以通过光合作用，将无机物转化为有机物储存起来，这个过程就是生态系统的初级生产；而消费者和分解者则捕食、分解植物，他们储存有机物的过程叫次级生产。显然，要想提高农作物的产量，关键在于提升农田生态系统的初级（净）生产力，也就是提高能量在农作物中的储存量。

3. 开源节流：管理农业生态系统能量的原则

"开源节流"的经济思维运用到农田系统的管理中，即绿色植物捕捉太阳能，就是系统能量的"收入"，从源头上增加能量输入，是增加产量的有效举措。同时，只有将更多的能量储存到生物自身，使系统的"能量库"变得充实，才能有高的生产量。因此，可从"扩源、强库"和"节流、减耗"两方面提高农田同化能源的效率。

一方面，扩源、强库：增加能量收入。（1）改造作物的生态位或生物属性可以直接提高能量同化效率。不同于自然生态系统中"百花齐放"的面貌，在农田里，高产的粮食作物占绝对优势。植物的同化能力很重要，一方面需要通过高效的光合作用尽可能多地把太阳能转化为化学能，另一方面需要将能量尽可能多地转移、储存到人类偏好的部位，最后作为"产品"被收割。因此，改良植物，栽培能适应当地环境、生长快速、能量富集在果实的品种或其他符合人类需求的品种。例如中国工程院院士袁隆平长期致力于水稻杂交技术的探究，利用三系法培养的杂交稻产量远高于其他品种，自 1996 年以来不断创造高产纪录，2023 年试验田单季平均亩产量甚至高达 1251.5 公斤，突破了袁隆平院士在 2018 年定下的 1200 公斤的目标。"超级稻"不仅解决了中国的饥饿问题，同时也通过"一带一路"、国际粮农组织向全球其他国家提供帮助，为解决世界人口的贫困与粮食安全提供技术支持与帮助。如果没有科学家们的长期摸索、培育及遴选，仅依靠自然进化的力量，很难想象会有如此高产的场景。（2）调整组分结构也是农田管理的重要手段，扩大种植面积、调整系统数量和空间结构、适当增加种植密度或多种作物"间作""套作"等方式，在空间上增大且在时间上延长与太阳光的接触机会是最有效且常用的方法。（3）人为投入能量是提高能量收入、促进能量高效流动的第三条途径。可通过肥料、农药、水等物质投入，整地、栽种、灌溉等劳动投入和光源投入等形式提供辅助。

另一方面，节流、减耗减少能量支出。在完整的自然生态系统中，植物面临着与其他植物竞争资源和被消费者吃掉的命运，同时承担着各种环境风险，这些都会导致农作物的能量被转移或耗散，增加能量支出，从而降低粮食产量。为了改善这种局面，可以从"节流"和"减耗"两条途径改造系统。（1）阻止能量流向更高的营养级，即阻止食物链的延长，例如，阻止动物消费者的侵袭。"麦田里的稻草人"每喝退前来觅食的鸟雀，都是完成一次为生态系统能量节流的"壮举"。（2）当植物面临干旱、高温、寒潮等不利条件时，往往会调动更多自身能源对抗和调节，这无疑增加了能量的消耗。因此，创造适合的环境条件，是减少能耗的关键。

总之，"能量"是认识生态系统生产的重要视角，能量转化的效率决定了生态系统的生产能力，能量储存的数量决定了产出生物产品的数量。从能量的角度看，为了满足人类粮食高产的需求，在农业领域摸索出一系列改造生物组分、营养结构和物理化学环境的方法，对系统能量"开源节流"，使农业生态系统呈现出与自然生态系统不同的特征。

二、粮食生产的品质

粮食的品质是一个综合性状，包括外观品质、加工品质、蒸煮和食用品质、营养品质和卫生品质等。其中，除卫生品质主要由粮食收获后的存储和运输条件决定外，其他品质都是粮食产品固有的生物性状，由粮食的生产过程决定。下面以营养品质为例，从物质循环的角度聊聊如何调整系统结构以促进更多养分储存到农作物体内。

1. 生物地球化学循环：生态系统养分转移的基本形式

地球的各种化学元素和营养物质在自然动力和生命动力的作用下，在不同层次的生态系统内，在生物到环境之间不断地进行流动和循环，就构成了生物地球化学循环。如果不考虑陨石和各类太空站的因素，地球就是最大的生态系统，物质在全球范围内进行的是闭合式循环。相比之下，我们日常观察到的生态系统中物质流动快、循环时间短，叫作生物小循环。

对农田而言，其系统内部的养分存量较低，但流量大，周转快；养分保持能力较弱，流失率较高。因此，要提高营养转化率与储存量，关键在于控制养分的流通量和流通速度。

2. 植物库：表征粮食营养积累的关键指标

物质循环和能量流动是同步进行的，养分会暂时停留在生态系统的某个位置，随着生产过程转移、转化或积累，养分在生态系统中特定位置的集合叫作"库"。根据交换物质的活跃程度，可分为交换库和储存库，分别代表着生物与非生物环境，因此，交换库是考察生命活动能量输入的主要位置，是一个物质输入量与输出量较大的开放系统。当然，植物库与土壤库、动物库相互依存（见图4-3）。一般而言，植物库容积的大小代表了粮食作物养分活动的多少，提高粮食营养品质，即提高植物库的养分积累。

3. 关键元素：提高粮食营养品质的核心

"开源节流"原则同样适用于改善作物养分循环，即增加从环境库向植物库的活动，增加植物库的容积，减少植物库向环境库的养分流失等。具体而言，又可分为品种培优和环境改造。前者是通过各种育种手段，改造植物性状，提高其营养的吸收、转化、储存和分配能力；后者则是通过改造环

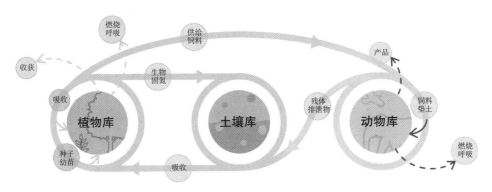

图 4-3　植物库与土壤库、动物库的相互关系示意图

境，改善营养元素的循环过程，增加作物的养分收入。生命活动所需的 29 种必需元素均可应用于增加作物营养，但不同物质或元素的循环各具特点，在各种库之间循环的内容、时间、历程和作用不同，对其调控手段也不可一概而论。

　　众所周知，氮作为蛋白质和核酸等有机大分子的必要成分，是生命活动的基础。虽然氮气约占大气体积的 4/5，却不能被动植物直接利用，只有把氮气"固定"为含氮化合物进入土壤库后（这个过程叫作"固氮"），才能与生物库进行物质交换。在农业生产中，增加土壤氮库容积十分重要，除了依靠自然界中的闪电固氮外，工业固氮和生物固氮是最主要的人为调控手段。前者是使用工业氮肥，快速高效地直接添加含氮无机物至土壤中；还可以向农田生态系统中引进固氮微生物，与作物建立联合固氮体系，提高转化吸收效率。通过生物手段改造的农业系统，其固氮效率显著高于草原、林地等自然生态系统，其中固氮效果最好的无疑是豆科作物与根瘤菌的共生协作，这也使豆类成为重要的植物性蛋白质来源。随着研究的深入，与玉米、小麦、水稻、高粱、甘蔗等作物共生的特异性根瘤菌也陆续被发现并投入使用，用于提升主粮类植物的蛋白质含量和营养品质。

　　4. 大食物观：食物多样性提升多元营养品质

　　随着时代的进步，人类对食物的需求逐渐从"吃得多"转向"吃得好"，习近平总书记提出要树立"向耕地草原森林海洋、向植物动物微生物要热量、要蛋白，全方位多途径开发食物资源"的大食物观，主张提升食物多样性，吃更有质量的粮食。同时树立"大农业观"，以粮食体系的转型带动农业体系的转型，在多元发展农业的同时保护环境。这是基于人类健康发展提出的科学观点，也是粮食和农业可持续发展的方向。

三、粮食生产的环境安全

农业生产无时无刻不面临着来自大自然的风险，也因对自然的改造给自身的环境安全带来挑战，目前全球约有 15 亿公顷的耕地带来了环境问题，给其他生物及人类造成困扰乃至威胁。

1. 粮食生产给自身带来了风险

粮食生产首先给农田本身带来了风险。如前所述，农田生态系统具有高生产力、低生物多样性的特征。人类有意将单种或者少数农作物作为优势种，由于农作物多为草本植物，简化的成分组成与结构使农田生物群落长期处于演替早期阶段，生态系统功能较弱，自我调节和稳定性较差。因此，农田生态系统对环境变化较敏感，面对气候变化的抗风险能力也更弱。

2. 粮食生产对环境产生系统性的影响

以农田生态系统为中心来看，土壤、大气和水体等是系统外的环境要素，以能量库和物质库的形式参与粮食生产。但切换视角来看，土壤、大气和水体本身就可看作有层次、有结构的生态系统，农业活动同样以生物地球化学循环和能量流动的形式造成系统间的相互影响，从而引发环境后果。总的来说，以粮食生产为首的农业活动对环境的影响具有以下五个特征。

（1）多渠道、多途径、全方位的影响。农业活动通过灌溉、施肥、翻耕、除草等多条途径对土壤进行系统改造，对其结构、养分状况和生物生存与活动造成全方位的影响，在特殊情况下，还会造成土壤养分流失、盐碱化、红壤化、硬化等严重后果。

（2）具有空间效应。例如农业生产过程中使用的化肥和农药可能通过地表径流或渗漏进入水体，并逐渐富集。

（3）具有时间效应。对土壤的破坏一旦形成，往往会造成很长时间的影响。例如公元前 1700 年，苏美尔农民在灌溉土地的过程中，不经意地将土壤深处的盐分溶解了，当灌溉的水在炎热的夏日阳光下蒸发时，留下来的盐分形成一层很硬的盐土。形成的土地盐渍化可能是人类最早引发的环境危机，至今仍然影响着农业生产。

（4）对其他生物生存造成风险。除了除草、除害、驱赶天敌、生境破坏等直接伤害其他生物的活动外，物种引进和人工育种也可能因为具有强大的竞争力而对其他生物产生影响。例如我国典型的外来入侵物种水葫芦，原产于南美洲，20 世纪 80 年代作为饲料和观赏植物被引进，后因强大的繁殖力和适应力，在多水域大量繁殖，挤占本地水生植物的生存空间，泛滥的长势造成水生动物的缺氧窒息死亡，对水生生态系统造成了严重破坏。

（5）转基因作物一直是饱受争议的话题。一方面，转基因育种技术赋予作物特异性的优势性状，使其在生存和资源获取方面如同开了"外挂"，在与其他植物的竞争中获得胜利。另一方面，转基因技术本身具有复杂性，同时生物对环境的影响具有滞后性和不确定性，因此，我们仍无法排除转基因生物的潜在风险。为此，农业农村部办公厅每年发布或更新《农业转基因生物监管工作方案》，旨在随时监控、及时控制不良影响，将可能的环境风险控制到最低。

四、中国传统农业与可持续发展

中国自古以来就有"以农为本"的传统，源远流长的乡土文化孕育和守护着中华文明，精耕细作的劳动模式创造了丰富的农业生产技术和土地管理知识，同时孕育了亲近自然、保护环境的农业伦理与农业精神，对当代生态文明理念下的可持续发展具有重要启蒙与参考意义。

1. 传统农业包含丰富的可持续发展的科学道理

中国传统农业建立在对自然规律的充分观察和理解上，包含着丰富的动植物、气候、土地知识和生态学道理。在实践中摸索形成的系列耕作模式，展现出可持续发展的积极意义：

（1）多元种植，资源最大化利用。土地、水和阳光是农业生产中最珍贵的资源和能源，采用轮作、间作、套作等方式提高土地和阳光的利用率，提高农作物的产量。

（2）种养结合，兼顾资源与营养。将粮食种植与动物养殖相结合，种养结合、农牧互促，开发出稻田养鱼、桑基鱼塘等一系列有机耦合的生产模式，实现对资源的复合利用。例如 2005 年被联合国粮食及农业组织列入全球重要农业文化遗产的浙江"青田稻鱼共生系统",在水稻田里养鱼,水稻为鱼类提供庇荫和有机食物,鱼则发挥耕田除草、松土增肥、供氧除害等功能,以稻养鱼,以鱼促稻。此生态循环系统高效利用资源,增加了系统的生物多样性,保证了农田的生态平衡,即调动次级生产,产出动物蛋白质,改善膳食结构。实现稻鱼双丰收,资源与营养两手抓。

（3）用养结合,善用可再生资源。将农业种植、牲畜养殖和人类生活产生的"废物"沤制成有机肥回田,一方面为当下的农业生产补给养分和能量,另一方面保持土壤肥力,维持土壤环境的健康。正如《陈旉农书》所说"若能时加新沃之土壤,以粪治之,则益精熟肥美,其力常新壮矣","地力常新壮"这一著名思想,既是中国古代农学思想的代表,对当代社会的可持续发展也具有重要参考价值。

2. 传统农业生产孕育出天人和谐的伦理思想

早在《吕氏春秋·审时》提出"夫稼,为之者人也,生之者地也,养之者天也"的"天地人稼"四才论,从农业生产活动中窥探出人依托于自然的关系。此外,我国还有《四民月令》《齐民要术》《农政全书》《补农书》等农业领域的著作,不仅阐释了农学生产的科学原理,更有"天人合一""仁爱万物"等思想,从"时、地、度、法"四个维度搭建中国农业伦理体系。在"时"的维度上还发明了被誉为"中国的第五大发明"的二十四节气,该节令于 2016 年被联合国教科文组织列入《人类非物质文化遗产代表作名录》。

可持续发展不仅是科学发展的目标,更是价值伦理的指向。因此,我们不仅需要了解传统农业生产技术,更应当学习其中包含的生态伦理思想,并在此基础上进一步深化和发展。

五、现代石油农业发展存在的问题

石油农业,也称石油密集型农业或工业式农业,是以廉价石油为基础的高度工业化的农业模式,主要依赖于规模化种植、化肥、农药和机械的大量使用。尽管石油农业大规模地提高了粮食产量,但其高成本、高能耗、高污染对环境和人类健康造成的潜在危害不容忽视。

1. 高能耗带来资源挑战

石油农业是大规模、高强度的农业形式，需要投入大量水资源、化肥、杀虫剂和除草剂等，还需要在生产、运输等环节投入大量石油能源带动机械，以弥补劳动力的不足。首先，粗放型石油农业需要大量的灌溉用水，在一些水资源较短缺的地区，为了维持农业生产，大量抽提地下水，导致地下水位下降，改变了地表水的流向；被抽提的地下水快速蒸发至大气，造成了严重的浪费，而伴随着浪费行为带来的是成倍的环境风险。其次，为了驱动机械工作，消耗使用了大量化石燃料，造成对石油等能量的超量开采。

2. 高污染引发环境危机和粮食安全问题

高污染是石油农业带来的最严重问题之一，指自然环境中混入了对人类和其他生物有害的物质，且超过环境承载力的异常状态。早在1962年雷切尔·卡逊（Rachel Carson）发表的《寂静的春天》就揭示了滴滴涕等有机农药对生物与环境造成的直接影响与间接影响，这部作品也拉开了现代环保运动和生态文明的序幕。

现代农业化学品引发了粮食安全危机。农药和重金属对包括人类在内的生物来说是具有毒性的，食用含有农药残留或重金属累积的农产品，可能致畸致癌，造成发育迟缓等不可逆的伤害。并且，由于重金属可以沿着食物链不断被富集，营养级越高富集越多，因此，如果养殖的牲畜长期食用大量含重金属污染的饲料，那么该动物体内也累积较多的重金属，给人类健康造成威胁。

现代农业化学品对环境造成大面积的环境污染。石油农业产生的污染物来自农药、地膜、激素、杀虫剂等有机化合物，富含重金属和苯酚、滴滴涕等非降解和难降解的污染物。这类污染物具有很强的持久性，可以很容易地在土壤、空气、水和生物之间穿梭，进而造成全面的、整体的、长期性的污染。土壤中的污染物可能经地表径流和地下水渗透，进入水体；或经蒸腾、挥发转移至大气，造成范围较广的面源污染。实际上，农业面源污染已经成为最严重的环境污染之一。

3. 过量化肥改变土壤的物理、化学性质

工业生产的化肥含有高浓度的氮、磷、钾等重要元素，但缺少腐殖质等生物活性物质，土壤物理结构也遭到破坏，最终对农田生态系统造成毁灭性的破坏。首先，施用过量的化肥会改变土壤的物理结构，水土保持力下降。其次，长期使用化肥会导致土壤有机物和养分的缺失，土壤中的蚯蚓、有益细菌和真菌等生物的支持力下降，进一步影响土壤的健康。最后，养分可以在土壤水作用下流动，导致下游水体的富养化，扩大环境破坏的范围。

现代石油农业曾因高产量备受推崇，解决了许多地区的饥饿问题，在客观上推动人类社会向前迈了一大步。但其造成的环境破坏程度之深、范围之广、延续时间之长，给人类和其他生物的可持续发展带来极大的风险。这种只顾产量、不管环境的进步只能算是"单向度的进步"，从长远来看，并不具有可持续发展的可能性。

六、保护耕地

耕地，即可以用于从事农耕活动的土地，主要包括水田、水浇地、旱地三种类型。据《2022 年中国自然资源统计公报》，目前我国耕地面积约 19.14 亿亩，在全球位列第三。但相较于 2008 年我国第二次全国国土调查的数据，全国耕地减少了 1.13 亿亩，且我国人口众多，人均耕地占有量较少，因此耕地对中国来说是紧缺资源。

耕地是粮食生产的基础，面对城市化发展和环境危机对耕地带来的负面影响，中国政府始终高度重视耕地保护问题。根据对我国人口和发展需求的测算，在 2013 年 12 月的中央农村工作会议上，习近平总书记提出"坚守十八亿亩耕地红线"的重要政策，主要内容是将全国的耕地面积稳定在 18 亿亩，以确保粮食安全。

保护土壤是保护耕地的核心。土壤是耕地的基础，既是农业生产活动的主要场所，也为农业生产提供了资源。如果土壤被破坏或污染，耕地的质量会受到系统性的影响，进而影响农业生产的产量和质量，影响人类健康。因此，保护耕地实际上就是保护土壤。

为了保护土壤，应当合理利用土地，避免过度开垦和滥用化肥、农药等，减少对土壤的破坏，适当种植根系发达的树木，维护土壤结构，防止水土流失等。为此，我国出台了《中华人民共和国土壤污染防治法》《土壤环境质量 农用地土壤污染风险管控标准（试行）》（GB 15618—2018）等法律、标准，用以规范人们的行为，管控对土壤的破坏和污染，促进土壤修复。

七、现代生态农业

在生态文明的价值指引下，农业不仅需要满足人类生存的粮食需求，还需要兼顾环境的保护与修复，实现人与自然的可持续发展。为此，现代农业进行了技术改善的尝试，发展有机农业、设施农业、精准农业、无土农业、都市农业等形式多样的现代生态农业生产模式。

1. 有机农业

有机农业是力图还原自然生态系统的模式，代表模式是澳大利亚生态学家比尔·莫里森（Bill Mollison）与其学生戴维·霍姆格伦（David Holmgren）创造的"永久农业"。"有机"的内涵是指尽量避免或尽可能拒绝使用合成肥料、农药、生长调节剂和牲畜饲料添加剂，代之以有机肥料、非化学杂草控制和生物病虫害管理。具体采用传统农业中的作物轮作、作物残留物、动物粪便、豆类、绿肥等手段，以保持土壤生产力和肥沃度，为植物提供营养。有机农业传承了传统农业中以土壤保持为中心的思想，提出"喂土壤，不喂植物"口号，注重生产食物的生态景观的设计，是最大限度顺应自然、利用自然的现代农业典范。

2. 设施农业

设施农业就是采用工程技术手段，人为营造和调控最佳环境，进行动植物快速、优质、高产、稳产、低消耗生产的一种现代农业方式。主要包括温室种植、水培、空气动力学系统等手段。设施农业的核心在于对环境条件的精确控制，严格根据作物的生长需求提供养分，在很大程度上避免资源的浪费，因此具有节水节地、环保节能、高产高效的特点。同时，由于全面模拟植物生长的环境，能提供反季节的农产品。

3. 精准农业

精准农业是现代的精细农作，是以遥感、地理信息系统等信息技术作为支撑，对大田作物进行精准农事操作与管理的农业模式。通过技术手段精确控制每一块农田播种量、化肥和农药的施用量，在提高作物产量的同时，充分保证农业资源科学地综合开发利用，减少和防止对环境的污染和破坏。精准农业的核心是善用信息技术，对空间和变量进行精准、高效管理，以实现大面积的农田环境下对资源的精准投加与调节，减少资源浪费，将环境破坏控制在可控范围内。

4. 无土农业

无土农业是在离开土壤的条件下栽培植物。其核心是以水、煤渣、蛭石、珍珠岩等材料为基质，利用营养液循环供液培养植物的农业方式。无土栽培技术古已有之，例如南方船户们以水上木筏种植的"浮田"、水仙花的大规模水培等，适合蔬菜、花卉等生产周期短的作物。因其脱离土地的特性，近年来走在都市农业的前沿。无土农业很好地释放了环境压力，土地占用面积小，施用的肥料和农药对土壤的直接影响也小，同时也具有更高的可控性。但另外，成本是无土农业的主要制约因子。2023 年 12 月，由中国农业科学院都市农业研究所自主研发的首座无人垂直植物工厂在四川成都投入使用。这套无人垂直植物工厂是将蔬菜以水培方式种植在建筑内，以信息系统精准控制多重资源配置。利用光配方与光效提升的理论方法，攻克了植物工厂"光效低、能耗高"的世界性难题。目前所构建的 20 层垂直无人植物工厂为世界首例，是世界农业前沿科技探索的重要领域。

5. 都市农业

"都市农业"的概念是 20 世纪五六十年代由美国的一些经济学家首先提出，直到 1977 年，美国农业经济学家艾伦·尼斯在《日本农业模式》才明确提出"城市农业"一词，城市农业在日语中用汉字书写即为"都市农业"，而中国都市农业的提法源于日本，是以生态绿色农业、观光休闲农业、市场创汇农业、高科技现代农业为标志，以农业高科技武装的园艺化、设施化、工厂化生产为主要手段，以大都市市场需求为导向，集生产性、生活性和生态性于一体，高质高效和可持续发展相结合的现代农业。

现代农业模式在提高产量和环境保护方面有诸多优势，是未来农业发展的重要方向。

第二节　生态学眼中的工业

当望向天空，看不到蓝天白云；当望向水池，看不到鱼儿自由地游动；当望向一座座城市，被"雾霾"所覆盖。这一系列的环境问题，让我们开始反思，是不是我们破坏了大自然的规则，大自然开始对我们展开报复，让环境变得不那么漂亮？如今工业的高速发展和人们享受的高质量生活水平，是需要我们付出代价的，且已经付出了代价。人类发展与工业生产相互影响（见图 4-4）。

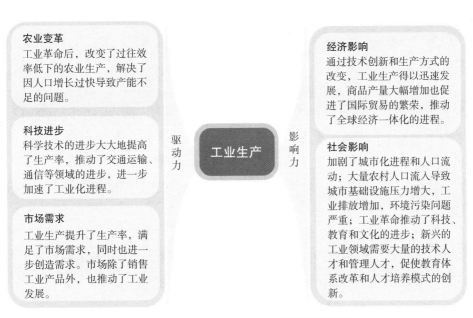

农业变革
工业革命后，改变了过往效率低下的农业生产，解决了因人口增长过快导致产能不足的问题。

科技进步
科学技术的进步大大地提高了生产率，推动了交通运输、通信等领域的进步，进一步加速了工业化进程。

市场需求
工业生产提升了生产率，满足了市场需求，同时也进一步创造需求。市场除了销售工业产品外，也推动了工业发展。

驱动力

工业生产

影响力

经济影响
通过技术创新和生产方式的改变，工业生产得以迅速发展，商品产量大幅增加也促进了国际贸易的繁荣，推动了全球经济一体化的进程。

社会影响
加剧了城市化进程和人口流动；大量农村人口流入导致城市基础设施压力增大，工业排放增加，环境污染问题严重；工业革命推动了科技、教育和文化的进步；新兴的工业领域需要大量的技术人才和管理人才，促使教育体系改革和人才培养模式的创新。

图 4-4　人类发展与工业生产的相互关系网

一、工业的社会功能

工业不是人类社会一产生就有的，它是伴随社会生产力的发展，从农业中分离出来并逐渐发展起来的。工业最初是以手工业的形式存在，资本主义制度确立以后，才逐渐发展为机器大工业形式。我们通常所说的工业，一般指机器大工业，是在瓦特发明蒸汽机后逐步建立的。

工业作为国民经济的重要组成部分，对经济发展具有举足轻重的意义。它不仅为创造就业机会、提高收入水平和生活质量提供了坚实的基础，还对国家的经济增长、技术创新、环境保护和社会稳定产生深远的影响。

首先，工业的发展为国民提供了大量的就业机会。工厂、制造业和相关领域的就业机会相对较多，不仅能够降低失业率，还有助于缩小贫富差距，推动社会公平和社会稳定的实现。通过工业就业，国民能够获得稳定的收入，提高生活质量，同时，工业的发展也为劳动者提供了一系列职业培训和技能提升的机会，从而进一步提高就业者的竞争力，促进职业发展。

其次，工业对国家的经济增长至关重要。工业的发展可以带动其他产业的发展，形成产业链和价值链，促进国民经济的全面提升。通过工业的发展，国家的投资和储蓄能够得到更好的回报，为国家提供经济增长的动力，从而创造更多的财富和机会。

此外，工业的发展还能够吸引外商投资，促进国际交流与合作，加强和扩大国家在全球市场中的竞争力。工业的发展对技术创新和科学进步有着重要影响。工业生产需要不断引入新的科技和技术，推动科学研究和创新活动，提高生产力和竞争力。通过工业的发展，国家能够积累更多的科技力量，打造自主创新能力，促进科技成果的转化和应用，推动科学技术事业的发展。

最后，工业发展也需要注重环境保护。工业生产过程中的环境污染和资源消耗问题已经成为全球关注的焦点。因此，工业发展应当注重可持续发展，采取节能减排和环境友好的生产方式，提高资源利用效率，保护生态环境，实现经济发展和环境保护的有机结合。

总而言之，工业对国民经济发展具有不可替代的重要性。它不仅为国民提供就业机会和提高生活质量，促进经济增长和社会稳定，还推动技术创新和科学进步，增强国际竞争力。然而，我们也要关注工业发展的可持续性，注重环境保护和资源的合理利用，实现经济、社会和环境协调发展。

二、工业发展的生态后果

20 世纪中叶，国际"八大公害"事件充分表明了工业发展带来的不利影响。当代工业是多类技术互相渗透的庞大系统，它覆盖面广，正面作用和负面作用都十分明显。由于工业技术的全面应用，生物圈乃至宇宙空间都留下了工业技术破坏的印迹。例如氟氯碳化合物被广泛用作制冷剂、发泡剂、清洁剂，是导致臭氧层破坏的主要原因之一。臭氧层的破坏严重影响生态系统，甚至引起基因突变。

据联合国政府间气候变化专门委员会第六次评估报告指出，从 2011 年至 2020 年，全球地表温度比 1850 年至 1900 年高出 1.09℃，人类活动已经引起了大气、海洋和陆地的变暖。如果全球变暖在短期内达到 1.5℃，多种气候危害将不可避免地增加，给生态系统和人类带来多种风险。在陆地生态系统中，3%—14%的被评估物种在全球变暖 1.5℃时将可能面临非常高的灭绝风险。当全球变暖 5℃时，3%—48%的物种会面临非常高的灭绝风险，进而危及全人类，而导致全球变暖的二氧化碳、甲烷等温室气体随着工业技术应用而迅速增加。此外，工业技术还带来水资源的过度耗费，目前，人类耗水量是三个世纪前的 35 倍，而且近几十年水的抽取量以 4%—8%的速度递增，抽取的水利用后又以废水形式排放，污染地表水或地下水。

三、生态危机的生态根源论

生态根源论认为，当代环境与生态危机是由于经济发展和技术应用违背了生态学规律，因而解除危机的出路在于把生态学思想引入技术的发展领域和工业发展领域，即实现技术生态化。

人与自然的矛盾不仅来源于劳动密集的"夕阳工业"，而且也来源于技术密集的"朝阳工业"。据 1989 年公布的《世界环境状况》指出，高新技术为环境改善提供了极大的潜力，但又引起了新的环境污染问题，传统的污染物变为更加复杂的污染物。因此，在未来的生产力发展中，必须充分继承工业技术体系中的优秀成分，以生物技术和信息技术为主，按照生态学规律建立一个以生态化的生物产业为中心的生态化产业技术体系。未来的中心产业将是以生态化产业技术为核心的生态化的生物产业，包括生态化的农业和生态化的生物工业。按照中心生产技术来确定，未来的技术社会应称为生态化的生物产业社会。

目前，中国的生产技术面临着工业化和生态化的双重任务，应当也可能充分继承传统农业生产技术体系中的优秀成分、吸收发达国家工业化生产技术体系中的合理成分，并不失时机地注入高新技术（特别是生物技术），尽快向生态化方向发展。生态危机的生态根源论已越来越被大多数人所认同，然而，从什么角度实施生态化则是仁者见仁，智者见智。

四、新的发展模式——可持续发展战略

为解除环境与生态危机，经济学家、技术哲学家、生态哲学家分别从各自的视角提出了各自的主张。理论观点固然是重要的，但只有当理论在实践中得以实现才能更显示出它的价值。经济的零增长、技术回归论显然在实际上是行不通的，至于技术折中论和生态技术论虽然其所指出的方向是对的，但如何实现却没有形成可操作性的办法。自 20 世纪 60 年代以来，发达国家依然一直采取生产过程"末端治理"的方法，以减少经济发展给环境所带来的压力。"末端治理"的重点放在污染后的治理上，能在一定程度上减轻技术应用对生态所造成的危害，但问题也凸显，包括部门分割、增量发展、成本越来越高、容易产生恶性经济竞争、养成科技惰性、有损于发展中国家、不能提供全面概念的框架等。

"末端治理"尽管有许多不足之处，但毕竟是削减技术应用解决生态破坏的一种有效办法，因此被沿用至今。由于它不能从源头上解决环境与生态问题，"末端治理"已使发达国家付出了沉重的代价。正因如此，兴起了将"末端治理"和预防污染措施加以整合所形成的"可持续发展"战略。

"可持续发展"战略指按照生态规律和经济规律来安排生产活动，实现产业系统的生态化，从而达到资源循环利用、废物排放减少、环境破坏消除，实现经济效益、社会效益和生态效益的和谐统一，最终实现产业与自然的协调发展和可持续发展。

"可持续发展"在 20 世纪 80 年代初形成后，立即得到迅速传播，从生态环境研究领域扩展到整个经济发展研究领域，从学者书斋的议论走向各国政府和国际社会的论坛，并成为左右发展决策的强有力理论。早在 1972 年联合国继第一次人类环境会议之后，即专门成立了环境规划署，1983 年又成立环境发展委员会，要求以"可持续发展"为基础纲领，制定全球的"变革日程"，并同时委派环境发展委员会和环境规划署合作编制《环境前景》。经过 3 年多的调查研究，向 1987 年召开的第 42 届联合国环境与发展会议提交了一份题为《我们共同的未来》的报告。该报告多次强调"可持续发展"这一关键概念，

同时提出和阐述了"可持续发展"战略，得到了大会确认，从而为促进全球特别是发展中国家接受"可持续发展观"和加强环境保护的国际合作起到了重要的推动作用。对此，发展中国家与发达国家进行了一系列对话和辩论，终于在 1989 年 5 月联合国环境规划署第 15 届理事会期间达成共识，认为"可持续发展"系指满足当前需要而又不削弱子孙后代满足其需要的能力的发展。这一共识包含子孙后代的需要、国家主权、国际公平、自然资源、生态抗压力、环保与发展相结合等重要内容。1992 年联合国在巴西里约热内卢再次召开环境与发展大会，以"可持续发展"为指导方针，制定并通过了《21 世纪议程》和《里约宣言》等。

《21 世纪议程》是世界各国为促进全球可持续发展而制定的一个共同行动准则，反映了实现全球可持续发展战略目标，是在环境—发展领域广泛开展合作的全球共识和最高级别的政治承诺，正式确立了"可持续发展"是当代人类发展的主题，详尽而深刻地阐明了环境与发展关系，丰富了"可持续发展"战略，提供了落实"可持续发展"战略的行动方案，为人类改善环境、完善发展展示了广阔前景。它标志着"可持续发展"理论升华到"可持续发展"战略，在全世界范围内得到理解和接受。随后又在 1994 年 9 月于开罗、1995 年 3 月于哥本哈根、1995 年 9 月于北京先后召开的世界环境与发展大会、世界人口与发展大会、世界社会发展首脑会议、世界第四次妇女大会上进行了热烈的讨论，"可持续发展"终于成为世纪转换之际最重要的命题和各国尤其是重大国际会议关注的焦点。同时"可持续发展"也成为经济学和社会学领域中的重要范畴。

从 20 世纪 80 年代中期至今，"可持续发展"逐步完善为系统观念和系统理论，并上升到全人类迈向 21 世纪的共同发展战略，被国际社会所普遍接受和推行。

五、生态工业——解决工业可持续发展的途径

在古代自然经济活动中，人们自觉不自觉地以先人的成功经验作为自己的参照和范本，形成了"历时性实践意识"；在近代工业实践中，人们重视学习同时代先进国家或地区的技术和经验，并把它们转化为无节制地开发自然、获

取财富的力量，使人类形成了"同时性实践意识"。

随着工业活动负面影响的扩大，人类在考虑实践活动可能性的同时，更应该深思它的合理性；人类应该走出个人本位、集团本位、国家本位的时代，迈向人类本位。当今的工业生产在满足人类不断增长的物质需要的同时，也造成了资源和能源的大量消耗及对自然环境的严重污染，使人类生存环境面临着不可持续发展的危险境地。在反思这一现象的时候，人们注意到尽管自然界中每个生物种群在生长过程中有废物产生，但在生物种群之间这些废物却是循环的且互相利用的，因而使自然界中的资源得到了协调的可持续发展，唯一的消耗是太阳能。于是人们意识到应按自然界的生态模式来规划工业生产模式，才能从根本上实现资源、能源和环境的可持续发展，从而提出了"生态工业"的概念。

根据工业与生态环境的关系，现代工业可分成非生态工业和生态工业两大类型。非生态工业是一种高消耗、高污染、非循环利用的工业；生态工业是模拟生态系统的功能，建立起相当于生态系统的"生产者、消费者、分解者"的工业生态链，以低消耗、低（或无）污染、工业发展与生态环境相协调为目标的工业。在生态工业系统中各生产过程不是孤立的，而是通过物料流、能量流和信息流互相关联，一个生产过程的废物可以作为另一个生产过程的原料加以利用。生态工业追求的是系统内各生产过程从原料、中间产物、废物到产品的物质循环，达到资源、能源、投资的最优利用。

生态工业园区是生态工业的实践，是包含若干工业企业，也包含农业、居民区的一个区域系统。在生态工业园区内的各企业内部实现清洁生产，做到废物源头减排，在各企业之间实现废物、能量和信息的交换，以达到尽可能完善资源利用、物质循环以及能量的高效利用，使区域对外界的废物排放趋于零，实现对环境的友好。

六、建立生态工业的措施

在一个稳定成熟的自然生态系统中，物质和能量都能得到高效利用，物质的循环是闭合的，也不会产生废物。根据工业生态学的原理，生态工业的建设也应仿照自然生态系统，实现物质和能量的高效利用以及物质的闭路循环。生态工业是一种根据工业生态学基本原理建立的、符合生态系统环境承载能力、物质和能量高效组合利用以及工业生态功能稳定协调的新型工业组合和发展形态。从国际经验来看，建设生态工业主要有以下措施。

1. 促进污染零排放

生态工业的最高目标就是使所有物质都能循环利用，而向环境中排放的污染物和能量极小，甚至为零排放。从环境友好的角度，这是生态工业推崇的、理想化的模式。美国学者提出三个类型的污染零排放模式：要求企业的能源和物质全部做到物尽其用，几乎不需要资源回收环节；要求建立一个企业内部的资源回收环节，以满足资源回收；要求对生产过程中产生的所有产出物进行循环利用，但这要取决于外部的能量投入。很显然，实现这三种类型的零排放的难度为：第一种类型>第二种类型>第三种类型。目前，生态工业实现的零排放大多属于第三种类型。

2. 建立物质闭路循环

物质的闭路循环是最能体现工业生态自然循环理念的策略，这种闭路循环应该在产品的设计过程就给予考虑。但是，从技术经济合理的角度，物质的闭路循环应该是有限度的。一方面，过高的闭路循环会显著增加企业的生产成本，降低企业产品的市场竞争力；另一方面，与自然生态系统的闭路循环相反，生态工业系统的闭路循环会降低产品的质量。实际上，这就是工业闭路循环的物质性能呈螺旋形递减的规律。这就要求反过来寻找材料高新技术，使物质成分和性能在多次循环利用过程中保持稳定状态。

3. 重新利用废物资源

有步骤地回收利用生产和消费过程中产生的废物或副产品是工业生态学得以产生和发展的最直接的动因，这也是生态工业的核心措施。生态工业要求把一些企业产生的副产品作为另一些企业的生产原料或资源加以重新利用，而不是把它作为"废物"废弃掉。这种回收利用过程是一种工业生态链的行为。相对污染零排放和闭路循环利用而言，资源重新利用在技术上比较容易解决。在世界各国的生态工业园区中，目前比较多的形态就是资源回收再生园。

4. 有效降低消耗性污染

消耗性污染是指产品在使用消耗过程中产生的污染。大部分产品达到使用寿命时，其污染也就终止；而有些产品（例如电池）在使用完后还继续产生污染。对于消耗性污染的严重性和普遍性，生态工业的主要策略就是预防。防止消耗性污染主要有三种手段：一是改变产品的生产原料，从源头直接降低污染的潜在机会。二是只要在技术方法上可行就回收利用。根据"分子租用"的概念，用户只购买产品的功能，而不购买产品的分子本身。三是直接用无害化合物替代有害物质材料，对某些危害或风险极大的污染物质直接禁止使用。

5. 产品与服务的非物质化

生态工业中非物质化指通过小型化、轻型化、使用循环材料和部件以及提高产品寿命，在相同甚至更少的物质基础上获取最大的产品和服务，或者在获取相同的产品和服务功能时，实现物质和能量的投入最小化。实际上，这就是资源的产出投入率或生产率最大化。促进产品和服务非物质化的主要手段有两种：一是通过延长产品的使用寿命降低资源的流动速度，从而达到物质的减量化要求，例如加强产品维护保养、产品主要部件升级、功能梯级使用以及产品转卖或旧货交易市场等。二是减少资源的流动规模，达到资源的集约化使用。需要指出的是，从工业化的进程来看，产品和服务的非物质化是有限度的，而且一般不存在非物质化程度与环境友好型成正比的关系。

6. 工业园区的生态管理

生态工业园区是生态工业发展的最佳组合模式，而管理模式的选择将直接影响园区的生态工业特性。对现有或规划建设的工业园区，按照工业生态学的原理进行建设和管理，这也是衡量生态工业园区的一个重要条件。

建立工业园区的生态管理体系可以从三个方面着手：一是产品，要求园区企业尽可能根据产品生命周期分析、生态设计和环境标志产品要求，开发和生产低能耗、低（或无）污染、经久耐用、可维修、可再循环和能够进行安全处置的产品。二是企业，尽可能在企业本身实现清洁生产和污染零排放，同时建立 ISO 14000 环境管理体系。三是园区，建立园区水平上的 ISO 14000 环境管理体系、园区废物交换系统以及园区的生态信息公告制度等。这样，通过园区、企业和产品不同层次的生态管理，树立园区良好的环境或生态形象，为工业生态体系的可持续发展提供生态保障。

第三节　生态学眼中的服务业和信息产业

从生态学角度实现服务业和信息产业与区域生态系统的良性循环和融合发展。

一、自然生态链与人类产业链

在自然界中，动物、植物、微生物与环境之间环环相扣、相互交错、相互联结，像被一条条看不见的链条普遍联系，形成网络结构，称为生态链。生态链是描述一个生态系统中不同物种之间关系的模型，在生态链中，每个物种都有自己的位置和作用。如果某个物种数量减少或消失，就会对整个生态系统造成影响。例如水藻的数量减少，就会影响到虾米的数量，进而影响到小鱼和大鱼的数量。这个过程中，生物多样性对食物链的稳定性和平衡性起着重要的作用。

20 世纪 40 年代，美国生态学家林德曼使食物链进一步发展，他将众多的动植物与人类生养关系联系起来，分析了各种食物链，并以太阳能为主线加以贯穿，提出了"能量流转"的新概念。20 世纪 80 年代以来，生态链的基本思想被广泛应用到农业、林业、工业、环保、文化、教育、经济等领域。

所谓产业链，是指在一种最终产品的生产加工过程中，从最初的自然资源至最终产品到达消费者手中，所包含的各个环节所构成的整个生产链条。产业链描述的是厂商内部和厂商之间，为生产最终交易的产品或服务所经历的增加价值的活动过程，它涵盖了商品或服务在创造过程中所经历的从原材料到最终消费品的所有阶段。例如农业产业链是农业研发、生产、加工、储运、销售、品牌、体验、消费、服务等环节和主体紧密关联、有效衔接、耦合配套、协同发展的有机整体；光伏发电产业链包括上游（硅料、硅棒/硅锭/硅片）、中游（太阳能电池、光伏组件）、下游（光伏发电系统）三个环节；稀土产业链包括稀土开采产业、提纯与深加工产业、元部件产业、终端应用四个环节。产业链的各个环节相互联系、相互作用、相互制约，它们之间的协同合作是实现产业链优化和升级的关键。

中国拥有世界上最完整的工业体系，有"世界工厂"之称，是全球产业链供应链的重要参与者与维护者。随着电子商务、物流、采购等业态的不断融合创新发展，我国产业体系从"世界工厂"向供需协同发展方向演进，在需求端也成为全球供应链的重要一环。维护全球产业链供应链的韧性与稳定，成为全球各国政府的共识。放眼全球，"中国过去是、现在是、未来也必将是全球产业链供应链的'稳定器'和'压舱石'"。要强化重点产业链在全球范围内的资源协调，支持企业开展产业链上下游协同合作；加强物流基础设施建设，努力解决当前物流运输堵点卡点，保障供应链有效运转；应推进产业链供应链协同创新。

当前，全球产业链供应链正朝着智能化、绿色化加速转型。2022 年，《产业链供应链韧性与稳定国际合作倡议》提出，鼓励绿色生产生活方式，推动绿色技术、绿色工艺、绿色产品在各领域各环节的应用，共同努力建设绿色低碳的产业链供应链。同时，探索利用数字技术带来的机遇，充分发挥新一代信息技术在推动产业升级和经济复苏中的重要作用。

二、科技链

科技链是一个包含各种科技资源、科技产品和技术手段的集成平台，可以将科研成果或发明转化为产品，实现产品的商品化，即从基础研究、应用研究到技术开发，经由技术开发环节实现科技成果转化，再到最终产业化的过程。

科技创新涉及创新主体间的相互关联和依存，形成不可截断的链条，这就是科技创新生态链，不同行业领域的科技创新生态链耦合交叉，形成的就是科技创新生态网络。这个网络是一个复杂的系统，能够促进资源节约、污染削减、环境友好，对保持生物的多样性和生态的平衡性，实现创新生态的健康、协调、可持续发展有重要作用。

科技创新生态链的核心环节包括科研、研发、量产和市场。它要求技术、产业、金融、人才等各环节相互支撑，以激发各类创新要素活力，持续优化创新生态。构建全过程创新生态链对推动高质量发展、实现高水平科技自立自强具有重要意义，它能够为开辟新赛道、塑造新动能提供科技支撑，并促进创新链、产业链、资金链、人才链的深度融合。

三、信息时代——电商兴起与快递产业发展

1. 电商行业蓬勃发展

从 1998 年中国第一笔互联网网上交易达成至今，中国电商经历了 26 年的发展，在此期间经历了"爆炸式"增长过程。2009 年 11 月 11 日，淘宝商城（天猫）举办了网络促销活动，销售额达 0.52 亿元，从此每年的 11 月 11 日成为天猫举办大规模促销活动的固定日期。2022 年天猫"双十一"总交易额已经达到了 5403 亿元，现在"双十一"购物狂欢节已成为名副其实的全民购物盛宴，也成为中国电子商务行业的年度盛事，并且逐渐影响到国际电子商务行业。随着近几年直播带货的飞速发展，"宇宙的尽头是带货""全民带货"成为热度不断的话题，电商也在以一种前所未有的速度发展。

2. 快递产业发展

电子商务尤其是移动电商服务的发展为老百姓的生活带来了便捷，也改变着大众的消费模式，最为典型的就是以美团外卖、饿了么为代表的网上订餐平台，以天猫、京东、亚马逊为代表的大型电商生活服务平台，这些平台以其高效的运营方式，为商家和消费者提供了便利，也促进了在线购物、物流配送等移动电商服务业的迅猛发展。国家邮政局发布的数据显示，2021 年，全国快递服务企业业务量累计完成 1083.0 亿件，同比增长 29.9%；2022 年，快递业务量累计完成 1105.8 亿件，同比增长 2.1%；2023 年前 7 月，快递业务量累计完成 703 亿件。我国连续十年成为全球第一"快递大国"，快递以普惠的价格、极具性价比的时效，为电商新业态提供基础保障型的物流服务，推动中国向"物流强国"迈进。

3. 物流行业环境影响

毋庸置疑，物流行业的发展给我们生活带来了巨大便利，但是与此同时带来的生态环境危害同样不容忽视。国家统计局数据显示，我国物流业 2019 年的能耗和二氧化碳排放量分别为 4.4 亿吨标准煤和 8.6 亿吨二氧化碳，占全国能耗和碳排放量的比重分别为 9.0% 和 8.8%。《中国快递行业的碳排放》研究报告数据显示，从 2017 年到 2022 年，中国快递行业的碳排放量从 1837 万吨

激增至 5565 万吨，中国快递行业的碳排放量在五年内增长超 200%，运输环节是行业最大的碳排放源，也是亟须减排的环节，而公路和航空运输是运输环节减排的重中之重。

在交通运输业中，公路运输一直是我国最重要的物流运输方式之一。公路运输虽然运量小，但运输成本高，对能源消耗大，且不可避免地存在汽车尾气排放，造成环境污染。在我国大中型城市，汽车尾气排放已成为主要的大气污染源，机动车的燃料消耗成为石油资源的重大消耗源，而航空运输与海洋运输是另外的主要石油资源消耗源，并且伴随噪声污染和水资源污染。

快递外包装产生的大量包装盒或包装袋以及包装用的胶带等固体废物，这些包装材料在自然界中不易降解，滞留时间很长，另外过度或重复的包装也会造成资源的浪费。

4. 绿色物流

在全球一体化大背景下，碳排放过高成为现代各国生态文明发展亟须解决的问题。自 2020 年 9 月习近平总书记在第七十五届联合国大会上提出"双碳"目标，各行业纷纷采取行动以寻求低碳化发展的途径。"双碳"时代的到来意味着我国经济正由高速增长逐步转向高质量发展，而物流业作为新兴的复合服务型产业，是我国经济增长的重要驱动力之一。

发展绿色物流有很多应对举措，可以选择使用新能源交通工具，采用创新绿色低碳、集约高效的配送模式，实现节能减排、提高运输效率；在包装、仓储、分拣等环节提高自动化程度，通过自动化、精细化的控制和优化物流各项步骤，减少材料、能源的消耗，实现资源的最大化利用；采用可降解、低碳、能够回收且可以重复利用的环保包装材料，在保证包装物安全、降低绿色物流储存与运输成本的基础上，减少包装物对环境产生的污染与破坏。

目前已经有很多电商企业探索多种方式来发展低碳物流、绿色物流，例如菜鸟上线绿色 B2B 循环箱 8000 个，通过植入菜鸟自研的射频识别芯片并搭配数字化管理，实现对纸箱的循环利用，预计每年减少使用 16 万个纸箱，单箱单次循环可减碳约 575 克，按 8000 个循环箱计算，三年将累计减碳 269 吨；顺丰通过自购、租赁等方式不断提升新能源车辆数量，持续扩大绿色车队规模，累计投放新能源车辆超过 2 万辆，已覆盖 232 个城市；京东"亚洲一号"西安智能产业园区通过利用光伏技术、智能管理、新能源设备、碳交易等措施成为中国首个"零碳"物流园区。

四、信息产业的能耗巨大

信息产业已经成为耗能大户，计算机、数据中心、网络三大领域的耗电量占全球用电量的 10% 左右。与其他经济部门，例如钢铁、电力和交通运输业相比，信息产业碳排放总量规模相对较小，但碳排放规模增长快，且增长趋势仍将持续。2012—2017 年，信息产业碳排放总量涨幅为 61%，其涨幅为所有经济部门之最。相较于传统高耗能行业，科技企业虽不是单点耗能最高、环境污染最大的行业，但却是供应链较长、总体耗电量较大的行业。瑞典研究院预计到 2030 年，信息通信产业全球耗电量最高将增长 61%，达到约 3.2 万亿千瓦时。若不加以控制，到 2040 年，全球信息通信产业的温室气体排放量可能会从 2007 年的 1%—1.6% 增长到 14% 以上。目前整个信息通信产业的网络中心和数据中心，其能源消耗量已超过韩国的能源消耗量，预计 2030 年本行业的能源消耗将会超过印度全国的能源消耗量。

虽然信息通信技术对碳中和具有积极作用，但数字化转型的加速和算力需求的增加，导致信息通信产业电力需求和碳排放不断增长，信息通信产业发展过程中要践行绿色发展理念，走绿色低碳发展之路，用信息通信技术打造"绿水青山就是金山银山"。

1. 5G

移动通信延续着每十年一代技术的发展规律，已历经 1G、2G、3G、4G、5G 的发展。5G 作为一种新型移动通信网络，提供了超高的网速，我们进入了一个智能感应、大数据、智能学习整合起来的万物互联时代。5G 不仅需要解决人与人之间的通信，提升原有的通信质量，开辟出新的交流场景，例如增强现实/虚拟现实，更要解决人与物、物与物之间的通信问题，例如满足移动医疗、智能家居、环境监测等物联网应用需求。最终，5G 将渗透到经济社会的各行业各领域，成为支撑经济社会数字化、网络化、智能化转型的关键新型基础设施。

尽管 5G 功能价值远优于 4G，但其高能耗也是不争事实。自 5G 商用以来，2020 年我国通信网络耗电量与 2019 年相比增加了 14.6%。5G 频率高，每个基站能耗是 4G 的两到三倍，而且 5G 的基站总数也是 4G 的两到三倍，总能耗可能是 4G 的四到九倍。随着基站和数据中心需求量越来越大，信息通信产业本身的碳排放还会持续上升。有研究预测，仅以通信产业为例，其全球电力消费总量占比将从 2019 年的 11% 增至 2030 年的 21% 左右。

2. 数据中心产业链

数字化转型的加速会驱动信息通信产业能源需求和碳排放的增长，其中数据中心较快的能耗增长，需引起广泛关注。2020 年，全国数据中心共耗电 2045 亿千瓦时，占全社会用电量的 2.7%，总能耗突破了 2000 亿千瓦时，相当于燃烧了 6000 万吨煤，排放了 1.6 亿吨的二氧化碳的发电量。另外，数据中心还会带来化学污染、碳排放污染、固体废物污染、电力能源紧缺等方面的不良影响。

化学污染。如果将含有铅、镉、汞等多种有害元素的电子产品，不经处理直接掩埋或者焚烧，会导致二噁英等化合物的排放，直接污染水体、土壤和空气，并经大自然生物链的循环威胁人类健康。

碳排放污染。相关研究预测，中国数据中心和 5G 的碳排放总量将达 2.3 亿吨—3.1 亿吨，约占中国碳排放量的 2%—4%，其中数据中心的碳排放将比 2020 年增长最高达 103%，5G 的碳排放将增长最高达 321%。

固体废物污染。根据中国物资再生协会的调研和分析，预估未来服务器的报废数量为 2025 年 562.2 万台、2030 年 823.5 万台、2035 年 1084.2 万台，如此庞大的数量，如果处理不当，将会产生大量的固体废物污染，对生态环境造成巨大的压力。

电力能源紧缺。《中国数据中心发展白皮书（2023）》统计结果显示，中国已成为全球第二大互联网数据中心市场。截至 2022 年年底，全国数据中心总机架数远超 428.6 万架，数据中心用电量约占中国总用电量的 2.7%，并且从数据中心运营成本来看，电力和折旧成本占运营支出的 70% 以上，其中，电力成本占比高达 57%。据《2021 年中国数据中心报告》保守估计，预计 2035 年，数据中心能耗增长为 199%，5G 能耗增长为 345%，如此庞大的能耗增长，势必会造成电力能源的紧缺。

3. 光伏产业

信息产业中的光伏产业是一种利用太阳光将光能转换为直流电能的产业，即利用光伏效应，使太阳光射到硅材料上产生电流直接发电，这种以硅材料的应用开发形成的光电转换产业链条称为光伏产业。光伏产业是一种环保新型能源，有着巨大的发展潜力，但相应的生态环境问题也不容忽视。在整条产业链中，多晶硅材料生产环节的污染最严重，其次是光伏工程施工、电路系统污染、废弃组件污染。

化学污染。多晶硅生产过程中产生四氯化硅，存在四氯化硅等污染物泄漏的可能，四氯化硅具有较强的腐蚀性容易吸附在人体的各类黏膜组织上，造成极大的危害。

生态破坏。我国大规模集中式光伏电站主要分布在西北和华北的沙地、草原、盐碱地、工矿废弃地和荒漠等区域，这些区域生态环境十分脆弱，大型光伏电站的建设与运行必然会对当地生态系统的稳定性产生影响。光伏电站在施工、运行、管理等过程中会对环境产生一定的影响，包括噪声污染、含尘废气排放、废（污）水和固体废物排放，影响生态系统平衡和水土保持能力。

破坏原生植物。电站往往需要冬春季节清理地面，造成地面长时间裸露，且为了不遮挡阳光不能栽高于 2 米的树种，客观上加剧了水蚀、风蚀发生的频率与强度，容易对原有的地表植被造成破坏。

配套防护林网建设不健全。为满足光伏发电项目规模效益和管理需求，目前 10 万千瓦光伏电站占地面积都在 2500 亩以上，项目四周为原生的灌木或草原生境，没有栽种相应的防护林，光伏电站场区均存在大面积不同程度的扬尘或扬沙现象，形成新的沙尘来源。

电路系统污染。光伏发电系统的废物对环境有很强的破坏性，光伏发电系统的蓄电池大部分是铅酸蓄电池，如果电池内的铅、锑、镉、硫酸等有毒物质泄漏，将会对土壤、地下水等造成污染。蓄电池使用寿命较短，更换频率较高，不妥善处理将会对环境造成污染。

五、信息时代的新材料

信息时代稀土、新材料被广泛使用，但开发利用过程中带来严重的环境污染与生态破坏。

1. 稀土开发

稀土是元素周期表中镧系元素镧（La）、铈（Ce）、镨（Pr）、钕（Nd）、钷（Pm）、钐（Sm）、铕（Eu）、钆（Gd）、铽（Tb）、镝（Dy）、钬（Ho）、铒（Er）、铥（Tm）、镱（Yb）、镥（Lu），加上与其同族的钪（Sc）和钇（Y），共17种元素的总称，前7种为轻稀土。稀土是全球公认的重要战略资料，被誉为"现代工业维生素"，广泛应用于新能源、新材料、节能环保、航空航天、电子信息等领域。

中国是世界上最大的稀土生产、应用和出口国，可以称为"稀土大国"，截至2016年，中国稀土储量约占世界总储量的36.67%，居全球首位。稀土开发在造福人类的同时，与之相伴的资源和环境问题也不断凸显。稀土对环境的影响包括水污染、土壤污染、大气污染、放射性污染、生物毒害、生态破坏、气候变化、地质灾害和协同污染等。《中国的稀土状况与政策》白皮书明确指出，稀土开采、选冶、分离存在的落后生产工艺和技术，严重破坏地表植被，造成水土流失和土壤污染、酸化，使农作物减产甚至绝收。稀土矿伴生的放射性元素对环境的影响也需重视，在稀土开发利用的过程中产生的放射性铀（U）和钍（Th）污染土壤的现象时有发生，铀、钍等放射性核素在土壤和植物中迁移，会对人类健康和生态环境造成影响。2007年中国疾病控制中心对人体呼吸道吸入稀土矿尘中铀和钍核素的联合作用进行了研究，在1987—2002年通过对数千人和大量动物的观察数据，发现由于接触烟（粉）尘，矿工长期吸入较高浓度的含铀和钍核素的稀土矿尘而诱发的10例肺癌死亡病例，是国内外首次发现铀和钍诱导癌症的科学依据。另外，轻稀土尾矿库周边长期受轻稀土污染，使土壤表层呈现黑色、土壤理化性质发生恶化，造成原生植物群落稳定性变差、人工营造的乔灌木大量死亡，且稀土混合物对当地土壤环境及植物生长的生态风险可能更高，并极大地威胁着人类健康。

习近平总书记就推动稀土产业绿色可持续发展作出重要指示："稀土是重要的战略资源，也是不可再生资源。要加大科技创新工作力度，不断提高开发利用的技术水平，延伸产业链，提高附加值，加强项目环境保护，实现绿色发展、可持续发展。"目前国内外已有学者探索出减少稀土污染的方法，一方面，对稀土进行合理开采及利用，加大开发与推广绿色高效、短流程清洁生产工艺及智能化装备的力度，同时还需要降低能耗，实现化工材料和生产用水的循环利用，提高资源综合利用水平，氨氮废水、含盐废水实现近零排放，从源头解决稀土生产过程"三废"污染问题。另一方面，积极探索稀土污染修复方法，包括物理修复、化学修复、生物修复等，其中，生物修复是主要的生态环保修复方法，有植物修复法、微生物修复法、植物—微生物联合修复法等。例如利用农业废物稻壳为原料热解制备的生物炭以及秸秆生物发电的副产物稻壳灰作为材料用于修复稀土污染的土壤，可以显著改善污染土壤的理化性质，尤其是可以显著提升酸性土壤的 pH 值。

2. 新材料

新材料产业是重要的战略性新兴产业，随着科技革命的迅猛发展，新材料产品日新月异，产业升级、材料换代步伐加快。新材料技术与纳米技术、生物技术、信息技术相互融合，结构功能一体化、功能材料智能化趋势明显，材料的低碳、绿色、可再生循环等特性备受关注。常见的新材料有石墨烯、碳纤维、轻型合金、碳纳米管、超导材料、半导体材料等。

（1）石墨烯

石墨烯因特殊的晶体结构而具有优异的力学、电学等特性，可应用于移动设备、航空航天、新能源电池等领域。石墨烯本来就存在于自然界，只是难以剥离出单层结构。英国曼彻斯特大学物理学家安德烈·盖姆（Andre Geim）和康斯坦丁·诺沃肖洛夫（Konstantin Novoselov），用微机械剥离法成功从石墨中分离出石墨烯，因此共同获得 2010 年诺贝尔物理学奖。

石墨，被称为"黑金""新材料之王"。中国在石墨烯研究上也具有得天独厚的优势，从生产角度看，作为石墨烯生产原料的石墨，在我国储能丰富，价格低廉，但石墨烯矿石的开采对环境会产生一些不良影响。例如矿山开采会造成土地荒漠化、水土流失、地面塌陷等生态破坏，影响周边植被和动物的生存；石墨烯的生产过程会消耗大量的水和酸，产生大量的酸性废水和废酸，如果处理不当，会对水资源造成污染和浪费，危害人类健康和生态安全；石墨加工时，存在气味难闻、粉尘严重、废水直排、矿坑强酸性废水污染等问题。

（2）让"黑金"释放"绿色动能"

可以将石墨烯技术与丰富的石墨矿资源相结合，推动石墨开采加工这一传统产业向绿色无污染的高新技术产业升级。例如优化开采技术和工艺，减少土地占用和开挖量，恢复和改善开采区域的生态环境。采用清洁生产和循环利用的原则，提高资源利用率和能源效率，减少废物的产生和排放。加强废水和废酸的收集和处理，避免直接排放到环境中，控制污染物的浓度和总量。加强对石墨烯材料本身的安全管理，防止其泄漏或散失到环境中，监测其对环境和生物的潜在影响。

第四节　生态学对发展的透视

美国哲学家苏珊·朗格（Susanne K. Langer）曾指出："我们最重要的财富永远是关于自然、地球、社会以及我们的行为定位的象征符号。"这些象征符号反映了我们的世界观和人生观，不同的世界观和人生观孕育了不同的社会制度、风俗习惯和生产生活方式。

随着现代工业文明的兴起，科学技术也经历了飞速发展。现代工业文明所带来的一个典型悖论是，尽管科技在局部领域内实现了精细操作和高效生产，整体社会的生产和消费却导致了前所未有的环境污染、生态破坏和气候变化。生态学的出现，正是为了帮助我们解决这一悖论，寻求在科学与自然、经济与环境之间的平衡。

一、像大自然一样生产

说到"生产"二字，估计我们的第一反应都是"原料进入→加工原料→输出成品→消费成品→成品回收→原料再利用"。现实中的工厂不一定有成品回收以及原料再利用两个步骤，但是我们身处的自然却完美地完成了这个循环。大自然以其独特的方式展示了高效的资源利用和自我修复能力。例如森林生态系统中的树木通过树冠截留阳光，通过光合作用将太阳能转化为化学能，在维持自身生长的同时也涵养了它周边的生境。植物根系吸收土壤中的水分和养分，在自己开枝散叶的同时，将凋落的花和叶还给土壤，这就是大自然自发产生的一个能量流动与物质循环。这种资源的高效利用和循环利用机制，是自然界生产的核心特征。

一切伟大的创造，都源自模仿。大自然拥有她的生产哲学，仿照自然界的资源循环，使用闭环循环的生产模式，使资源和废物能够在系统内循环利用，减少资源的消耗和废物的产生。例如工业生态学中的"工业共生"模式就是通过不同企业间的资源共享和废物交换，实现资源的最大化利用和废物的最小化处理。再如，从传统"农业 1.0 时代"到现代"农业 2.0 时代"再到当下立体生态"农业 3.0 时代"，将种植业、畜牧业、渔业等与加工业有机联系的综合经营方式，使物质和能量内部闭环循环的同时，解决了环境污染问题，优化了产业结构，节约了农业资源，大大提高产出效果，成就出一种良性的生态环境。"像大自然一样生产"不仅是对自然界智慧的借鉴，更是实现可持续发展和生态文明的重要途径。

二、尊重每一块土地本来的样子

不得不承认人类是一种"占有欲"极强的生物。几十万年前从非洲走出来的人类祖先，从原始的采集社会→狩猎社会→农耕社会，在任何一个地方定居的同时会极大限度地用已有的资源开发和建设自己的栖息地。来到工业社会后，生产力的大大提升虽然加快了人类社会的进步，提高了生产效率，但是生产过程中过度掠夺资源、浪费及污染导致生态系统受损与退化，进而造成全球生物多样性锐减。据研究，现存森林破碎化严重，其破碎化降低了 13%—75% 的生物多样性，降低了生物量，改变了原有的营养循环，进而损害了一些重要的生态系统功能。

据生物多样性和生态服务跨政府间科学政策平台组织的综合性评估，地球上超过 75% 的土地出现了大幅退化，威胁着 32 亿人的幸福与安宁。除极少数地区之外，全球生物多样性下降与自然供给系统衰退的趋势仍然在继续，这导致全球各个区域的人类生存面临多重风险与不确定的未来。这些退化的土地有的变成沙漠，有的受到污染，还有的土地上的森林遭到砍伐，变成农业用地，遭到严重退化。预计到 2050 年全球 95% 的土地都将退化。该报告警告，随着许多地区的粮食生产无以为继，大范围的土地退化将会迫使数亿人移居。2023年《联合国防治荒漠化公约》汇集了 126 个国家的数据，表明所有地区的土地退化都在以惊人的速度发展。仅仅在 2015—2019 年，世界每年至少损失 1亿公顷健康和多产的土地，总面积是格陵兰岛的两倍。

为了应对以及减缓人类发展对土地的破坏和压力，人类正在积极地正向干预。关于如何恢复和重建生态系统的功能，让土地恢复活力，减缓退化，目前已经有不少有效措施。希望仍在，人类应该明智并快速地采取行动，最大限度地维护和尊重每一块土地本来的样子。

三、最大限度地维护自然界的本来面貌

现代工业文明的典型特征是"大量生产、大量消费、大量排放"。但地球无法承载 70 亿人的"大量生产、大量消费、大量排放"。世界自然基金会自 1998 年起发布显示自然环境状况及人类活动影响的《地球生命力报告》，据《地球生命力报告（2012）》之《生物多样性、生物承载力和更好的选择》，人类的生活方式已经严重超过了地球的承受能力，人类必须改变生活方式，让消费与自然界的再生能力相当并妥善处理废物；否则，后果将不可挽回。今天世界上每个人所做的选择，将会决定子孙后代生活的种种可能。

此外，地球生命力指数是衡量世界生物多样性的定量指标，它也可衡量生态系统的健康程度，包括陆栖指数、海洋指数、淡水指数。2012 年地球生命力指数跟踪了 1970—2008 年 2688 个脊椎动物物种（包括不同生态系统和地区的哺乳动物、鸟类、爬行类、两栖类及鱼类）约 9014 个种群数量的变化趋势。与 1970 年相比，2008 年陆栖指数总体下降 25%，温带上升 5%，热带下降 44%；海洋指数总体下降 22%，温带上升 53%，热带下降 62%；淡水指数总体下降 37%，温带上升 36%，热带下降 70%；地球生命力指数总体下降 28%，热带下降 61%，温带上升 31%。温带指数上升，不一定意味着温带生态系统健康状态优于热带地区，因为此次测算的温带指数与早期分析数据的大量缺失有关，还与 1970 年的基线、种群分类差异、卓有成效的保护、近期物种种群的相对稳定等有关。如果分析的时间跨度不是几十年而是几百年，温带指数可能也呈下降趋势。

如何最大限度地维护自然界的原本面貌，到目前为止依旧是令各个领域专家头疼的问题。有些极端学派认为维持原貌最根本的做法就是对大自然不接触、不干涉，让其自由发展。虽然人类常常自诩是自然的长子，也是自然的奇迹，但毋庸置疑的是只要人类依旧存在于自然之中，就无法避免对自然产生或大或小的影响。从生态学的角度来看，人类其实只是众多物种当中的一种，人类作为自然的一部分，必须依赖自然才能生存与发展。在当下，我们无法抛弃

已经建立起的社会体系，也无法再回到刀耕火种的时代。与其说去改造自然，可能与自然结为"同盟"才是在生态文明建设下维持生态系统功能以及最大限度地维护自然界原本样貌的最佳解决方式。

"生态"一词，在古代文学中用得并不多，但凡出现生态所表达的意思都是极为美好的。生态是生物生活生存的状态，同样也是人类在自然中与自然共生的状态。"和谐"一词尤为受到中国人的喜欢，其代表着对美好、平衡、协调的追求，所以"基于自然的解决方案"（Nature-based Solutions，NbS）一词应运而生。世界银行在2008年的《生物多样性、气候变化和适应性：世界银行投资中基于自然的解决方案》中，首次提出了"基于自然的解决方案"，阐述为"更系统地理解人与自然的关系"。既要持续加深对本地自然知识和传统生态智慧的了解，同时将国土景观以及生态系统进行解译，进而合理选择NbS路径，呈现出土地的独特性并使其永续发展。这也提醒我们，在尽可能地减少对自然的干扰或者破坏的前提下，让大自然发挥她自身的"主观能动性"，让自然母亲运用她的自然之力来修复以及维持她原本应有的面貌。

四、国土功能区划

步入新时代，中国需对国土功能空间重新规划建设，以科学合理的国土开发为导向，确立国土开发的主要目标和战略格局，从而有效地实现国土资源的长期发展与规划。

国土空间规划是指对国家或地区的土地利用和空间布局进行整体规划和管理的过程，涉及土地资源的合理利用、城乡发展的协调、环境保护和生态修复等方面。我国的国土空间规划主要分为三个阶段：第一个阶段是改革开放的头十年，表现为城市规划和区域规划相结合，包括城市规划恢复、区域空间规划得到重视以及国土空间规划雏形显现；第二个阶段是我国进入城乡统筹时期，规划重心从城镇空间进一步发展到乡村空间；第三个阶段是21世纪至今，我国逐步走向城市时代，区域性、空间性规划得到全面升级。我国第二次国土空间规划、城市发展战略规划、战略性区域空间（例如国家级新区、国家级开发区、国家级扶贫区、国家级生态保护区），另外还有很多跨区域空间规划，在21世纪初，特别是2010年以后得到全面快速发展。

国土空间规划背景下的主体功能区划应主要包含两方面，一是国土资源环境的承载力，并对承载力大小进行有效评估，明确主体功能区的发展方向和发展目标，构建发展思路；二是要按照区域地位和空间的发展格局，选取适宜的发展内容，提升国土空间规划格局，促进国土空间规划效率。进行主体功能区划时应遵循：（1）以区域本地条件为基础，开展资源环境承载力及适应性评估，突出生态文明建设的根本遵循，科学划定功能区；（2）主体功能区划要落图落地，完成生态保护红线、永久基本农田与城镇开发边界三条控制线划定工作，明确城镇空间、农业空间、生态空间，为各类开发建设活动和生态环境保护提供依据；（3）各类主体功能区管制内容不同、开发程度不一、保护力度有强有弱，要保证各类主体功能区不重叠不交叉；（4）要实现各类主体功能区的全域覆盖；（5）各主体功能区划与国土空间规划三线划定相统一相一致。国土空间规划是国家发展的长远规划，需要综合考虑经济、社会、环境等多方面因素，确保各地区发展的协调性和可持续性。

五、全国生态功能区划

区划在地理学中是一种具有悠久历史的专门分类形式，近年来被引入生态学的理论和方法，并开始从生态学的视角揭示生态系统空间的差异性和概括区域的相似性。

所谓生态功能区划，是在分析研究区域生态环境特征与生态环境问题、生态环境敏感性和生态服务功能空间分异规律的基础上，根据生态环境特征、生态环境敏感性和生态服务功能在不同地域的差异性和相似性，将区域空间划分为不同的生态功能区。生态功能区划是生态系统科学管理与持续利用的基础，通过区划加深对生态系统的了解，有效减少管理的复杂性。对区域生态功能进行甄别，合理划分生态功能区，并按不同功能合理管理资源，已成为协调区域经济发展与生态保护的重要途径。随着经济活动的增加，资源开发与环境保护的矛盾日益尖锐，引发了一系列的生态环境问题，人们对生态系统类型及生态过程的认识不断深入，我国生态学家在生态区划的基础上提出了生态功能区划，并在区域尺度上得到广泛应用。生态功能区划是一种不同于生态区划的综合性功能区划，它不但强调生态系统和生态过程的完整性，而且把人类作为生态系统的一部分来考虑，尊重生态系统在人类活动干扰下的自然演化过程。

中国自然区划工作始于 20 世纪 30 年代。1959 年，《中国综合自然区划（初稿）》首次明确区划的目的是为农、林、牧、水等事业服务，并依据国外（主要是苏联）的区划工作拟定了适合中国特点又便于与国外相比较的区划原则和方法。1988 年，《中国自然生态区划与大农业发展战略》首次将全国划分为 22 个生态区，这标志着中国生态区划的研究正式拉开帷幕。进入 21 世纪以来，生态功能区划开始在我国兴起，编制了《生态功能区划暂行规程》。2008 年《全国生态功能区划》明确了不同区域生态系统的主导生态服务功能与生态保护目标，提出了全国生态功能区划方案，将全国初步划分为 208 个生态功能区。

我国生态功能区划虽然起步较晚，但在借鉴自然区划、农业区划、生态区划经验的基础上发展迅速，并且将现代生态学理论与我国国情相结合，生态功能区划的实证研究越来越多，理论也逐步成熟。

六、绿水青山就是金山银山

党的二十大报告明确"牢固树立和践行绿水青山就是金山银山的理念，站在人与自然和谐共生的高度谋划发展"。"两山"理论充分显示出我国生态文明建设与中国式现代化的内在一致性，生态价值与经济价值的有机统一性，促进人与自然和谐共生已成为全面建成社会主义现代化强国的重大需求。

"绿水青山就是金山银山"体现着人与自然和谐共生的理念。人与自然是生命共同体，人来自于自然、从属于自然。以"绿水青山"为代价一味去追求"金山银山"，不仅难以持续，而且最终会伤及人类自身。坚持自然价值与人类价值的共融共生，守护好绿水青山，也就拥有了金山银山。绿水青山与金山银山相辅相成、不可分割；绿水青山就是生产力。自然是有价值的，保护自然，就是保护自然价值和增值自然资本，就是保护和发展生产力。绿水青山既是自然财富、生态财富，又是社会财富、经济财富。

人类生存发展依赖大自然，但须以资源环境的承载能力以及大自然的健康持续发展为前提。促进人与自然和谐共生，强调秉持和践行"两山"理念，强调像保护眼睛一样保护自然和生态环境。这将使人的行为及其影响自觉控制在自然资源和生态环境承载能力范围之内，使人主动创造和实现生态产品价值，主动增加经济发展成果对生态环境的反哺。

地球是人类赖以生存的共同家园，保护生态环境是全球的共同责任。生态环境问题具有负外部性。面对生态环境挑战，世界各国同处一片蓝天下，是一荣俱荣、一损俱损的命运共同体。我国秉持人类命运共同体理念，促进人与自然和谐共生，积极推动全球环境污染治理，积极参与、引领全球生态文明建设，解决由工业文明产生的问题，必将为进一步构筑尊崇自然、绿色低碳发展的全球生态体系，共建清洁美丽世界作出重要贡献。

我国经济已进入高质量发展阶段，要求绿色成为发展的普遍形态。我国经济发展的高碳排放、高污染排放和资源环境约束特征仍较明显。促进人与自然和谐共生，通过形成绿色低碳的生产和生活方式，增强发展的绿色底色；通过加强绿色低碳循环科技创新，壮大绿色低碳循环产业，形成绿色经济新动能和可持续增长极。这对促进经济社会全面绿色转型，推动经济质量变革、效率变革、动力变革，实施更加公平、更可持续、更为安全的发展，具有重要现实意义。

第五节　生态产业的兴起

作为生态环境治理的有效供给，生态产业是绿色生产力的重要载体，是经济发展的新增长点。

一、生态产业

1. 生态产业概述

随着对生态产业研究的不断深入，国内外学者从不同角度对生态产业进行了定义。1989 年罗伯特·弗罗施（Robert Frosch）认为"作为一个物质和能量消耗最小的系统，生态产业所产生的废物最少，通过这个系统的循环，技术、生产和消耗能够实现最优化"。1993 年保罗·霍肯（Paul Hawken）从模拟自然生态角度论证"生态产业按照自然系统的原理进行物质的传递和能量的流动，使一家企业的产出成为另一家的投入，从而重新塑造一个产业系统"。经济合作与发展组织认为"生态产业是生产产品及提供服务来阻止、限制、最小化或治理包括水体、大气、土壤在内的环境污染，同时包括与垃圾、噪声和生态系统相关的问题。这些技术、产品和服务可以降低环境风险，使污染破坏得以最小化并且能最有效地利用资源"。因此，世界贸易组织把生态产业分属三个部门，即污染管理、清洁技术和产品、资源管理。

国内学者也结合我国国情不断探索生态产业的内涵。刘思华（1991）认为生态产业是"在保护环境、改善生态、建设自然的生产建设活动中，从事生产、创造生态环境产品或生态环境收益的产业、为生态环境保护与建设服务的产业以及符合生态环境要求的绿色技术与绿色产品相关的部门和产业的集合体"。王如松（2000）则认为"生态产业是按生态经济原理和知识经济规律组织起来的基于生态系统承载能力、具有高效的经济过程及和谐的生态功能的网络型、进化型的产业，它通过两个或两个以上的生产体系或环节之间的系统耦合，使物质、能量多级利用、高效产出，资源、环境系统开发、持续利用"。

到目前为止，国内外学者对生态产业还没有形成统一的定义，但一般都认为生态产业是根据对自然生态的一种模拟而建立的人工生态系统，它能够使污染最小化，废物得到最少排放，经济、社会和环境能够协调发展的一种产业发展模式。

2. 生态产业的发展历程

在种植业产生之前，人类获得维持基本生存的食物主要是通过狩猎和采集，但由于狩猎和采集的对象数量少，效率低，人们不得不另外寻找获得食物的来源。这时，人类发现种植种子可以生产出食物，于是在人类不断的摸索中，农业产生了。从此人类不再为基本的生存而担忧，但是由于人们物质生活的提高必然会使人们追求更好的生活环境，所以在这一动力的推动下，人类社会继续向前发展至工业社会。机械化大生产带来了更高的生产力和更丰富的物质财富，然而，资源的大量消耗、环境的日益恶化使人与自然逐步走向对立面，人类的可持续发展遭到严重阻碍。在这种环境下，人类不得不反思发展道路中的错误之处，找到能够使人类可持续发展的途径。由此发展生态文明成为这一问题的答案，而生态产业作为生态文明的基础产业也随之成为人类发展的重要手段。

3. 生态产业的发展趋势

生态产业是依据传统产业为背景建立起来的，主要意图是要改革陈旧的生产方式、传统的生活模式和落后的价值观念，然后运用合理的、健康的新方式开发和使用自然资源，运用合理奏效的生产方式发展经济，最终建立一个和谐发展的人类社会。总的来说，生态产业是通过建立生态农业、生态工业、生态服务业的"一条龙"式的产业体系来实现健康的发展模式。生态产业将来的发展方向是在保持生态资产正向积累的基础上，尽可能多地为人类和其他生物提供生态服务。未来生态产业的主要目标是提高综合效益，主要特点是恢复劳动本质，主要推动力是科学技术。发展生态产业的保障是完善监督机制。

二、生态系统服务内涵与功能分类

人类对生态系统服务的认识有很长远的历史。威廉·福格特（William Vogt）在 1948 年首次提出"自然资本"的概念，意识到人类过度的开发利用对生态系统健康造成威胁。20 世纪 70 年代，联合国大学（United Nations University）发表了《人类对全球环境的影响报告》，指出了病虫害防护、洪水调节等一系列生态系统对人类的环境服务，第一次提出"服务"的概念。1977 年，韦斯特曼（Westman）率先对"自然服务"进行了定义，将人类从自然中获取的所有资源归纳为生态自然服务。20 世纪 80 年代，奥德姆（Odum）等将"环境服务"与"自然服务"概念整合，提出了"生态系统服务"概念，得到了学术界的关注与认可。

随着生态系统服务研究的深入，其定义和分类也不断得到完善。1997 年《生态系统服务功能》中提出"生态系统服务功能指利用生态过程形成的维持人类生存的自然环境及效用的组合"，并分为三大类：生活与生产物质提供、生命支持系统维持和精神生活享受。1997 年，著名学者科斯坦萨（Costanza）等将生态系统服务定义为直接或间接地从生态系统中获得的各种利益和价值，并分为四个一级类型：供给服务、支持服务、调控服务和文化服务，包括气候调节、水调节、供水、土壤形成、食品生产、原材料、文化等 17 个小类，同时对全球生态系统服务进行了货币化评估。这些研究成果在学术界引起了重大反响，生态系统服务也进入了繁荣期。欧阳志云等（2000）提出"生态系统服务功能除了为人类提供生产生活原材料之外，还维持了地球生态支持系统，形成了生存必需的自然条件"，将生态系统服务分成生产和生活产品的供应、基础环境和生命支持系统功能，以及生活体验和精神享受三个层次。这种划分为中国的生态系统服务提供了描述基础，也是国内生态系统服务的研究基础。2005 年，联合国根据生态管理需求，在前人研究的基础上发布了《千年生态系统评估》，提出"生态系统服务功能是人类从生态系统获取的惠益"，阐明了服务功能的变化对人类福祉的影响，将生态系统服务大致分为四大类：支持服务、供给服务、调节服务和文化服务，包括食物、清洁的水、天然药材等提供的供给服务，观赏性资源、遗传资源、生物化学和纤维提供的支持服务，气候调节、自然灾害调节、空气质量调节、水分调节、水净化和废物治理、侵蚀调节等 20 个小类。成为目前被接受最广泛、应用案例最多的分类方式。

　　虽然不同学者对生态系统服务的定义存在一定差异，但在其基本内涵上已达成了一致。尤其是科斯坦萨等对价值评估的发展产生了深远影响，为国内外学者深入研究生态系统服务及其价值提供了概念基础和理论支持。

三、生态系统服务价值

　　20 世纪 70 年代"生态系统服务"概念提出以来，全球学者都在积极探索生态环境核算的理论框架和评估方法，旨在更好地阐明自然环境资源在经济发展中的重要作用，更有效地保护现有自然生态环境。科斯坦萨等人首次对全球生态系统服务价值进行了评估，估值为 3.3×10^5 亿美元，该研究还提供了 17 种生态系统服务的单位面积价值当量表，为生态系统服务价值的评估提供了创新且可行的方法。结合科斯坦萨的研究模型，对我国生态系统服务功能进行价值评估，核算出生态系统效益总价值为 77834.48 亿元/年（陈仲新等，2000）。还有采用调查问卷方式，结合科斯坦萨等模型，将中国陆地生态系统服务价值当量表，并核算了青藏高原生态系统服务价值，得到该区域生态系统服务价值为 9363.9×10^8 元/年（谢高地等，2003）。2005 年联合国发布的《千年生态系统评估报告》对生态系统服务价值的描述，即生态系统服务是通过能量流动、物质循环展现功能效用，生态系统服务价值是对其功能和效用的经济估算。

受《千年生态系统评估报告》中生态系统服务分类的影响，许多学者开始对不同类型生态系统服务开展区域性评价，并逐渐开始对生态系统服务价值评估构建指标体系。利用生态学方法和遥感技术，对中国陆地生态系统 2000 年的生态参数进行了遥感测量，计算出其生态服务价值为 $9.17×10^4$ 亿元，呈现由东向西递减、由中部向东北和南部递增的空间分布趋势（何洁等，2005）。考虑有机物质生产、营养物质循环等主要服务功能，利用遥感技术对我国草地生态系统服务价值进行了估算，2003 年总服务价值达 $11.71×10^8$ 万元（姜立鹏等，2007）。谢高地等（2015）运用扩充的劳动价值论原理，采用生态系统价值当量因子法，对 11 种生态服务价值进行计算，得出中国各种生态系统年（2010 年）提供总服务价值为 $38.10×10^4$ 亿元。利用 1 千米空间分辨率的遥感影像，在全球范围内构建了陆地生态系统总产品的综合评价框架。从生物物理和货币角度计算 179 个主要国家提供的生态系统供给服务、调节服务和旅游服务（Jiang 等，2021）。

虽然生态服务价值研究已在国内外取得了很大进展，但是不同的研究对生态系统服务的评价结果相差极大。可见，该领域的研究仍存在一些问题需要解决，尤其包括指标选择的主观性、赋值的固化性、评价方法的差异性以及评价结果的不确定性等。

四、未来碳票与曾经的粮票

碳以各种形式储存在大气、海洋、土壤、生物等各种碳库中，且每时每刻都处于运动状态，不断地从一个库转移到另一个库，从一种形式转化为另一种形式，理论上各个碳库之间保持着动态平衡。目前全球气候变暖主要是由于大气碳库中的碳量增加所致，而大气中碳量的增减取决于大气圈与其他圈层碳的交换量，也就是说大气中碳量受全球碳循环的影响。减少大气圈中二氧化碳量的过程、活动、机制为碳汇；反之，则为碳源。

近年来，碳票代表了一种新的价值形态，即生态价值。碳票将空气中的碳减排量转化为一种可交易、可质押的有价证券，使生态资源不再是免费的公共品，而是具有了市场价值和金融属性。随着社会对气候问题的日益关注，林业碳票制度应运而生。《深化集体林权制度改革方案》明确提出，探索实施林业碳票制度。据不完全统计，中国已有超过 14 个地市成功发行碳票，例如福建三明市、贵州毕节市、安徽淮北市等。2021 年，宜昌市长阳土家族自治县举行"林业碳汇+生态司法"试点及首张林业碳票开发工作新闻发布会，正式发布林业碳票，单价 85 元/吨。

2023 年在贵阳举办的生态文明贵阳国际论坛发起"共谋人与自然和谐共生的现代化——联名碳票"全球联动。联名碳票（见图 4-5）从竹林、茶园、林业、海洋、农业五个角度，向世界展示中国生态文明建设成效，奏响贵州大地的绿色乐章。

图 4-5　联名生态碳票

碳票系统理论与全球碳中和解决方案，提出了全新的碳排放公共物品基础理论，并据此推演出最有效率的全球碳中和新路径，为国际社会应对气候变化、实现全球碳中和开辟了第三条道路，在公平、效率两个方面，是当前国际领先的全球碳中和解决方案。

当然，这让人联想起曾经的粮票。粮票是 20 世纪 50 年代至 80 年代中国在特定经济时期发放的一种购粮凭证。中国最早实行的票证种类是粮票、食用油票、布票等。粮票作为一种实际应用的有价证券，在中国使用时间达 40 多年，必须凭粮票才能购买粮食。随着社会的发展，粮票已退出了历史舞台。其实中国不是最早采用凭票供应的，最早的票证是 1916 年苏联的鞋票。美国也在第二次世界大战时期商品紧张时，发放了各种商品票证。中国取消粮票后还有一些国家仍然采用凭票供应方式，例如朝鲜、越南等。

从粮票肉票，到林票碳票，虽然资源属性变了，但稀缺的现象却从未发生改变，稀缺方显珍贵。因此，纵然身处后工业时代，我们也不该放慢生态化的脚步。

五、第四产业在我们身边

随着"两山"转化路径地方实践探索的展开，生态产业逐渐发展成为生态文明建设的重要组成部分，因此，生态产品第四产业应运而生。

2018 年中国生态环境保护大会提出，要加快建立健全以产业生态化和生态产业化为主体的生态经济体系。2021 年《关于建立健全生态产品价值实现机制的意见》也提出要推进生态产业化和产业生态化。随着关于生态资产、生态产品及其价值实现的理论研究与实践探索不断展开，生态产品和生态产品价值等概念逐渐普及，生态产业发展已成为生态文明建设的重要组成部分。因此，将环境保护与资源管理相关产业从传统三次产业中独立出来，认为环境资源产业是人类对自然资源进行直接和间接利用的前身，将对环境资源进行的保护、恢复、再生、更新、增值和积累等一系列生产性事业定义为"零次产业"。接着，提出了"生态产品第四产业"的概念，将生态产品看作与农产品、工业品和服务产品并列的第四类产品。"第四产业"有别于既有的三次产业分类，关于"第四产业"的讨论涉及社会经济系统的多个维度。从技术替代的视角，将知识产业、信息产业或数据产业看作"第四产业"；从计划与市场的视角，认为公共产业是"第四产业"。为与前述基于其他维度提出的"第四产业"概念进行区分，"生态产品第四产业"的概念加注了"生态产品"这一限定词，充分表明了"生态产品第四产业"的特征，即以生态资源为核心生产要素，对自然生态的要求更高、依赖更大。综上所述，"生态产品第四产业"是围绕生态产品价值实现形成的新产业、新业态、新模式，关注终端产品及服务价值中生态资源所创造的贡献，以经营性产品为最终形式的生态产品是生态产品第四产业的重点关注对象。

伴随经济增长方式的转变和产业类型的丰富和扩张，传统的三次产业结构已经不能系统归类现实的产业类型和发展方向，"第四产业"概念在这一背景下应运而生，并逐步得到普遍认可。第四产业是以知识信息为基础、高新技术为手段、知识生产与传播为核心，绿色健康为目标的可持续发展产业。首先，第四产业中的许多产业，例如科研、教育、信息咨询、医疗养生等物质资源和能源的耗费很少，大大减少了对环境的污染和危害。另外，第四产业产品的广泛应用可以达到节省资源、能源，降低环境污染的目的。例如随着网络购物等各种网络服务业的兴起，人们可以足不出户进行购物、支付各种生活费用、参加国内外学术会议等。除此之外，健康产业倡导人们在自然中休闲疗养，是借助自然环境来康复人们的身心，往往不需要消耗更多能源。

可见，持续需求+持续要素供应=产业的持续发展。当今已逐渐趋于成熟的第四产业不仅增强了人类之间的紧密联系程度，而且极大地加强了人类改造自然、改造社会的力量。

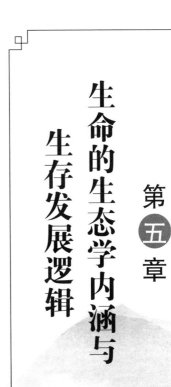

第五章

生命的生态学内涵与生存发展逻辑

人类来自大自然，与地球上所有其他生命一样都需要资源支持和环境保障；地球作为能够持续不断孕育和驱动生命进化的特殊环境，是人类生存发展最根本的资源，因此，保护生物多样性就是维护人类的未来。

第一节　我们与其他生命

我们和其他生命相互依存，各种生命息息相关，需要相互尊重、相互关爱、和谐共处（见图5-1）。如果随意践踏地球上的生命，就是在破坏人类赖以生存的生态环境，最终受伤害的还是我们。

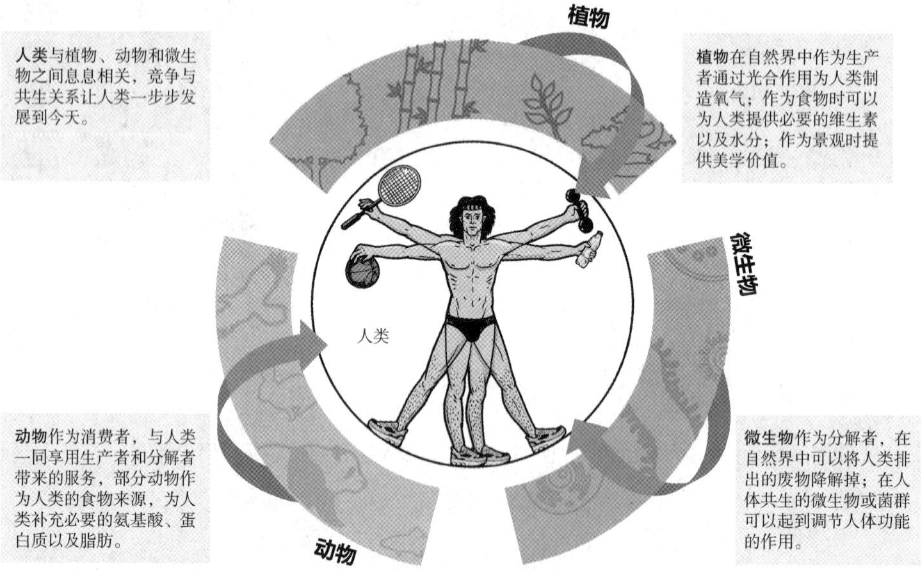

人类与植物、动物和微生物之间息息相关，竞争与共生关系让人类一步步发展到今天。

植物在自然界中作为生产者通过光合作用为人类制造氧气；作为食物时可以为人类提供必要的维生素以及水分；作为景观时提供美学价值。

动物作为消费者，与人类一同享用生产者和分解者带来的服务，部分动物作为人类的食物来源，为人类补充必要的氨基酸、蛋白质以及脂肪。

微生物作为分解者，在自然界中可以将人类排出的废物降解掉；在人体共生的微生物或菌群可以起到调节人体功能的作用。

图5-1　人类与其他生命关系

一、生命与非生命

生命，这个宇宙中最神秘而迷人的现象，始终激发着人类无尽的好奇心和探索欲。从绚丽多彩的珊瑚礁到浩瀚无垠的星空，生命与非生命间的界限似乎既明确又模糊。我们身边充满了生命的痕迹——从微小的细菌到庞大的蓝鲸，从枝繁叶茂的雨林到茫茫大漠，生命在这些极端条件下以各种形态生存和繁衍。而这些生命形式是如何从简单的非生命物质中涌现出来的呢？这个问题不仅是生物学的，还跨越了化学、物理学、地质学甚至天文学的界限，成为人类探索知识的前沿。

1. 生命与非生命的区别

生命的特征将生命与非生命区别开来。然而，这种区分并非总是那么明显。例如病毒在没有宿主细胞的情况下是非活动的，但在入侵宿主后会展现出生命的特征，这挑战了我们对生命与非生命界限的传统理解。非生命物质在维持和塑造生命过程中扮演着至关重要的角色。水、矿物质、气体和各种化学元素是构成生命的基础，同时也是生命活动不可或缺的部分。非生命环境（例如气候、地形和水文条件）对生命的演化和分布有着深远的影响。尽管非生命的物质不具备生命的特征，但其为生命提供了必要的物理和化学基础。这些物质包括但不限于水、矿物质、气体和各种化学元素，它们构成了生命体生存的外部环境并直接参与到生命过程中。

此外，非生命物质还在地球历史上的许多关键生物事件中扮演了重要角色。例如早期大气中氧气含量的增加改变了生命演化的轨迹，使更复杂的生命形式得以出现。非生命物质不仅为生命提供了必需的物质基础，还塑造了生命演化和分布的环境。

非生命环境，例如气候、地质和地理特征，对生命的影响也不容小觑。这些环境因素决定了生物能够生存的地区，影响着生物的分布和多样性。例如不同的气候区域支持着不同类型的生态系统，影响着物种的迁移和进化。

2. 生命与非生命的相互作用

生命与非生命的相互作用构成了地球生态系统的基础，这种相互作用体现在多个层面，涉及从微观过程到宏观系统的各个方面，不仅维持着生命体的生存，还影响着地球的整体健康和稳定性。

植物通过光合作用从阳光中捕获能量，并使用二氧化碳和水来制造养分，同时释放氧气。这一过程不仅是生命体能量获取的基础，同时也影响着地球上大气的组成和气候。此外，动物和微生物在分解有机物质和循环养分方面发挥着关键作用，将死亡的生物体转化为能被其他生物利用的形式。地球上的非生命物质和过程也对生物体产生影响。例如山脉的形成和河流的改道等地质活动可以改变生态系统的结构，影响物种的分布和演化。

在现代科技领域，生命与非生命的概念不断交织和融合，生物技术是生命与非生命概念交会的一个显著领域。利用基因工程，科学家能够修改微生物、植物和动物的 DNA，用以生产药物、改良作物和开发新的治疗方法。例如通过基因编辑技术，可以增强作物对病虫害的抵抗力，或提高它们的营养价值。在医学领域，利用改造的细菌生产胰岛素已成为治疗糖尿病的常规方法。这些技术通过操作生命的基本构建模块 DNA，展示了人类对生命过程的深入理解和操控能力。科技的发展不仅深化了我们对生命和非生命边界的认识，也提出了一系列伦理和社会问题。

生命与非生命之间的界限远比我们最初想象的要模糊和复杂。生命体不仅从非生命环境中获取能量和资源以维持其生存，还通过各种方式改变并影响着非生命环境。这种相互作用和相互依赖揭示了生命和非生命之间密不可分的联系。随着时代的发展和科技的进步，生命与非生命的界限变得越来越模糊。生命与非生命之间的关系是一个深奥而富有启发性的主题，它不仅有助于我们理解所居住的这个世界，也给我们的生活和未来带来了重要的启示。

二、自然界每个生命都像人一样平凡而伟大地活着

在这片广袤的大地上，生命以其无穷的形式和复杂性生存着。地球，不仅是人类的家园，也是数不尽的其他生命体的栖息地。从热带雨林的深处到偏远的沙漠，从高耸的山巅到深邃的海洋，生命以各种形态存在，每一种都有其独特的美丽和价值。这些生命，有庞大的鲸鱼，有微小的浮游生物，共同编织了地球上复杂而精细的生命网络。

世间万物都有生命，一棵树、一朵花、一只鸟、一条鱼甚至一个微生物，都是与我们一同生活在地球上的生物，都以自己的方式对生态平衡作出贡献。它们的生活，虽然相对于人类的生活来说可能显得平凡，但却蕴含着生命的伟大，每个生命都在生态系统中扮演着至关重要的角色，人类应当尊敬它们。

在探索自然界时，我们经常会被显眼的生物群体所吸引，例如威严的狮子、高耸的红杉树或五彩缤纷的珊瑚礁。然而，在这些生命体的背后，有一群通常被忽视的微小生物，它们在地球生态系统中扮演着至关重要的角色，对维

持生态平衡至关重要。

微生物，例如细菌、真菌和原生生物，是地球上最古老和最多样化的生命形式。它们存在于地球上几乎所有环境中，从极端的热泉到冰冷的极地，从深海的海底到高山的顶峰，微生物在维持地球各种生态过程中发挥着关键作用。它们参与营养循环，例如氮循环和碳循环；帮助分解有机物，释放出对其他生物至关重要的营养元素。在农业中，一些细菌和真菌与植物根系形成共生关系，帮助植物吸收水分和营养素，同时增强植物对病害的抵抗力；在人类健康方面，人体内的微生物群落（微生物组）对我们的免疫系统、消化和甚至情绪状态都有重大影响。

大型动物，例如哺乳动物、鸟类和鱼类，在生态系统中扮演着重要角色，它们的行为和存在对维持生态平衡和生物多样性至关重要。哺乳动物在自然界中扮演多种角色。从草原上的食草动物到森林中的捕食者，它们影响着食物网的结构和动态。大型食草动物，例如象、鹿和牛，通过食用植物，帮助控制植物的生长，同时它们的迁徙和活动有助于植物种子的传播和土壤的翻动。许多鸟类在植物繁殖和扩散中扮演着关键角色，它们的迁徙和觅食行为有助于种子传播的范围。鱼类在水生生态系统中通过其各种行为影响着水体环境。比如，一些鱼类在觅食时会翻动河床，有助于水体中营养物质的循环。

生命的平凡与伟大不仅揭示了自然界的多样性和复杂性，也时刻提醒着我们保护和尊重自然界中的每一个生命体。

三、生命的多样性

自然界生命是丰富多样的，从基因、个体、种群、群落到生态系统，在每一个层面上都存在复杂的差异性和丰富性，令人叹为观止。从热带到极地，从海拔高点到海底深渊，在各种不同的环境条件下，都孕育了特有的生物种群。例如被誉为"地球之肺"的亚马逊热带雨林拥有很可能超过 1000 万种动植物，据估计每平方千米就存在 750 种树木、1500 种高等植物和数以百计的鸟类、哺乳动物、两栖动物、爬行动物，又被称为"世界上的动植物王国"。在这些复杂的生物链和网络中，生物之间形成了互利共生或竞争排斥的关系，共同推动着种群的进化。

1. 基因的多样性

基因多样性代表着生命的奇妙和复杂性，是指一个物种内部基因组成的差异，这种多样性是自然选择和进化的基础，是生命能够适应不断变化的环境的关键。遗传物质（DNA 或 RNA）的不同排列决定了个体特征的多样性，在同一物种内，即使是非常相似的个体，其基因序列也会有所不同，这就是基因多样性。基因多样性对物种的生存至关重要。首先，它可以提高一个物种适应环境变化的能力。例如如果一个物种中的所有个体都具有相同的抗病基因，那么一旦出现一种新的疾病，整个物种都可能面临灭绝的风险，而基因多样性则可以确保至少有一部分个体能够抵抗这种疾病，从而保证物种的持续生存。其次，遗传多样性丰富的物种通常具有更强的适应性和繁衍能力。在自然选择的过程中，那些更适合环境的基因变异将被传递到下一代，从而使物种能够更好地适应环境。

2. 物种的多样性

物种多样性反映了一个生态系统中存在的不同物种的数量和丰富性。这个概念不仅关乎数量，还涉及物种之间的关系、它们在生态系统中的角色以及它们如何相互作用。每个物种都在其所在的生态系统中发挥着独特的作用。例如授粉者如蜜蜂对植物繁殖至关重要，捕食者如狼能够通过控制食物链下层物种的数量来维持生态平衡。这种多样性不仅保持了生态系统的稳定性，还体现在提供多种生态服务，如水源的净化、空气质量的提高、土壤肥力的维护以及对气候变化的缓冲。丰富的物种多样性意味着更多的生物种类可以共同作用，提供这些至关重要的服务。

3. 生态系统的多样性

生态系统的多样性是地球上生命的一幅绚丽画卷，它描述了不同生物群落和非生物环境之间复杂而细腻的相互作用。这种多样性不仅是生物多样性的集大成者，而且是维持地球健康的关键因素。生态系统多样性提供了生命支持系统，对人类福祉至关重要，包括空气质量的维护、水循环的调节、土壤肥力的保持、食物链的稳定以及疾病控制。

众所周知，人类不可避免地对生命多样性产生了影响，特别是在工业革命之后，人类活动开始快速改变自然环境，对生物多样性造成了前所未有的压力。工业化导致的环境污染、城市扩张对自然栖息地的占用和破坏、过度捕猎、外来物种入侵以及最近全球变暖的影响，导致大量物种灭绝，生物多样性面临巨大威胁。

因此，保护和恢复生物多样性是当前全世界亟待解决的问题。通过建立自然保护区、种子库以保护物种和基因库，开展保护和恢复濒危物种计划，控制外来入侵物种的扩散，遏制生物多样性丧失。

四、进化与适应

生物的进化与适应是密切相关的，两者共同反映了生物种群应对环境变化和生存压力的过程。进化是适应的过程，生物通过进化来适应不断变化的环境条件和生存压力。适应是进化的结果，生物通过自然选择等机制，有利的适应性特征在物种中逐渐积累并扩大，从而推动物种的进化。生物进化和适应是自然界中最神奇和最美妙的现象之一，它展示了生命的多样性和创造力。在生物演变的历史中，生物经过了无数次的改变和优化，达到了一种近乎完美的状态。

1. 进化

进化是一个渐进的过程，任何一个物种都不可能在极短的时间内产生巨大的变化。正因如此，进化只能在很长的时间尺度上完成。以人类为例，作为一个物种有约 250 万年的历史，通过自然选择，人类的身体也在缓慢地变化、完善。最明显的例子就是人类大脑容量的增加，智人的脑容量约为 650 毫升—800 毫升，而现代人的平均脑容量已经达到了 1350 毫升—1450 毫升。除了时间跨度大，进化并不是目标明确的、直线前进的"进步"，是基因随机变异和自然选择的结果。正因为进化的方向是不可预见的，这才使生物世界中那么多趣味性状存在。这是一个极为缓慢的过程，需要在很大的时间和空间尺度下才能明显地观察到。个人以有限的生命跨度很难直观地感知这一缓慢变化的过程，但随着科技的进步和发展，这一隐秘的进化过程已经日益清晰可见了。

2. 适应

生物在长期进化过程中形成的各种特化结构和功能体现了个体及种群对环境的适应程度。对环境具有更好适应性的生物更有利于在当下环境中生存和繁殖，从而遗传更多基因，而那些不那么适应环境的生物，其基因就更有可能被淘汰。所以说，生物个体对环境的适应性，是自然选择的一个直观反映。

对于生物来说，繁殖和躲避天敌是最为核心的两大生存本能。正因如此，很多动植物都演化出了非常奇特而又高效的生殖结构或防御结构。形态结构方面，生物对外界环境的适应非常直接。例如植物演化出非常高效的传粉机制：艳丽的颜色和甜蜜的气息，能够吸引传粉动物；花粉非常精细且大量，表面具有黏性，可更好地黏附在传粉动物体表。竹节虫具有典型的拟态和保护色，其外观极似树木的细枝，在高山、密林和生境复杂的环境中，不易被发现。生理活动方面，新陈代谢、荷尔蒙调节等是对特定环境的适应性调整的结果。例如变色龙可以在极短时间内通过生理活动完成变色，融入环境；冬眠动物棕熊或者蛇在寒冷的冬天大幅降低身体的新陈代谢，甚至心跳呼吸降到近似停止的程度，用以度过长达数月的食物匮乏的冬季，而一到春暖花开，又可以迅速"复活"过来，恢复高速代谢迎接春天。正是这种新陈代谢调控，才使许多动物得以在资源匮乏期依然顺利存活。行为方面，生物可以通过迁徙、冬眠、夏眠等方式适应不同自然环境。对于昼夜温差大的区域，动物也可通过昼夜活动的改变来适应。

总而言之，进化与适应的关系是密切的。进化是一个持续的过程，进化过程中，新的基因变异和基因重组可能导致新的适应性特征的出现。这些新特征可以使生物能够在不同的环境条件下存活和繁衍。适应加速进化的过程，当物种面临新的环境挑战或压力时，丰富的适应性可以加速进化的过程。适应性较强的个体或群体在面临环境挑战时更有可能生存下来并繁衍后代，从而促进有利基因的传递。进化和适应共同作用，共同推动物种的演化和生物多样性的形成。

第二节　人类来自于自然、回归于自然

马克思说："人不仅仅是自然存在物，而且是人的自然存在物。"

一、人类是地球发展到一定阶段的产物

达尔文学说及现代遗传学认为，物竞天择，适者生存。人类是一步步从南

方古猿走来的。五千多万年以前，人猿揖别，我们的祖先们，从南方古猿、能人、直立人、智人一步步走到现在。期间经历了冰河世纪、猛犸象的灭绝，被子植物的兴起，喜马拉雅的沧海桑田。

泱泱华夏，上下五千年。中国是四大文明古国中，历史与传承唯一没有中断过的国家，华夏五千年的历史与荣光，造就了现在的中国与中国人。

只是，这五千年，在人类史以及地球生命史上，不过是弹指一瞬间。把地球的45亿年历史压缩成普通的一天。那么生命起始很早，出现第一批最简单的单细胞生物，大约是上午4点，但是在此后的16个小时里，没有取得多大的进展。直到晚上差不多8点30分，这一天已经过去了5/6的时间，地球才开始出现了不同，但也不过是一群静不下来的微生物，然后终于出现了第一批海洋植物。20分钟后，又出现了第一批水母及埃迪卡拉物种群。大概在晚上9点04分，三叶虫登场，紧接着出现的是布尔吉斯岩石上的那些海生动物。快到10点了，植物开始出现在陆地上，过不了多久，在这一天还剩2个小时的时候，第一批陆生动物出现了。由于10分钟左右的好天气，大概10点24分，地球上已经覆盖着泥盆纪的大森林，第一批有翼的昆虫亮相了。晚上11点，恐龙迈着缓慢的脚步登上了舞台，支配世界达40分钟。午夜前20分钟，它们消失了，哺乳动物的时代开始了。人类在午夜前1分17秒出现，按照这个比例，我们全部有记录的历史不过几秒钟长，一个人的一生仅仅是刹那芳华间。

二、人类只是自然界物质生产与循环的一个组成部分

人类在地球记时日的最后一分钟才出现，拿老祖宗的俗话说，是好戏在后头吗？人类的出现，是必然与偶然的结合。在地球发展中，物质积累，气候变化，出现了高等生命。智人离开森林，不需要攀爬，需要更好的视野，尝试直立行走，直立行走给了大脑更好的发展空间；脑容量增加，开始使用工具；火的使用，熟食以及谷物种植的发展，延长了生命，积累经验，发展智慧，如此正反馈，相互促进，人类已经成为地球上改变力最强的物种。无疑，在人类的认知里，人类已经站在了生物链的顶端。

人类的生存，需要太多的物质支撑。衣食住行，都需要自然界的物质支撑。人类种植谷物、小麦，种子发芽，吸收无机营养，辅以肥料，浇灌，植物

将太阳能固定，长成种子，被我们食用，消化，最后被微生物分解，成为无机物质，再次参与自然界的物质循环。

一鲸落，万物生，是海洋生态系统物质循环的一个过程，也是地球生命物质循环的一个缩影。来说说万物之灵的人类吧。首先是出生。靠着脐带，从母亲的血液中吸收营养长大，这个过程和其他哺乳类没有什么区别。其次是生长。吃五谷杂粮、肉禽蛋奶。这些都是别的物种的馈赠，无论主动与被动。最后是死亡。人类总是谈死色变，觉得这是个不可谈论的话题。对人类来说，死亡是终点，但对物质来说，死亡不过是换了一个形态，无论是化作黄土，还是一把尘灰，都变成了最初的形态，参与生命之初的原始物质形态，并再次参与到物质循环中。这里，我想讲得美好一点，以物质的形态再次参与到轮回中，这次，可能是一棵树，一朵花，或者可能是昆仑山上晚上留下的一粒砂。

变化的是形态，不变的是物质永恒。万物有灵，人类也好，蟑螂也罢，在物质和能量层面，平等地困于物质守恒的定律中，平等地接受物质循环的过程，这没什么不同，人类也没有高级待遇。万物有灵，此灵非人类，是物种平等参与物质循环的内核。

那人类就泯然众灵吗？能力越大，责任就越大，既然凭着智慧，站到了食物链顶端，当然更要凭借智慧，更好地遵循自然的运行法则。

道法自然，万物有灵。

第三节　任何生命生存发展都需要资源支持

在自然界中，任何生命的存在和发展都离不开资源的支持。资源可以简单地理解为生命体所需的一切物质和能量，例如水、空气、阳光、土壤中的养分等。

一、生命需要资源

资源的获取和利用是生态系统中生物生存和发展的基本前提。资源分为三类：一是能源资源，例如光能、风能、水能等，这些资源提供了生物所需的能量，支撑着生态系统中的所有生物活动；二是物质资源，例如水、矿物质、土壤养分等，这些资源是生命体构建细胞和组织的基础；三是生物资源，例如植物、动物、微生物等，这些资源通过食物链和生态网络支持生物的生长和繁殖（见图 5-2）。植物通过光合作用利用阳光和二氧化碳制造食物，而动物则通过捕食其他生物获取能量。人类则需要食物、水、空气、居住环境和能源等多种资源。

图 5-2　资源的基本类型

1. 生物需要获取资源成就自身

生物为了生长、繁殖和维持生命活动，必须从环境中获取必要的资源。生物通过不同的适应性策略以及在进化的过程中形成的各种生理和行为特征，不断优化资源获取的效率，以成就自身的生存和繁衍。具体表现为：获取维持生命活动的能量，包括细胞分裂、新陈代谢、运动、生长发育和繁殖等；吸收分解资源中的有机物质，以获得维持细胞结构和功能所需的营养，包括碳水化合物、脂肪、蛋白质、维生素等；获取资源来适应生存环境，包括特定气候条件、土壤类型和种间种内竞争等。例如细胞分裂是生物体生长、发育和修复组织的关键过程，需要从外界获取大量的资源（能量）来推动不同阶段的分裂过程；植物通过光合作用利用阳光、二氧化碳和水制造有机物，这些有机物不仅构成了植物体本身，也为其他生物提供了能量来源；动物通过捕食或觅食获取营养物质，例如草食动物以植物为食，肉食动物捕食其他动物，从而获取蛋白质、脂肪等重要营养成分；微生物通过分解有机物质获取营养，很多微生物是生态系统中的分解者，承担着将有机物分解成无机物的角色。

2. 生物需要从环境中获取资源

环境中的各种资源为生物提供了大量生存繁殖所需的能量，生物获取资源是为了确保其在生态系统中的基本生存繁殖需求，而不同生物的获取资源方式和策略也有不同，这些方式取决于生物的类型、周围生态环境和自身生活史。生物获取资源常见的方式包括：（1）光合作用。植物和某些微生物可以通过光合作用，利用太阳能将二氧化碳和水转化为有机物质和氧气，这是植物获取能量和碳的主要方式。（2）捕食。动物通过捕食其他生物来获取能量和营养，这包括食肉动物捕食其他动物以及草食动物吃植物等。（3）腐食。这是腐生生物获取有机物的主要方式，例如以腐肉、腐殖质等为食。（4）滤食。浮游动物和某些底栖生物，通过过滤水来捕获悬浮在水中的微小有机颗粒，获取营养。（5）直接吸收养分。植物和微生物可以直接通过根系、菌丝等结构吸收土壤或水中的养分，包括无机盐、矿物质和水等。（6）互惠共生。植物与某些根际微生物可以建立互惠共生关系，如根瘤菌能够与豆科植物形成共生，根瘤菌可提供植物所需的氮，植物则为根瘤菌提供有机物。（7）寄生。全寄生植物菟丝子可以通过自身特有的吸器"嫁接"到寄主植物的茎秆上，吸收寄主体内的水分和营养物质，直至寄主死亡。（8）迁徙。当资源出现不足的情况时，活动能力强的动物会选择通过迁徙来寻找季节性变化中的资源，例如鸟类迁徙以寻找适宜的繁殖地和食物源。（9）社会组织性行为。某些社会性生物通过群体合作和分工来获取资源，例如工蜜蜂通过采集花粉和蜜为整个蜂群提供食物。

生物体不仅需要食物和能量，还需要其他环境资源来支持其生存和发展。这些资源包括：（1）栖息地。所有生物都需要适宜的栖息地来生活和繁殖。例如鸟类需要树木筑巢，鱼类需要水体栖息地。（2）水源。水是所有生物不可或缺的资源。植物需要水进行光合作用和维持细胞的正常功能，动物需要水来调节体温、消化食物和排泄废物。（3）矿物质。矿物质例如钙、磷、铁等是生物体生长和维持生理功能的重要成分。植物通过根系吸收土壤中的矿物质，动物通过食物链获取这些矿物质。（4）气候条件。适宜的气候条件（包括温度、湿度和光照）是生物体生存的重要因素。例如热带雨林中的高温高湿环境适合多种植物和动物生长，而极地的寒冷环境则限制了许多生物的生存。森林中的树木依靠阳光进行光合作用，制造自身需要的有机物，同时为森林中的动物提供食物和栖息地。人类的农业生产同样依赖土壤中的养分和水分，通过种植作物来获取粮食资源。

二、资源的极限性

地球上的资源并不是无限的。尽管某些资源例如阳光和风能在一定时间内是取之不尽的，但很多资源例如矿物质、淡水、化石燃料等是有限的。资源的有限性决定了我们必须合理利用和分配资源，以避免资源枯竭和环境破坏。

1. 生态学中的资源极限理论

（1）极限增长模型

极限增长模型是生态学中的一个基本理论，它描述了种群在理想条件下的增长模式（见图 5-3）。在资源充足的情况下，种群数量会呈指数增长。然而，由于资源的有限性，这种增长不可能无限持续。最终，种群数量会达到环境的承载能力，即环境所能支持的最大种群数量。在这个点上，资源的供应将限制种群的进一步增长，种群数量会稳定下来，甚至可能因为资源的短缺而下降。过度开采地下水资源会导致地下水位下降，甚至引发地面沉降等问题。渔业资源的过度捕捞导致很多鱼类种群数量急剧减少，威胁海洋生态平衡。

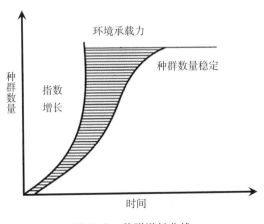

图 5-3　种群增长曲线

（2）资源竞争

资源竞争是生态系统中常见的现象，指的是不同物种或同一物种的个体之间因资源有限而发生的竞争。资源竞争可以影响种群的分布、数量。竞争有时是直接的，动物为了争夺食物而发生的争斗；有时是间接的，例如植物通过快速生长占据更多的光照和养分。资源竞争的结果通常是更适应环境的物种或个体获胜，而不适应的物种或个体被淘汰。

2. 资源的可再生性与不可再生性

资源可以分为可再生资源和不可再生资源。可再生资源例如太阳能、风能和水能，可以在相对短的时间内自然恢复。而不可再生资源例如石油、天然气和煤炭，需要数百万年的地质时间才能形成，一旦耗尽，短期内难以补充。因此，我们需要更加重视不可再生资源的合理利用和替代方案的开发。（1）可再生资源的管理。尽管可再生资源在理论上是无限的，但实际上其利用效率和可用性受到环境和技术的限制。太阳能的利用效率受制于天气和季节，风能的利用也依赖于地理位置和气候条件。因此，我们需要通过先进的技术和科学的管理来提高可再生资源的利用效率。（2）不可再生资源的保护。对于不可再生资源，我们需要采取更加严格的保护措施。首先是减少浪费，通过技术创新和管理优化提高资源的利用效率。在石油开采过程中，通过提高采收率可以在同样的资源基础上获得更多的石油。其次是寻找替代能源，减少对不可再生资源的依赖。发展电动汽车和可再生能源发电，可以减少对石油和煤炭的依赖。

3. 资源的可持续利用

可持续发展是解决资源有限性问题的关键理念。可持续发展强调在满足当前需求的同时，不损害子孙后代满足其需求的能力。这一理念要求我们在资源利用过程中考虑环境保护、经济发展和社会公平。

循环经济是实现资源可持续利用的重要模式。它强调资源的循环利用，减少废弃物的产生。具体做法包括资源回收、再利用和再制造。废旧电子产品中的金属可以回收利用，废纸可以再生为新的纸制品。通过循环经济模式，我们可以大幅减少对原材料的需求，减轻资源压力。

为了实现资源的可持续利用，各国政府和国际组织制定了一系列生态保护政策。这些政策包括环境保护法规、资源管理制度和国际环境协定。《巴黎协定》旨在通过全球合作减少温室气体排放，减缓气候变化对资源和环境的影响。通过科学的管理和政策的引导，我们可以更好地保护资源，实现可持续发展。

三、生命获取资源与配置资源

1. 生态学中的资源与环境关系

在生态学中，资源是指生命体所需的所有物质和能量，而环境则是这些资源所在的外部条件。生物体通过获取和利用资源来生存和繁衍，而资源的分布和可用性又受到环境的影响。理解资源与环境的关系，有助于我们更好地保护生态系统和实现可持续发展。

生态位是指生物在生态系统中的功能和位置，它反映了生物与环境资源之间的关系。每种生物都有其独特的生态位，包含它们如何获取资源、与其他生物的关系以及适应环境的方式。鸟类可能在树冠层觅食昆虫，而地面动物则在土壤中寻找食物。这种分工不仅减少了资源竞争，还提高了资源利用效率。

生态系统中的资源分配效率直接影响生物的生存和繁衍。不同生物种群对资源的获取和利用效率不同，这也决定了它们在生态系统中的竞争优势。某些植物能够更高效地吸收土壤中的养分，使得它们在贫瘠环境中也能茁壮成长。而一些动物通过迁徙来寻找食物和水源，以应对季节性资源短缺的问题。

生物体在获取资源的过程中，会逐步演化出适应环境的策略。这些策略不仅帮助它们更高效地利用资源，还能应对环境的变化。沙漠植物通过发展深根系统来获取地下水分，以应对干旱环境。在金属污染矿区生长的植物通常会采用在极端环境下特有的一些适应策略，分配更多的资源用于抵抗污染，而分配给植物生长和繁殖的资源通常会减少。北极狐在冬季通过改变毛色来适应雪地环境，既能更好地隐蔽自己来捕食，又能减少热量散失。这样的适应策略不仅帮助它们在极端环境中生存，还体现了生物与环境资源之间的紧密关系。

2. 生物适应性与资源获取

生物体为了在特定环境中生存和繁衍，必须不断调整其生理、形态和行为，以更有效地获取资源。这种适应性不仅提高了生物体的资源利用效率，还增强了其在竞争中的生存能力。

形态适应是指生物体在形态结构上的变化，以更好地适应环境并获取资源。植物、动物和微生物在长期进化过程中，形成了多种多样的形态适应策略。例如仙人掌的叶子演变成刺，不仅减少了水分蒸发，还能防止被动物吃掉。其茎部变得肥厚，储存大量水分，以应对干旱环境。类似地，草食动物例如鹿和牛拥有复杂的消化系统，以高效分解和吸收植物纤维中的养分。在铅锌矿区自然生长的先锋植物中华山蓼为了在堆满矿石的环境中生存，根系可以向土下生长到 2 米，以获得深层土壤的水分。

行为适应是指生物体通过改变行为方式来更有效地获取资源。迁徙、觅食和交配行为都是行为适应的典型例子。鸟类的迁徙行为就是一种重要的适应策略，许多鸟类在冬季会飞往温暖的地区，以寻找更多的食物资源和适宜的栖息地。同样地，某些动物会在食物短缺的季节储存食物，例如松鼠会在秋季储藏坚果，以备冬季食用。北极熊为了获取食物，会在冰面上行走数千米，寻找海豹的呼吸孔，并进行伏击。其厚厚的脂肪层和密集的毛发使其能够在极寒环境中保持体温，这是一种形态和行为相结合的适应策略。

生理适应是指生物体在内部生理功能上的变化，以更好地适应环境和获取资源。某些沙漠植物在干旱条件下会关闭气孔，以减少水分流失，同时通过特殊的光合作用方式在夜间吸收二氧化碳，避免白天高温时的蒸腾作用。同样，海洋中的某些鱼类能够通过调节体内盐分浓度，适应不同盐度的水域环境。骆驼是生理适应的一个典型例子。骆驼能够在极端干旱的条件下生存，其体内可以储存大量的水分，并且其红细胞具有高度的弹性，能够在脱水状态下仍然维持正常的生理功能。此外，骆驼的尿液和粪便非常浓缩，以最大限度地减少水分流失。

3. 资源获取与配置的生态学原理

在生态系统中，生物体必须高效地获取和利用资源，以满足生存和繁衍的需要。资源的分配不仅影响个体生物的生存，还决定了种群的动态和平衡。

（1）最佳觅食理论

最佳觅食理论是生态学中的一个重要理论，旨在解释生物体如何在觅食过程中最大化能量获取和最小化能量消耗。根据这一理论，生物体会选择那些能够提供最多能量的食物资源，同时尽量减少觅食所需的时间和能量。北美的灰狼在狩猎过程中，通常会选择体型适中的猎物，例如鹿和麋鹿，因为这些猎物提供的能量较高，而捕捉难度也在狼群的能力范围内。通过这种选择，狼群能够在相对较短的时间内获取足够的食物，维持种群的健康和繁衍。

（2）能量流动与物质循环

生态系统中最重要的过程是能量流动和物质循环（见图 5-4）。生态系统各部分（例如植被、水、土壤、大气和生物群）之间的这些交换或相互作用确保了群落中活生物体的生存，并管理支持生命的能量和养分的流动。在一个生态系统中，每个有机体都有自己的功能，生产者、消费者和分解者是生物在生态系统中主要三个组成部分。太阳是进入生态系统的所有能量的最终来源，它是生态系统中的非生物元素。太阳的能量以光的形式进入系统，被捕获并通过光合作用转化为化学能。植物利用太阳能将土壤中的养分转化为糖、碳水化合物、蛋白质、脂肪和其他有机分子。这种食物被动物和人类用来获取能量。以光的形式进入系统的能量可以以热的形式逸出系统。当动物呼吸时，一些能量以热的形式损失掉了，移动或执行生活所需的其他功能。当一个有机体消耗另一个有机体时，能量在系统中流动。生态系统中的捕食者—猎物关系是能量流动的主要驱动力，成功的捕食者从猎物提供的食物中获得能量。除了在消耗过程中从一种生物流向另一种生物之外，由太阳的能量产生的有机分子也可以通过分解回收成它们的无机成分而流经系统。诸如细菌和真菌的微生物将死去

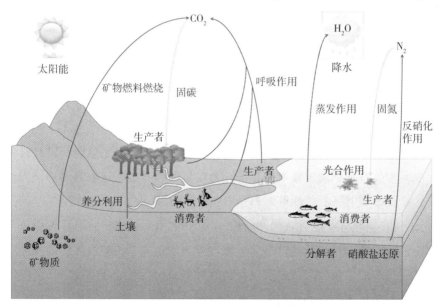

图 5-4　生态系统的能量流动和物质循环

的植物和动物或活着的动物的排泄物分解成非生物元素，并将碳和养分返回到生态系统中。营养循环描述了生态系统如何将重要的非生物元素，例如碳、氮、磷、硫和钾，从物理环境转移到生物体内，再转移到其他生物可以利用的矿物质中。由于地质或土地的使用，自然环境中的营养物质分布不均，生态系统有助于将营养输送给生物。它们通过食物网循环养分，植物利用养分来制造生物量，支持各种生命。然后分解者回收这些材料，这样它们就可以被再利用。

（3）生态位与竞争

竞争是资源有限情况下生物体之间常见的互动形式。当两种生物的生态位重叠时，它们会为了同样的资源展开竞争。为了减少竞争，生物体会演化出不同的生态位，利用不同的资源或在不同的时间活动。这种生态位分化有助于维持生物多样性和生态系统的稳定。非洲草原上的大型食草动物例如斑马、羚羊和大象，尽管它们都以植物为食，但通过选择不同的食物和觅食高度来减少竞争。斑马主要吃草，羚羊则更喜欢吃灌木和树叶，而大象则会推倒树木，食用树皮和树叶。这种资源分化使这些物种能够共存，并充分利用草原上的资源。

四、资源跨代分配

1. 生态学中的资源分配策略

生态学中的资源分配策略主要有以下两种：（1）K—选择策略。K—选择策略的物种通常生活在相对稳定的环境中，资源丰富但竞争激烈。此类物种倾向于生育较少的后代，但每个后代都得到更多的资源和照顾，以提高其生存率。典型的 K—选择物种包括大象、鲸鱼和人类。它们的生命周期较长，繁殖期较晚，个体在生长和发育期间获得充分的资源和保护。这种策略确保了在环境条件变化不大时，后代能够顺利生长并进入成熟期，从而维持种群的稳定。（2）r—选择策略。与 K—选择策略相对，r—选择策略的物种通常生活在环境变化剧烈且资源不稳定的地区。此类物种倾向于生育大量的后代，但每个后代获得的资源和照顾较少，依靠数量优势确保种群的延续。典型的 r—选择物种包括昆虫、小型鱼类和某些草本植物。它们的生命周期较短，繁殖速度快，通过快速增长和高繁殖率来应对环境的不确定性。

2. 资源的代际传递

在生态系统中，资源不仅在同一代个体间进行分配和利用，还通过遗传传递在代际间进行分配。这种遗传传递涉及基因、行为和生理特征，使后代能够在出生时具备适应环境的基础能力，从而提高其生存和繁衍的成功率。（1）遗传特征的传递。遗传特征的传递是指通过基因将适应环境的特征传递给后代。这些特征可以包括抗病性、捕食技巧、觅食行为和对极端环境的耐受性等。通过自然选择，适应环境的个体更有可能生存下来并将其有利的基因传递给后代。这种基因层面的资源传递确保了种群在不断变化的环境中维持竞争力。在寒冷的北极地区，北极熊通过遗传传递获得了厚厚的皮毛和一层厚厚的脂肪，以帮助它们在极端寒冷的环境中保暖。这些特征是通过多代北极熊适应寒冷环境的结果，确保了后代也能够在这种极端条件下生存。（2）行为习性的传递。除了基因，很多动物还通过学习和模仿将生存技巧传递给后代。例如某些鸟类会教导幼鸟如何筑巢、觅食和避开捕食者。灵长类动物则通过复杂的社会结构和行为教导后代如何利用工具和食物资源。这种行为习性的传递是确保后代能够迅速适应环境并有效利用资源的重要方式。黑猩猩母亲会教导幼猩猩如何使用树枝从蚁巢中获取蚂蚁作为食物。这种技能不是天生的，而是通过观察和模仿母亲的行为逐渐掌握的。这种行为传递确保了后代能够高效获取资源，从而提高生存概率。（3）生理特征的传递。某些生理特征的传递也与资源利用密切相关。例如一些植物通过种子将适应干旱、贫瘠土壤的能力传递给后代。某些动物则通过遗传获得特定的代谢率或消化能力，以适应特定的食物资源。这些生理特征的传递使后代在出生时就具备一定的适应能力，从而能够更好地利用环境中的资源。仙人掌种子携带了对干旱环境的适应特征。它们能够在极少水分的条件下萌发，并迅速生长以利用偶尔的降雨。这些特征是通过多代仙人掌在干旱环境中适应演化而来的，确保了后代能够在同样的环境中生存。（4）社会结构与资源分配。在某些社会性动物中，资源的分配和传递还涉及复杂的社会结构。例如狼群和狮群中，领导者通过控制资源分配和繁殖权来确保种群的稳定和繁荣。年轻个体通过观察和参与社会活动，学会如何在群体中生存并获取资源。在狼群中，阿尔法狼通常占据最有利的资源和繁殖权，而其他成员则通过服从和协作获得生存机会。年轻狼通过参与狩猎和社会互动，学会如何在群体中获取和分配资源。

五、人类所需的资源

人类作为地球上的高级生命体，对资源的需求远远超出其他生物。随着人口增长和经济发展，资源需求不断增加，资源短缺和环境问题也日益严重。因此对资源的合理管理和环境的保护至关重要。

1. 人类对资源的基本需求

从食物、水、空气到能源、矿产、居住环境，人类的生存和社会发展离不开资源的支持。（1）食物资源。食物是维持人类生命活动的基本资源。人类通过农业、渔业和畜牧业获取食物，以满足身体所需的能量和营养。农业生产为人类提供了谷物、蔬菜和水果，而渔业和畜牧业则提供了肉类、鱼类和乳制品。食物资源的获取和分配直接影响人类的健康和社会稳定。（2）水资源。水是所有生命形式的必需资源，对人类尤为重要。人类需要清洁的水源用于饮用、灌溉、工业生产和生活用水。全球水资源分布不均，使水资源管理和保护成为关键问题。确保每个人都能获得安全的饮用水，是全球卫生和发展的基本目标之一。（3）能源资源。能源驱动了现代社会的各个方面，包括交通、制造业、发电和家庭生活。传统的能源资源，例如煤炭、石油和天然气虽然为经济发展提供了强大动力，但也带来了环境污染和气候变化的挑战。可再生能源，例如太阳能、风能和水能则提供了可持续发展的新途径。（4）空气。清洁空气是人类健康和生态系统稳定的基本条件。空气质量受工业排放、交通尾气和自然灾害的影响。为了保护空气质量，各国采取了严格的环境法规和控制措施，以减少污染物排放。

2. 资源的可持续利用

随着全球人口的增长和经济的发展，资源消耗的速度越来越快。为了确保后代也能享有充足的资源，人类必须采取可持续的利用方式。这不仅关乎生态系统的平衡，更关系到社会经济的长期稳定发展。以下是四种主要的可持续资源利用策略。（1）可再生资源的利用。可再生资源，例如太阳能、风能和水能是自然界中取之不尽、用之不竭的资源。利用这些资源可以减少对化石燃料的依赖，降低温室气体排放。推广太阳能电池板、风力发电机和水力发电设施，是实现能源可持续发展的重要途径。（2）资源回收与再利用。资源回收和再利用是减少资源消耗和环境污染的重要策略。通过废物分类和循环经济模式，废旧物品和材料可以被重新利用或转化为新的资源。废旧金属可以被熔炼重新制造，塑料瓶可以被回收制成新的塑料制品。（3）资源的合理管理和保护。保护自然资源和生态环境是实现资源可持续利用的基础。通过制定和实施环境保护法规，限制资源开采和污染排放，维护生态系统的健康和功能。合理的土地使用规划、水资源管理和森林保护措施，有助于防止资源枯竭和生态破坏。例如巴西的亚马孙雨林保护项目，通过立法和国际合作，限制非法砍伐和土地开垦，保护了大量的生物多样性和碳储量，为全球生态平衡作出了重要贡献。（4）教育和意识提升。提高公众对资源可持续利用的认识和教育水平，是实现可持续发展的关键。通过环境教育、宣传和社区参与，公众能够更好地理解资源利用与环境保护的关系，从而自觉采取节约和环保的行为。

第四节　任何生命生存发展都需要环境保障

任何生命生存与发展离不开环境，同时也改变和更新了生命的生存环境。人类是地球生命的一个成员，一切所需均来自地球及其环境。

一、环境就是资源

何为环境？环境被定义为周围环境，包括自然资源，例如空气、水和土壤，所有生物（动物、植物、人）和建筑环境。

1. 水

地球被赋予了丰富的自然资源，例如水、森林、矿产和肥沃的土地。水覆盖了地球表面的大约 70%，但并不是所有地球上的水都适合人类的需要。只有大约 3% 的水可供饮用和其他需要，对维持人类福祉至关重要。作为一种环境资源，水是可再生的，且可以容纳一定程度的污染负荷，只有当污染负荷超过水体自净功能时，才会发生水污染。减少水污染不仅能带来客观的社会效益，例如减少水传播疾病，节省家庭、工业和农业用水的费用，控制土地退化，发展渔业，而且还能产生可持续生态效益，例如改善环境便利设施、水生生物和生物多样性。

2. 空气

自然界中，万物生长靠太阳。太阳光能的输入、捕获和转化，是生物圈得以维持运转的基础。太阳的能量以光的形式进入系统，通过植物光合作用被捕获并转化为生物化学能，植物利用太阳能将土壤中的养分转化为糖、碳水化合物、蛋白质、脂肪和其他有机分子。动物和昆虫以此为食，通过这种方式，太阳的能量从植物转移到昆虫和食草动物或食草动物。太阳是进入生态系统的所有能量的最终来源。无论是热带还是寒冷气候，夏季都是产能最多的时期，因为它是接受最多阳光的季节。由于人为的气候变化，夏季变长或变冷均会影响生态系统中的能量，并使一些物种灭绝等不良影响。

3. 生态系统

生态系统存在许多尺度，一个大的生态系统包含许多小的生态系统。此外，一个生态系统可能看起来与另一个截然不同。适应高山的动物、植物、昆虫和其他生物群落与适应热带森林、海洋或沙漠的生物群落是不同的。然而，所有的生态系统都有一个食物网、营养循环和能量流动，系统的每一部分都是相互联系的。每个生态系统都有一个可测量的承载能力：一个物种的过度扩张或死亡或一种重要自然资源的干扰都会影响整个系统的可持续性。水、空气和土地的污染以及动物栖息地的破坏会严重影响生态系统的承载能力。生态系统的每一个组成部分，无论是生物的还是非生物的，都扮演着重要的角色。例如森林斜坡防止侵蚀，树木产生氧气并增加空气和土壤中的水分，鸟类将种子带到新的地方，昆虫生活在树枝上并吃掉真菌，森林地面上的微生物将落叶和其他有机物质循环成营养物质，使树木生长。

受各种外部因素影响，例如气候和周围环境的地质构成等，都可以影响生态系统。影响所有生态系统的一个恒定的外力是太阳。它提供的能量使光合作用和从大气中捕获二氧化碳成为可能；其中一些能量通过生态系统和食物链分布。在这个过程中，大部分能量以热量的形式消散。人类是一个生命体，与各种形式的生态系统相互作用。人类已经灌输了改变生物体和干扰生态系统内能量流动的能力。这样，整个生态系统就被改变了。自人类诞生以来，人类一直受到环境的支持，同时也在改变环境。

重要的是，生态系统往往强大到足以承受一些自然的外部干扰并保持其平衡。有些动物比其他动物更能抵抗干扰，并且已经适应了通常与其环境相关的特定干扰。例如在一些森林生态系统中，由暴风雨引起的周期性火灾只会导致生态系统的轻微不平衡。然而，人为环境变化会涉及相互关系发生改变："破坏所带来的从来不是一场灾难，而是一系列灾难"，这是因为在自然界中，事物总是相互依赖的。

二、生命创造了它所需的环境

环境帮助创造了生命，而生命又为未来的生命创造了环境。从这个角度看，特定的生物如何适应特定的生态位，进而影响环境。

从生态学的角度来看，构成生物的化学物质是从地球上借来的，在死亡时它们又被归还。每一种动物，从苍蝇到大象，作为食物摄入的所有物质也会以废物的形式返回地球。死亡物质和废物构成了一群被称为分解者的生物体的食物。它们包括一系列细菌、真菌和小动物，它们将大自然的废物分解成越来越小的碎片，直到所有的化学物质被释放到空气、土壤和水中，使其他生物可以利用它们。如果没有分解释放的二氧化碳，所有的植物都会灭绝。没有植物提供的氧气，没有植物提供的食物，生命就会停止，所有的动物都会饿死。因此，生命创造了生命所需的各种环境。

生态系统包括构成一个群落的生物种群以及它们与环境中非生物因素的相互作用。虽然每个生态系统都是独特的和复杂的，但所有的生态系统都表现出两个条件：一是能量的单向流动。它起源于太阳，并允许所有不同的生物生存和发展。二是各种物质的循环流动。例如营养物质，起源于环境，经过环境中的生物体作用，再回到环境中。

世界上的海洋中似乎没有植物（除了海岸周围的海藻），但阳光和光合作用也是海洋生命的主要能量来源，就像它们在所有生态系统中一样。由于阳光只能穿透很短的距离进入水中，只有表层才能支持新植物的产生。在海洋有充足的光照和营养的地方，浮游生物的微观世界构成了食物链的基础。浮游植物由微小的植物组成，例如硅藻和藻类，寿命短，种群更替快。这些植物也需要营养物质，而这些营养物质在海洋中分布不均匀，由洋流携带，洋流在地球上移动海水。由于这些因素以及温度和盐度，影响植物生命的生产力，海洋的某些地区在食物链中（浮游植物和其他形式的生命）非常丰富，但有些地区却几乎没有生命。

热带雨林常年温暖湿润，所以一年四季都有水果和种子。在这些稳定和相对恒定的条件下，动物和植物的生命比地球上任何其他地方都更加多样化。在温带生态系统中，物种很少，但每种物种的数量都很大。在热带雨林中有大量不同的物种，但每种物种的个体数量并不多。在温带地区，养分的主要储存库是土壤。在热带森林温暖潮湿的条件下，释放到土壤中的养分很快被植物吸收，使土壤变薄，变成沙质。

任何物种或栖息地的变化都会反馈到系统中，并影响整个系统，包括它开始的部分。换句话说，反馈在一个循环中传播。在某些情况下，变化是由循环控制的。其中负反馈调节对所有生态系统的功能至关重要，使它们的每一部分自然地保持在可持续性的范围内。某种生物永远不会长期膨胀，超过系统其他部分的承载能力。因此，负反馈调节了生态系统并使其保持稳定。例如如果蚜虫突然繁殖，为瓢虫提供了更多的食物，导致瓢虫的数量增加。但随着更多的瓢虫以蚜虫为食，蚜虫的数量再次下降。这是负反馈，有助于维持现状。此外，反馈可以加速改变。例如灌木可能开始在新殖民的土地上取代草，将它们的阴影投射到草上，剥夺了它的阳光，减缓了它的生长。灌木现在有了更多的水分和养分，所以它们以牺牲草为代价茁壮成长。这是一种正的反馈。同时，正反馈会干扰平衡的生态系统。如此，正因为有反馈循环，所以才形成了生物圈的"良性"循环。

所以，反馈循环理论已经发展到涵盖整个生态系统。生态系统是由有生命（生物）和无生命（非生物）组成的。生物和非生物成分之间的相互作用影响着生态系统的平衡和生存。如果生态系统的一部分发生变化，就会影响到系统的所有其他部分。生态系统的反馈调节，使它们维持动态稳定。

三、地球是个有机体——GAIA 假说

地球生机盎然，处处充满生命的奇迹，因此，地球是"活"的。

20 世纪 20 年代，俄罗斯科学家弗拉基米尔·维尔纳德斯基（Vladimir Vernadsky）在 1926 年出版的著作《生物圈》中提出了"生物圈"的概念，

认为生物圈是地球上所有生物的区域，可以视为有机元素和无机元素相互作用的单一实体。英国植物学家阿瑟·坦斯利（Arthur Tansley）在 1935 年在《植物的概念和术语的使用及滥用》（The Clse and Abuse of Vegetational Cocepts and Terms）论文中首次明确提出了"生态系统"概念，认为"生态系统"可以将自我调节到一种平衡状态。所有生物及其环境形成复杂的超级生态系统，可以调节和平衡各种条件，以维持地球上的生命正常生活。

1974 年，科学家詹姆斯·洛夫洛克（James Lovelock）提出以古希腊大地女神（GAIA）名字命名的假说：地球就像我们人类一样是真正活着的生命体、是一个有生命的系统化有机体，它能够调节自身气候，有着一套完整复杂的呼吸、消化系统，江河湖海就是它的血液，大气循环就是它的呼吸循环，风雨雷电、地震火山就是它的喜怒哀乐；同时，它还养育地球上的生命，就像是万物之母，这就是著名的 GAIA 假说。

GAIA 假说刚刚提出时，虽然其中的神秘主义暗示与当时的"新时代"思想相呼应，但却面对一片又一片反对的浪潮。在假说中，詹姆斯·洛夫洛克提出地球上的各种生物体影响生物环境，而环境又反过来影响生物进化过程，也就是说它认为生物圈中的生态系统可以共同影响地球环境。生物学家们认为这个理论有悖于达尔文的进化论，因此必然是不对的。

为了增强 GAIA 假说的可信性，1983 年，洛夫洛克和英国科学家安德鲁·沃森（Andrew Watson）提出了一个简单的解释模型"雏菊世界"，他的假说才开始慢慢为人们所接受。

然而，在"大地女神"的比喻背后却是一个严肃的基于科学的假设，即生物体和它们的物理环境的相互作用——包括氧、碳、氮和硫的循环——形成一个稳定环境的动态系统。为了运转良好，地球上的生命依赖于环境中水、温度、氧气、酸度和盐度等因素的动态平衡。当这些恒定时，地球是在一个稳定的状态，但如果平衡被打乱，可以补偿干扰，达到恢复平衡目的。洛夫洛克认为，这样一个转折点大约发生在 25 亿年前，在太古宙末期，氧气首次出现在地球上。当时，地球是一个炎热、酸性的地方，能产生甲烷的细菌是唯一的生命。能够进行光合作用的细菌随后进化，这就创造了一个有利于更复杂生命形式的环境。最终，今天地球上存在的平衡条件得以建立。确实，生物和环境之间的相互作用普遍存在，热带雨林就是 GAIA 假说的实例。树木通过树叶的蒸发作用释放出水分，树木增加空气湿度的同时也增加了暴风雨的次数，这种相互作用保持了热带雨林的勃勃生机。

最早拥抱 GAIA 假说的环保主义者，对人类物种可能导致地球平衡发生灾难性变化感到沮丧。绿色活动人士的战斗口号变成了"拯救地球"！但这与 GAIA 假说的基本思想是不一致的。尽管自然栖息地的破坏、化石燃料的过度燃烧、生物多样性的枯竭和其他人为威胁可能会对包括人类在内的许多物种造成严重后果，但根据 GAIA 假说，地球将生存下来，并找到一个新的平衡。然而，仍需警告人们要更加关注自然以及自己会对自然产生的种种影响。

第五节　我们人类依赖其他生物续命

人类生存所需的一切，从维系衣、食、住、行、用的所有物质资源，到安放心灵的鸟语花香、月朗风清、山高水长等精神来源，都是大自然的无私馈赠，当然也离不开大自然的其他生物。

一、人类食物主要依靠动植物

叮，闹钟响了，大家开始了新的一天，你会吃什么当早餐呢？馒头、包子、牛奶、豆浆还是热气腾腾的炸酱面，食物填饱了你的肚子，但你思考过丰富的一日三餐是从何而来的吗？

由生物体吸收并用于制造细胞物质或产生能量的物质被称为食物。今天的科技飞速发展，但人类的食物仍然主要依赖于动物和植物，这点毋庸置疑。从石器时代开始，人们靠采集野果，猎食野味为生；随着栽培技术以及饲养技术的出现，人们可以不完全靠采集和狩猎得到食物，通过栽培植物和饲养动物，也可以维持生存。时至今日，人类所消费的食物几乎都来自农业和畜牧业。农业提供了各种谷物、蔬菜、水果等植物性食物，而畜牧业则提供了肉类、奶制品、蛋类等动物性食物。

1. 植物

植物在人类食物中扮演着非常重要的角色，对人口数量的增长有着直接影响。首先是谷物，是人类主要的能量来源之一，可以制作面食、米饭、麦片、面包等主食。常见的谷物包括小麦、大米、玉米、燕麦、大麦等。其次是蔬菜和水果，蔬菜和水果是人类膳食中重要的营养来源。因为其富含维生素、矿物质和纤维，对维持人体健康至关重要。常见的蔬菜包括西蓝花、胡萝卜、番茄、洋葱、菠菜、土豆等；常见的水果包括苹果、香蕉、橙子、葡萄、草莓等。再次是为人类提供丰富植物性蛋白质的豆类，常见的豆类包括大豆、黑豆、红豆、绿豆等，可以制作豆腐、豆浆、豆类汤和豆类制品。最后是坚果和种子，坚果和种子富含健康的脂肪、蛋白质、维生素和矿物质。常见的坚果包括杏仁、核桃、腰果等，常见的种子包括花生、葵花籽、南瓜籽等。

植物作为人类食物的源头，在人类文明的发展过程中起到了至关重要的作用。研究表明，早期人类全年都可以在沼泽地和河岸环境中找到大量的资源。在干旱时期，植物资源的可用性严重下降，但沼泽和河岸植被以及高海拔地区的森林植被的普遍存在可以在恶劣气候时期维持人类群落。在经历了野生采集、农业革命、农作物改良、植物栽培技术的进步、植物的加工和烹饪、全球交流与植物引种以及现代农业和工业化生产的各个阶段后，人类逐渐掌握了种植、栽培和加工植物的技术，这为人类提供了丰富多样的食物选择。

2. 动物

旧石器时代，人类获得了各种各样的动物肉类。通过控制动植物的繁殖，人类能够开发出更可靠、更易于扩展的食物来源，从而为人类文明创造了坚实而安全的基础。但在不同的文化和地区，人们食用的动物种类各不相同，即食物的边界，这是对人类食物利用范围和限度的一种约束和规定，包括文化习俗、宗教、道德、法律等方面的规范。

家禽是在全球范围内最常见的肉类来源之一，包括鸡、鸭、鹅、火鸡等，为人类提供了丰富的蛋白质和营养价值。牛、猪、羊、山羊等畜牧动物也是人类常食用的肉类来源，肉质丰富，提供了重要的营养元素。鱼类富含蛋白质、不饱和脂肪酸和其他重要营养物质，是健康饮食的一部分。贝类例如蛤蜊、牡蛎、扇贝等软体动物以及头足类动物例如鱿鱼、章鱼在某些特定区域也被当作海鲜食用。除此之外，兔子、鳄鱼、鸽子、鹿、驴等动物在某些地区或特定文化中被视为食物。

动物作为人类食物的经历了狩猎时期、家畜驯养时期、工业化时期，随着工业化和现代化的到来，它们作为人类食物的生产方式发生了巨大变革。大规模的工业化养殖和农业生产使得动物产品的供应量大幅增加，满足了不断增长的人口需求。近年来，随着人们对健康和环境问题的关注度增加，素食主义和动物福利运动逐渐兴起，越来越多的人选择不食用动物产品，或者选择采用更为人道的养殖方式，以减少对动物的伤害和对环境造成的影响。动物作为人类食物的演变过程是一个复杂的社会、文化和经济问题，它受到不同地区、不同文化背景和个人选择的影响，因此在不同的时期和地区可能存在差异。

人类通过食用动物和植物来满足身体的能量需求和营养需求。同时，人类还通过农业和畜牧业等方式来种植和饲养动植物，以供应人类的食物需求。动物提供了丰富的蛋白质和脂肪，而植物则提供了碳水化合物、维生素和矿物质等必需的营养物质。如果没有了动植物，人类的生存将面临巨大的挑战，因此，保护和维护生态系统中生物的多样性和稳定性对人类的食物安全至关重要。

二、人类药物的终极来源

人类药物的起源可以追溯到数千年前的古代文明。早期的人类通过反复观察和试验，从植物或动物中发现了许多药物的活性成分，这些发现奠定了人类药物学的基础。然后，经过进一步的研究、提炼、开发，这些活性成分最终成为用于医疗治疗的药物。

植物是人类药物最主要的来源。中医药学书籍《本草纲目》中记载的药物共 1892 种，其中植物药 1094 种，其余为矿物及其他药物，植物的根、茎、叶、果实等部位均可能含有具有药用价值的化合物。从黄芩提取的黄芩素具有抗炎和抗菌作用，被用于治疗感染和炎症性疾病。甘草的甘草酸被用于治疗溃疡和消化不良等问题。瑞香的瑞香碱被用于治疗心脏病和高血压等。

动物也是人类药物的重要来源之一。一些动物产生的毒液或分泌物含有具有药理活性的成分。例如蝎子和蜘蛛的毒液中含有一些具有镇痛或抗炎作用的化合物。蛇毒中的某些成分被用于制造抗血凝剂药物，用于预防心脏病和中风。另外，一些动物的器官、组织或分泌物也被用于药物研发。例如动物的肾脏、肝脏和胰腺等器官含有许多生物活性物质，被用于制造药物。海绵、珊瑚和贝壳等海洋生物中也发现了许多具有药用潜力的化合物，被用于制造抗癌药物和抗生素等。此外，动物的血液、骨髓和胎盘等也被用于制造某些药物，人类使用的一种重要的抗凝血药物叫作肝素，最初是从猪的肺组织中提取得到的。

微生物，例如细菌、真菌和原生动物，也能产生许多具有药用价值的化合物。通过微生物可以产生抗生素、免疫调节剂、抗肿瘤药物以及抗病毒药物，抗生素可以抑制或杀死病原微生物，用于治疗感染疾病，例如青霉素、链霉素、四环素等；免疫调节剂可以调节人体免疫系统的功能，用于治疗自身免疫性疾病，例如风湿性关节炎和炎症性肠病等；抗肿瘤药物紫杉醇（一种来自紫杉树内生真菌的化合物）被广泛用于治疗多种癌症；抗病毒药物可以用于治疗艾滋病以及流感等。

自然界中生物的多样性为人类提供了丰富药物来源的可能性。虽然迄今为止，人们已经发现了诸多的具有药用价值的植物、动物及微生物，但在人类未企及的地球上的其他地方，可能还存在很多的可以治疗人类疾病的生命体，因此，保护好生态系统是确保人类能够持续获得药物的重要措施之一。

三、人类未来食物和药物

随着全球人口的不断增长以及未来疾病发生的不可预知性，食物和药物需求也会相应增加。预计到 2050 年，全球人口将达到 90 亿人，加上地球资源的有限性以及不断恶化的气候，如何满足人们对食物和药物的需求，确保每个人都有足够的营养和能量供应，保障人们的身体健康，是一个巨大的挑战。

1. 未来食物

那么，在原有食物来源的基础上，人类将吃些什么，哪些东西将发展成为人类的食物呢？（1）低等的藻类植物，可能成为人类未来食物开发的目标，因为其营养价值高，种类繁多，产量可观，开发利用的潜力非常大。特别是螺旋藻，一种古老而珍贵的青绿色小生物，具有高光效、高产量和高营养的生物学特征，并且食用安全，保健功效显著。（2）低等的无脊椎动物，虽然它们个体小，但繁殖快，数目惊人，其蛋白质含量极其丰富，生物量可能超过陆地所有其他动物的生物量。（3）依靠生物工程和人工合成获得的食物，也将成为未来人类食物的重要来源，例如人们可以通过细胞培养肉来满足烹饪和蛋白质需求，减少对传统动物养殖的需求，创造出新的可持续和营养丰富的食材。

未来的食物不仅在品种和类别上有所改变，种植场地和方式也会随之改变。随着全球城市人口的增长，城市农业也将成为农产品供应来源。因为垂直农场和屋顶农场等城市农业形式可以更有效地利用土地和水资源，减少对大面积农田的需求。此外，提高农作物的抗逆性、改善食物供应链的效率、减少食物浪费、均衡营养摄入和创新食物生产技术等方式和手段将为未来人类的食物供应提供更多的可能性和选择性。

2. 未来药物

未来，疾病可能受到诸多因素的影响，包括科技的发展进步、生态环境的恶化、自然灾害的发生、人口结构的改变以及国际形势的变化等，加之随着抗生素的滥用和不合理使用，可能会导致一些细菌产生耐药性，形成超级细菌，传统抗生素可能对这些细菌无效，使感染更加难以治疗。社会的快速发展和生活节奏的加快、压力的增大，焦虑、抑郁等精神健康问题可能会变得更加普遍。人口老龄化的加剧，会导致患心血管疾病、糖尿病、骨质疏松症、癌症和神经系统疾病的人口增加，如果发生战争，人们将面临食物短缺和饥荒的情况，特别是在受困地区，营养不良会削弱人体的免疫系统，加上生活在拥挤、不卫生的条件下，疟疾、霍乱、肺结核甚至是一些未知的传染病可能会暴发。此外，战争还可能破坏很多基础设施，导致饮水和卫生设施的缺乏，这进一步增加了人们患病的风险，使人们更容易感染各类疾病，并增加了疾病的严重程度和病人死亡率。

长久以来，天然产物一直是新药发现、发展的源泉。美国食品药品监督管理局自 1981 年来批准的小分子药物中，约一半源自天然产物或受天然产物结构启发改造而来。此外，天然产物也是化学与生物学交叉的桥梁。

那么，未来的药物来源也将在现有的基础上变得更加广泛，但植物、动物、微生物以及矿物质仍然是药物的主要来源。"生命科学"的发展使生物技术应用于医药领域，生物药正在探索化学药和中药尚未企及的领域，精准诊断、精准用药、精准医疗。随着科学的发展，人们也在不断探索新的方法和来源来开发更多的药物。虽然现在人们可以通过基因工程和合成生物学等方法来合成药物的活性成分，不再完全依赖于动植物的提取，但对新的生物技术成果的利用以及农业和畜牧业生产技术的改进，仍然可以使许多野生植物和动物种群用于新药的准备工作中。此外，随着社会和科技的进步，个体化医疗或将成为未来医疗的一个重要组成部分，基于个人基因组和健康状况开发的药物可能会增加，这些药物将更为精准地针对个体的特定需求，提供更好的治疗效果，这也就意味着未来的药物种类将不断增加。

四、每个生物都可能是人类的救世主

生态系统中的动植物不仅为人类提供了大量的自然资源，包括食物、药物、材料等，并且人类通过发现、观察、研究生物的某些生物学特征，从中得到灵感以改善人类的生活并推动科技的进步，因此，在保护生态系统的前提下，科学地研究生物是保障人类自身进步和生存的重要内容。

相对于人类的起源，很多动植物已经在地球上生存了数千年甚至更长时间。地球上最早的生命形式可以追溯到大约 35 亿年前的单细胞生物。随着时间的推移，生物逐渐进化和分化，形成了各种不同的物种。一些古老的动物包括鲨鱼、鳄鱼、蜥蜴、蛇和昆虫等，这些物种在地球上已经存在了数百万年甚至数亿年，适应了地球各个时期的环境和气候条件。在植物王国中，一些古老的物种包括蕨类植物、松柏树、铁杉和一些草本植物等已经在地球上生存了数百万年，它们的适应能力使它们能够在各种地理环境中茁壮生长。

而人类的起源只能追溯到几百万年前。与这些古老的动植物相比，人类的历史相对较短暂。然而，人类的智慧和创造力，却能够在一定程度上改变和塑造我们周围的环境，并对其他物种的生存和繁衍产生影响。但这并不能说明人类有着超出其他物种的生存能力和适应能力，地球上的生物种类仍然具有超出人类数倍的适应各种环境的能力。不同的生物可能在某些方面具有超出人类的特殊能力，这些特殊能力有助于人类解决一些重大问题和困扰。例如在医学研究中发现的某些动物具有抗癌的能力或者有些生物可以在极端环境下生存。通过观察鸟类的翅膀结构和飞行技巧，人类发明了飞机和其他飞行器，实现了空中旅行和空运物资；通过研究蜘蛛丝的结构和产生的机制，试图模仿它的特性，以开发出韧性更强大但又轻便的材料，例如高性能纤维和新型建筑材料；通过研究海洋生物持续发光的原理，开发了生物标记等；通过研究某些植物的

惊人的自我修复能力，能够在受伤后重新生长和修复受损的组织，激发了人们在医学领域中自愈材料和再生组织的研究。此外，根据鸟类的羽毛保温性能、鱼类的鳞片减阻特性和鱼鳔的平衡功能、昆虫的防御机制、蝙蝠的雷达定位功能等，人们开发出新材料、新技术、新产品，这些发现加快了人类科技的进步，方便了人们的生活。

人类发展的车轮滚滚向前，随之产生的问题也接踵而来，气候变化、资源枯竭、环境污染、各种未知的疾病和传染病，生物多样性的丧失以及其他的社会不稳定因素。在人类的认知世界里，人类在地球上的地位是独特而重要的，也是唯一具有超群智慧和创造力的物种，拥有语言交流、工具使用和社会组织等特征。但我们必须深刻地认识到人类获得的种种皆依赖于整个生态系统，没有了生态系统的支撑，人类将无法繁衍、生存和发展，在未来可能出现的灾难面前，任何一种生物都可能为人类提供走出困境的"锦囊"，成为人类的救世主。

五、没有人类的地球

如果某一天人类突然从地球上消失，那么地球将经历一场返璞归真的演变过程，这个过程可能需要数千年或更长时间才能完全恢复到无人类存在时的状态。动植物将重新控制环境，生态系统将重新平衡。没有污染和破坏，地球的自然资源将得到保护和恢复。总而言之，没有人类的地球可能拥有更加良好的自然和平衡的生态环境。

没有了人类的建设和维护，大多数建筑和基础设施将逐渐陷入破败，城市基础设施以及各种功能性设施设备将逐渐停止运作，一旦人类的各种活动停止，自然环境有机会逐渐恢复平衡，森林可以重新生长，野生动物可以重新扩散到之前被人类活动所限制的地区，动植物可以更自由地迁徙和扩散。这可能使一些物种的分布范围扩大，促使新的生态系统形成。在此过程中，核电站和核武器等核能设施将产生巨大的危害，但大自然的力量终究将化腐朽为神奇，城市将被各种植被吞噬，每一个角落都逐渐被大自然重新占领。

没有了人类的干预，生态系统将逐渐恢复平衡，动植物将会重新占领地球，被驯养的动物和宠物大多无法生存，外来物种可能会失去竞争优势，而本土物种有机会重新占据优势地位，并可能导致一些物种的灭绝。而一些受人类影响导致濒危的物种有机会重新扩展并恢复种群数量。动物可以更容易找到合适的栖息地并获取食物。人类的毁林活动将停止，森林将有机会重新生长和恢复，动植物将重新定居。没有人类使用和开发地球的资源，自然资源将得到保护和再生，矿藏的储量也将逐渐增加。

没有了人类的活动，地球的气候将有重大的改变，没有温室气体排放、森林砍伐以及各种工业活动等。地球的气候可能会逐渐恢复到更加稳定，更加适宜生物生存的状态。没有了人类活动导致的污染物排放以及对水资源的滥用，水质将逐渐得到改善，水环境也将日益变好，水作为生命的源泉，水域中的鱼类和其他生物将拥有更好的生存条件。

人类长期的生产活动，导致废弃物和垃圾积聚，对环境造成短期和长期的污染，一旦人类从地球上消失，新的垃圾将不再产生，原本可在短时间内降解的垃圾将在大自然的力量下，逐渐被微生物分解直至成为大自然的一部分，至于人工合成的高分子有机材料，例如塑料、橡胶、合成纤维等，或许也将在数百年乃至更长的时间后被新的微生物所分解。

最终，地球将进入一个没有人类干预的自然状态，人类曾经在地球上存在过的一切痕迹将随着时间的推移被慢慢抹去。当然，以上的变化是基于人类突然从地球上消失的情况。人类的出现意味着人类文明的产生，但对绝大多数早于人类在地球这个星球上定居的动植物而言，并不意味着一个更好的世界，人类的智慧和创造力改造的适宜人类居住和发展的环境从某种程度上来说，是对其他生命体生存空间的侵占和掠夺。

然而，这一切目前只是假设，人类的出现，人类社会的发展、是历史进程的选择，我们已然成为地球上最重要的一个组成部分，所以我们理应成为地球的保护者而非破坏者。人类最根本的需要是生存需要，当代乃至将来最根本的生存需要则是生态需要，良好的生态环境是生命生存的必备条件，要实现可持续发展，必须大力弘扬习近平生态文明思想，大力推进生态文明建设。正如习近平总书记强调，"要站在人与自然和谐共生的高度谋划发展，把资源环境承载力作为前提和基础，自觉把经济活动、人的行为限制在自然资源和生态环境能够承受的限度内，在绿色转型中推动发展实现质的有效提升和量的合理增长""尊重自然、顺应自然、保护自然""促进人与自然和谐共生"。

第六节　保护地球生物多样性就是
保护人类的未来

地球是人类和其他生命共同的家园，提供了人类赖以生存和发展的物质基础。保护自然生态环境，保护地球的生物多样性，就是保护人类自己的未来。

一、每一种生物都弥足珍贵

南秧鸡是一种曾经遍布新西兰的巨鸟，因为所在区域没有大型食肉动物，数量一度达到 8000 多万只。1000 年前，毛利人来到新西兰后，发现这里有如此多不会飞的鸟类，肉质鲜美的南秧鸡随后成为毛利人餐桌上的美食。19 世纪，欧洲人来到时，这种大鸟已经被吃得难见踪影，加上新引入的食草动物竞争食物，南秧鸡的生存状况雪上加霜。1847 年，解剖学家理查德·欧文（Richard Owen）发现了南秧鸡化石，人们才意识到了这里曾经生存着这样一种鸟类。后来，欧洲人出海时偶然捕获了一只活着的南秧鸡，很不幸，这只南秧鸡再次成为船员们的美食。1898 年，欧洲人捕获了最后一只活的南秧鸡后，人们再也没有找到过这种曾经数量众多的奇特鸟类。1948 年，一直致力于南秧鸡研究、已经寻找南秧鸡踪迹数十年的新西兰动物学家杰弗罗伊·奥尔贝尔（Geoffroy Orbell），在一次野外调查中，偶然在一个隐蔽的山谷发现了一种奇特的鸟类足迹，他顺着足迹，果然找到了两只他毕生所寻找的南秧鸡。置之死地而后生，南秧鸡没有全部灭绝！来自世界各地的新闻宣传报道如潮水般涌来，在生物多样性不断丧失、人们日趋关注生态环境的时代，一个物种的灭绝太过容易，而一个物种的恢复则无比艰难，更何况是重新发现消失了 50 年的动物。新西兰政府迅速采取行动，封禁了峡湾国家公园的一个偏远地区，以防止南秧鸡再次受到人类的打扰。生物学家也开始为南秧鸡建立适宜的栖息地，并将它们转移到更加安全的岛屿上。经过 70 多年的努力，截至 2019 年，南秧鸡的种群数量已经恢复到 400 多只，虽然种群逐渐趋于稳定，但数量还是很少，保护和恢复之路道阻且长。

在纪录片《地球脉动》中，有这样一个镜头：1岁的南非海狗们第一次下海，就遭遇大白鲨的追猎。南非海狗个体较小、性情温和，初入海洋探险的它们差点命丧鲨口。面对大白鲨的袭击，各自逃跑终究还是躲不过成为腹中餐的宿命。但弱小的南非海狗们出乎意料地选择直面危险，团结一致，奋力反击，最终将大白鲨赶回海里，赢得了生存空间。纪录片中的这一影像生动展现了生物在面临生死存亡威胁时表现出的非凡勇气和团结协作。南非海狗先天的劣势，让他们形成了喜欢群居的生活习性，这使他们能够有效应对残酷的生存环境。

无论是南秧鸡，还是南非海狗，或者是其他生物，无论是自然界的自然选择——适者生存，优胜劣汰，还是遭受到人类活动的影响，每一种经过重重艰难考验而保存下来的生物，都是弥足珍贵的。

二、每一种生物都是智慧生存的产物

鱼逐水草而居，鸟择良木而栖。生物在适应环境和生存繁衍过程中，展现出了独特的生存智慧。

1. 能够进行光合作用的动物

海蛞蝓作为一种动物，却与众不同，因为它们可以通过光合作用合成自身所需的食物。海蛞蝓以绿藻为食，在摄取藻类细胞的同时，获得藻类的叶绿体，并将藻类中的叶绿体整合到自身细胞中，依靠吸收的叶绿体进行光合作用，这使海蛞蝓能够直接从太阳中获取能量，减少对外部食物的依赖，使之能够在食物稀缺的地区生存。

2. 食虫植物

食虫植物达600多种，例如猪笼草、瓶子草、茅膏菜、捕蝇草和海狸藻等。以猪笼草为例，叶子为长椭圆形，叶子末端的笼蔓形成一个瓶状或漏斗状的捕虫器官，"捕虫器"形状美丽，色彩鲜艳，还会散发出甜美的气味。瓶子草是长得像瓶子一样的草，叶子是中空的，呈瓶状或喇叭状，顶部有各种形状的"瓶盖"，叶子内表面有密集向下的倒钩，"刺簇"向上，瓶子能分泌出甜美的花蜜，瓶壁湿滑，瓶子底部有一些液体和共生细菌。这些精致的"捕虫器""瓶子"，对昆虫来说是一个美丽的死亡陷阱。昆虫被植物吸引，它们想吸食点花蜜或看看美丽的风景，当不慎掉落时，会滑到"捕虫器""瓶子"底部的"水池"里。水池中是"食虫植物"和共生细菌分泌的液体，通常含有一些消化酶，能够分解蛋白质。掉入水池中的昆虫奋力向上逃命时，会面临被倒刺扎伤的危险。即使它们能侥幸地飞起来，也会碰到"瓶盖"而无法逃生。食虫植物并非以昆虫为主要食物来源，它们也可以进行光合作用，食虫对它们来说，更像是人类在正餐之间的零食。因为大多数食虫植物都"出身贫苦"，生长在贫瘠的土地或雨林沼泽地上，环境条件艰苦，根系不发达，营养不足。为了获得氮或磷等元素，通过精心布设陷阱获得一些"荤腥"。

3. 擅长伪装的动物

自然界中变色、喷墨等伪装进而保护自己的动物。

变色龙是一种非常有趣的爬行动物，因其具有能够改变体色的独特能力而闻名，是著名的伪装高手。为了逃避天敌的侵犯或者接近自己的猎物，变色龙会在不经意间改变身体颜色，然后一动不动地将自己融入周围的环境中。变色龙的变色秘密是皮肤中有各种色素细胞，在光线、温度和湿度等外界环境影响下，色素细胞或集中或分散，不同的排列组合方式使之产生出与环境相适应的皮肤颜色。有些变色龙会将平静时的绿色变成红色，用鲜艳的颜色来保护自己免遭袭击。雄性变色龙会将暗黑的保护色变成明亮的颜色，以警告其他变色龙离开自己的领地。变换体色不仅是为了伪装，也是变色龙传递信息的一种方式，便于和同伴沟通，这也算是一种独特的沟通交流方式了。

乌贼是软体动物，在体内"安装"了一个墨囊，里面储存着大量浓黑的"墨汁"，当遇到强敌来不及逃跑时，乌贼会释放出"烟幕弹"，可以在五分钟内将近5000平方米的海水染成黑色，它乘机隐藏避敌，乌贼之名由此而来。乌贼的"墨汁"中还含有毒素，可以麻醉敌人。手持"墨汁""烟幕弹"和毒素"麻醉剂"这样的秘密武器，使乌贼在弱肉强食的海洋世界里有了一席之地。

总之，丰富多彩的大自然，成千上万种动物、植物及微生物，每一种生物都拥有它们的智慧，而这些智慧，远远为人类所不能及。

三、一种生物关联多种生物生存

一个单位，不同人员之间会互相帮助，同等资历条件的人员之间会有竞争，老人会有"压榨"新人的现象。在我们的家庭中，家庭成员之间会出现互帮互助或者是批评争吵的情况。这是人的生物性的一种体现，也广泛存在于生物界中。

在非洲大草原上，一个狮群中一般会有多头母狮、少数几头雄狮以及它们所生的孩子。其中，母狮负责捕猎、传宗接代、抚育后代，雄狮负责在领地周边巡逻来防范其他雄狮的入侵，这才有小狮子们无忧无虑的快乐空间。母狮和雄狮共同合作，维持生活，形成了一个稳定的狮群。这种同种生物群居在一起，为了维护大家共同的生存权益而互相合作的现象，叫作种内互助。然而，狮群内有明确分工的同时，也存在竞争与斗争。当年幼的雄狮长大后，会被狮群赶出去，让幼狮独自闯荡成长。当小狮子长大后，身强力壮，便会去挑战狮群中的雄狮，挑战胜利就接管这个狮群，失败的老雄狮则被迫离开家庭，独自生活。这种同种生物个体之间，为了争夺食物、生存空间、繁衍后代的机会而发生的斗争，叫作种内斗争。

同种生物的不同个体间会互相帮助，不同种类的生物体之间也会互相帮助，互利共生、和谐生活在一起。不同生物种群之间的相互作用叫作共生，例如海葵和小丑鱼。一种生物给另一种生物提供营养物质和居住场所就叫作寄生，例如菟丝子和寄主植物。两种或多种生物共居在一起，为争夺有限的营养、空间而发生斗争的关系叫竞争，例如加拿大一枝黄花和它周围的植物。一种生物以另外一种生物为食的现象，叫作捕食。例如"螳螂捕蝉，黄雀在后""大鱼吃小鱼，小鱼吃虾米"。

一种生物通过种内互助、种内斗争以及共生、寄生、竞争、捕食等，与其他多种生物产生关联（见图5-5），生物与生物之间息息相关、生生不止、共存共荣。

四、生物多样性与生态系统功能

地球上所有的动物、植物和微生物及其所构成的综合体，展示了生物的多样性。各种生物种类通过捕食、竞争、共生、寄生等关系，在空气、水、土壤和气候等非生物环境中，形成了一条条食物链，不同食物链相互交织形成一张张食物网，从而构成了一个个复杂的生态系统。看似由很多张杂乱无章的链、网组成的生态系统，其实也有其运行规律。在生态系统中，每一种生物所形成

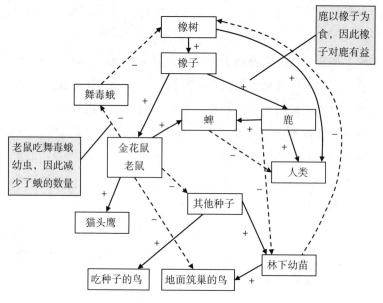

图 5-5　某区域物种的相互关联

的种群，在时间空间上都有其特定的位置，它们在特定的位置上，与其他生物种群发生联系，相互影响、相互作用。

草通过吸收阳光，进行光合作用，把二氧化碳和水转化成储存着能量的有机物。羊群在草原上自由生长，狐狸、狼等动物会捕食羊。然而强中自有强中手，狐狸、狼作为肉食动物，也依然会面临着被狮子捕食的危险。这些动物新陈代谢产生粪便，其中还含有一些未消化吸收的有机物，对屎壳郎而言是一种美味。处于繁殖期的屎壳郎，会通过滚粪球的方式发出信号进行求偶。动植物死亡后的尸体会被自然界中的微生物等分解成水、二氧化碳和其他物质，回归大自然。这些过程中表现出的生物生产、能量流动、物质循环和信息传递，就是生态系统功能的体现。在一个生态系统中，生物种类越多，生物多样性越丰富，食物链越长、食物网越复杂，生态系统功能也就越显著、越稳定。当某种生物死亡或灭绝时，原有的生态平衡被打破，与之产生关联的其他生物也随之发生变化，各种生物间相互影响，直到达成一种新的稳态。

五、人类脱离自然生物了吗？

从生物学属性来看，人类属于灵长目人科，和猿猴是近亲。从文化属性来讲，人类和其他动物又有着本质的区别，人类建立了自己的文明并且可以传承下去。纵观人类文明史，其实就是一部与自然生物打交道的历史，人类文明发展进程的每一个环节都离不开自然界中的其他生物。

400万年至600万年前，人类的祖先——直立人，与黑猩猩拥有共同的起源，是自然界的普通一员。这一时期，人类和其他动物没有区别，处在食物链的中上层，可以捕猎其他动物，不过还没有达到食物链的顶端。

距今约300万年至1万年的石器时代，人类开始使用石器，提高了在自然界中的地位，但也是直接从自然界采食动植物。考古和科学研究发现，很多动物也会制造和使用工具，此时人类与其他野生动物依然没有本质区别。然而，使用石器，的确开始改变了人类与野生动植物之间的关系。人类由此可以防御凶猛的野兽、围猎大型兽类、采集更多的植物。火的使用以及人类大脑的进化，彻底拉开与其他动物的距离。

进入新石器时代，工具的改良极大加强了人类利用、捕杀野生动物的能力，人类与野兽猛兽之间发生了历史性的攻守转换。这一时期，人类与野生动物的关系逐渐转变为伤害与被伤害，很多野生动物由此灭绝。

到了农业时代，尤其是人类开始驯化动植物之后，人类的生存适应能力不断增强，生活地域逐步扩张，人类与野生动植物开始转变为合作关系，并开始关注野生动植物保护。魏晋南北朝时期曾规定："非宗庙社稷之祭不得杀牛，犯者皆死。"同时，一些聪明的动物，例如乌鸦、野猪，也善于利用人类创造的条件繁衍自己的种群。

工业革命以来，人类改造自然的能力极大增强，出现了过度开发和利用的情况，由此导致的生境破坏、污染和入侵物种原因，使地球生物多样性迅速减少。生态系统平衡和稳定遭到破坏，例如自然灾害、疫病传播等，也使人类付出了惨痛的代价。人类也开始思索：我们该如何处理与自然生物之间的关系？

人类来自大自然，起初人类不断进化的过程，就是逐渐脱离自然依赖的过程。但无论如何发展变化，人类与其他生物一样，始终都是大自然中的一员，共同生存在一个地球之上，彼此依存，是一个生命共同体。在经济社会高度发展的今天，人类亲近自然、回归自然的愿望表现得比以往任何时候都强烈。无论是过去、现在，还是将来，人类的生存和发展都离不开大自然。我们应当正确认识和处理与其他生物的关系，善待每一个生物，努力构建一个人与自然和谐共生的美丽世界。

第七节 人工影响与改变的生命

人类从哪些方面影响与改变生命呢？会对人类造成什么影响呢？人类的经济社会活动，可以把一个地方的生物带到另外一个地方去，可以为满足需要改变生物的性状和遗传特征，甚至可以创造新的物种。现代生物技术手段，在给人类带来发展资源的同时，也可能带来新的生态环境问题。

一、生物入侵

对特定区域的生态环境而言，任何非本区域所存在的物种都称为外来物种；破坏特定区域生态平衡的外来物种称为入侵物种。那么生物入侵就是某个外来物种因为人为的或者自然的原因进入到某个特定区域，因为该区域没有天敌的钳制且生存环境适于此外来物种的生存及繁衍，此外来物种适应该区域环境后迅速繁殖并扩大其生存范围，从而抢占本地物种的生态资源和生存空间，危及了本地物种的生存繁衍，造成了生态的失衡，影响该区域的生态多样性。外来物种的成功入侵需要经过传入、定殖、潜伏、扩散、暴发5个阶段。入侵物种通常具有生态环境适应性强、生命力旺盛且繁殖能力强、能在种内及种间杂交的特点。那么生活中有哪些常见的外来入侵物种呢？2022年，中国《重点管理外来入侵物种名录》公布了包含植物、昆虫、植物病原微生物、植物病原线虫、软体动物、鱼类、两栖动物、爬行动物8个类群的59种需要重点管理的外来入侵物种，包括紫茎泽兰、加拿大一枝黄花、三叶鬼针草、飞机草等植物，美国白蛾、美洲斑潜蝇、日本松干蚧等昆虫，鳄雀鳝、齐氏罗非鱼等鱼类，大鳄龟、红耳彩龟等爬行动物，非洲大蜗牛、福寿螺等软体动物。

生物入侵带来的危害包括破坏当地生态平衡、导致本地物种大量减少甚至灭亡、造成当地经济损失甚至危害当地居民健康。例如水葫芦，原产地为巴西，但是因为在巴西存在天敌，仅分布于少数水体。1901年，中国引入水葫芦，当时作为名贵观赏花卉的水葫芦仅在富人家庭的池塘等高级场所能看到。

水葫芦具有水质净化功能，对水里的氮、磷的吸收效果很好，并能吸收部分镉、铅、汞、铊、银、钴、锶等重金属元素。20 世纪 30 年代，水葫芦作为畜禽饲料及水质净化植物在中国得到了大面积的推广，自此水葫芦开始大量繁殖，因此出现堵塞河道、限制了水体的流动性、侵占水生动植物的生存空间等问题，破坏了水体的生态平衡。

当然入侵生物也并非只带来负面影响，处理得当也能带来经济价值。例如潜江小龙虾。小龙虾学名克氏原螯虾，原产于墨西哥北部和美国南部地区，后经由日本引入中国南京，20 世纪 90 年代初，小龙虾在潜江泛滥成灾，造成了严重的危害。2001 年，潜江市积玉口镇开始尝试种植水稻间隙养殖小龙虾的连做饲养模式。2003 年油焖小龙虾推出后大受市场欢迎。2009 年，潜江市小龙虾野生寄养面积达 18 万亩，产量达到 3.8 万吨，小龙虾产业创总产值 18.2 亿元。2010 年 5 月，湖北潜江市被评定为"中国小龙虾之乡"，并被授予"中国小龙虾加工出口第一市"匾牌。2020 年，我国小龙虾产业的总产值达到了3491 亿元。潜江市把入侵生物养殖成了一种产业链，增加了经济收入，提高了居民的生活质量。

近年来，为了防范和应对生物安全风险，我国对生物入侵越发重视，制定并出台了相关的法律法规。2020 年出台的《中华人民共和国生物安全法》第六十条中明确规定国家要加强对外来物种入侵的防范和应对。2022 年的《外来入侵物种管理办法》，对外来物种的引种、口岸防控、监测预警等方面提出了具体的管理要求，同时要求地方政府相关部门制定外来入侵物种防控治理方案并实施。

在我们的日常生活中，每个人都需要认识和了解身边的外来入侵物种，要认识到其可能会造成严重的生态灾难，擅自引种、释放或者丢弃外来物种，可能已经违反了法律法规，造成严重影响、涉嫌犯罪的会被追究相关法律责任。

二、转基因生物

"转基因"是起源于 20 世纪 70 年代的英文词汇，指为了获得特定的特征，而提取具备此种特征的外源生物的具备此种功能的基因片段，再通过基因技术移植入需要改变基因的生物体内，使提取的目的基因能够在此生物身上体现，这个被改变了基因的生物就称为转基因生物。转基因生物通常外表形态等与天然生物并无明显不同。

1. 转基因生物的发展历程

1972 年，保罗·伯格（Paul Berg）将猴病毒的基因与 λ 病毒的基因相结合，创造出了新分子，这就是最早出现的转基因分子。1973 年，赫伯特·伯耶（Herbert Boyer）和斯坦利·科恩（Stanley Cohen）把一种抗卡那霉素的基因插入质粒中，然后诱导其他细菌掺入质粒，并让那些深入质粒的新细菌在卡那霉素培养基内成功繁殖，这就是最早的转基因微生物。1974 年，鲁道夫·耶尼施（Rudolf Jaenisch）通过将外源基因引入老鼠胚胎创造了转基因小鼠，这是第一种转基因动物。1983 年，迈克尔·贝文（Michael W. Bevan）等将目的基因插入到经过改造的 T-DNA 区，再借助农杆菌的感染实现外源基因向植物细胞的转移与整合，然后通过组织培养技术，再生出转基因植株，这是最早的转基因植物。1986 年具有抗虫和抗除草剂特性的转基因棉花在美国和法国首次进行田间试验；1993 年美国批准延熟保鲜的转基因番茄的商业化生产；1997 年年底转基因植物已达数百种，作物的田间试验已达 25000 多例，51 种转基因植物被正式投入商品化生产。

随着分子生物技术的发展，科学家们已经可以通过对生物自身基因进行加工、敲除、屏蔽，而无须引入外源基因，来改变生物的遗传特性，这种被改变遗传特性的生物称为基因改良生物，因此转基因生物包含于基因改良生物这个概念里。

转基因作物通常具备抗病抗虫害、环境适应性强、增加营养物质、提高光合效率、增加作物产量的特点，为人类带来经济和社会价值，同时减少农药、化肥的使用，从而减少环境污染。更重要的是，面对日益增加的人口，转基因作物也许是面对粮食短缺、面对饥荒最有力的武器。

2. 转基因生物的影响

转基因生物可能存在一些潜在的生态风险。转基因生物本身因为具有更强的生存、竞争能力，可能对人类的生产活动产生不利影响。

（1）转基因生物的基因漂移受到了较大的关注，即转基因生物带有的外源基因漂移到了野生近缘种的生物基因中，就会污染到整个自然资源基因库，并可能导致产生超级杂草、诱发新病毒等风险，即产生的新型杂交生物大量繁殖争夺自然生物的生存空间并取代自然生物。

（2）转基因生物可能对非靶标动物生长发育及其种群多样性产生影响，从而破坏生物多样性。研究表明，转基因 Bt 抗虫棉花对棉铃虫优势寄生性天敌齿唇姬蜂和侧沟绿茧蜂的寄生率、羽化率和蜂茧质量造成严重的危害。

（3）转基因生物的食品安全问题。研究认为，转基因会诱发原始农作物产生新的蛋白质，人食用了含有此种蛋白质的食物会诱发过敏及多种免疫方面的疾病；转基因作物普遍具有抗生素耐药性，人类食用转基因食物后还有可能导致抗生素耐药性的转移致使人类失去抗生素的保护；食用转基因作物后会引发内分泌及生殖系统方面的疾病，并有致癌的可能。然而，支持者强调转基因作物产生的抗虫蛋白仅对昆虫有害，而对人类无害；转基因生物在被人类利用前得到了严格的安全性评估，已从营养学、毒理学和致敏学方面进行食用安全性评价。目前，对转基因食品的安全性方面的争论尚未有确切的定论，2002年 7 月 1 日卫生部开始实施《转基因食品卫生管理办法》，规定转基因食品必须贴上特定标志，以尊重消费者的知情权和选择权。

三、基因污染

基因污染指某个外源基因非预期地混入并整合到某个物种的基因组中，造成了该物种自然基因库的混杂或污染，称为"基因漂移"，在环境生物学中则称为"基因污染"。基因污染主要是由基因重组引起的，即不同基因通过酶促催化产生转移、交换而重新组合的过程，能使生物表达出新的结构和功能特征。其实，在自然界中，通过授粉等方式，某个物种的基因漂移到另一个物种，即物种间的杂交是一件寻常事。但是由于转基因作物中转入的外源基因通常具有某种特定功能，例如杀虫、抗除草剂等，这种外源基因如果漂移到另一个物种基因库中，带有外源基因片段的原生物种会具备更强的生命力与繁殖能力，从而外源基因会得到更大的扩散，就可能带来明显的生态影响。所以随着分子生物工程的发展，人们对基因污染的担忧也与日俱增。

21 世纪初，许多国家都发生过基因污染事件，其中墨西哥"玉米妈妈"污染事件及加拿大"超级杂草"事件是引起了巨大关注与争议的基因污染事件。

基因工程作物中的外源基因能通过花粉风扬或虫媒所进行的有性生殖过程扩散到其他同类作物已是不争的事实，从种植到成品几乎每一个环节传统作物都有被转基因作物污染的可能。与其他形式的环境污染不同，物种的生长和繁殖可能使基因污染成为一种蔓延性的灾难，且基因污染是不可逆转的，越来越多的事实表明基因污染的威胁不容忽视。但是如何应对基因污染还尚未有有效的解决办法。目前，提出在转基因植物种植地与原生植物种植地之间设置由非转基因作物构成的隔离缓冲带；研制绝育的转基因作物，每年都向转基因技术公司购买一次新的种子等。但是上述方法因操作难度大、经济成本高，尚未得到有效的支持与实施。

由于人类的遗传操作，可能使这个世界产生超级生命。例如超级微生物，它具有特殊能力，能在高温、高盐、高压的环境中生存，这些可能具有主要的工业应用前景，但是也有可能形成抵抗各种抗生素的微生物，人类已有的抗生素对它没有消杀作用，这类微生物将成为影响人类健康、农业生产安全的大敌。另外，也有可能形成抵抗各种除草剂的超级杂草、抵抗各种杀虫剂的超级害虫等，这些特殊的生物在与人类抗争的过程中，适应进化的速度超过人类科技发展对其选择乃至杀灭的速度，形成的超级生命反过来可能影响人类生活生产、生态环境及生物安全。目前，虽然还没有形成严重的危害，但已发现综合抗性水平很高的微生物、杂草和害虫，具有的潜在威胁。例如超级细菌是一种复合耐药性细菌，对多种抗生素具有抵抗能力，对医疗卫生、人群健康构成的威胁已现端倪。人类需要积极主动防范这种现象的持续发展，并采取有效的措施予以应对。

第六章

面向未来的生态学
——人类生态文明

人类活动对地球产生了严重的影响，人类社会处在重要的转折点上。人类需要从过去的发展经验和教训中谋划未来，走上自觉的生态文明道路，谋求人与自然的和谐发展。地球是全人类及其他所有生命的星球，地球上每个公民都应对地球环境变化负责，肩负呵护所有生命及其未来的责任。此外，作为一个世界最大发展中国家的公民，中国人解决好自己的生态环境问题，为全人类走上人与自然和谐共生的发展道路作出中国贡献。

第一节　人类处在转折点上

人类活动的积累效应是由"量的积累到质的飞跃"的过程，而这个过程往往很难确定其转折点。为了更有效地管理生态环境，防止产生不可逆转的生态后果，越来越多的人认为，需要分析确定这个转折点。这就是生态系统在保持其基本结构和功能、维持良性运转条件下能够接受污染物的最大量或承受资源取走的最大量，即环境容量和资源承载力。也就是说，任何环境污染和生态破坏，最后的积累都应控制在这个限度内，否则生态系统将走向崩溃，人类将丧失生存和发展的基本环境条件和资源支持能力。

一、人类活动的积累效应

1997 年美国环境质量委员会提出，积累效应是由过去的、现在的及可合理预见的将来要发生的一系列行为所导致的作用于环境的持续影响。人类的积累效应具有复杂性、长久性、多样性等特征。由于生命运动是最复杂的物质运动形式，而生命活动与生态环境之间的相互作用会加剧这种变化，简单的数据累计和线性理论已不能涵盖人类活动的积累效应。

1. 积累效应的类型

积累效应包括两个层面：

第一个层面是人类活动对环境因子的改变程度及其效应程度是不断积累的，主要侧重于环境污染，更偏向于污染物"量"的积累对受损环境的影响。（1）时间累积效应，例如重金属浓度的长期累积；（2）空间拥挤效应，例如城市及工业区因大量燃烧化石燃料，释放出过多热量，并与城市建筑群及道路的热辐射形成叠加，引起局地气温高于周围地区，形成热岛效应；（3）触发点及阈值，量变到质变的临界状态，例如水环境容量超载、水资源枯竭等。污染物的增加引起各种病变，例如高氟区的氟骨症、甲基汞所致的水俣病、镉污染引起的骨痛病等，都是环境积累效应的后果。

第二个层面是环境因子的改变范围和效应范围也是不断积累的，主要侧重于生态破坏，更偏向于污染物"范围"的延伸效应不断发展。（1）边界扩展效应，污染物的扩散运动，造成污染带的迁移。例如自然环境的酸化和盐碱化，长期使用盐碱含量较高的工业废水灌溉农田，就会造成土地碱化，使作物生长受阻，农业减产；（2）间接效应，例如生物系统、水循环系统所受到污染的加和或协同作用与影响，也被称为环境"蝴蝶效应"。对复杂生态系统来说，在一定的"阈值条件"下，其长时期大范围的未来行为，对初始条件数值的微小变动或偏差极为敏感，即初值稍有变动或偏差，将导致未来前景的巨大差异。

2. 积累效应的特点

首先，显著放大的趋势。这种变化并不是线性增加的，而是以加速度发展，呈现放大效应。污染物随着食物链的延伸而不断积累，呈现生物放大效应；污染物对生物的影响在个体水平上的毒害效应可能不大，但在种群、群落乃至生态系统层次上可能产生很大的影响；局部的生态破坏产生的后果在全局上表现出来，从而产生更大的危害；关键地区的生态破坏将对较大范围的生态环境产生重大影响。

其次，很强的滞后性。生态破坏和环境污染对生态环境的影响需要一定的时间；生态系统结构破坏和功能丧失是一个复杂的生态过程，这个过程在生态系统中的环境与生物之间、生物与生物之间发生的恶性循环需要经过多个环节、多个层次的食物链、食物网传递，在整个过程中因果关系的转化需要一定的时间跨度；生态系统本身对外来的干扰具有一定的缓冲能力，这种能力也使人类破坏所产生的负面影响在一段时间之后才展现出来。

最后，空间上有明显的转移效应。一个地方的生态环境好坏，直接和间接地影响到该地方的人类健康、经济发展以及整个区域的变化。因此，保护环境和生态安全，实现可持续发展，是最具全球性的问题。

二、挽救生态环境的全球行动刻不容缓

在地球人口已超过 80 亿人的当下，城市化的加快导致的生态环境危机，不仅让地球万物付出沉重代价，也让人类自身的生存和发展面临严重威胁。几乎人人都感受到：空气质量下降，大气污染事件频发；酸雨普降各地，扼杀大地上的生命；噪声正在损害着亿万人的身心健康；固体废物和放射性废物日益堆积，难以处理；输入江河湖海的各种化学物质、废热和病原微生物，已使许多水域生态系统变质，水生生物资源锐减等。

1. 化石燃料导致的全球变暖

截至 2023 年 5 月，大气中二氧化碳的浓度达到 0.042%，与工业化前水平相比，全球气温上升了 1.15℃，这无疑是人类面临的最大的环境问题之一。温室气体排放导致全球变暖，进而在世界各地引发灾难性事件，例如澳大利亚和美国经历了有记录以来最具破坏性的丛林大火季节；蝗虫在美国部分地区蜂拥而至；非洲、中东和亚洲的农作物产量大幅减少，南极洲的热浪导致气温首次升至 20℃ 以上；气候危机导致热带风暴和飓风、热浪和洪水等极端天气事件比以往更加强烈和频繁。此外，导致北极变暖的速度是地球上其他任何地方的两倍多。

2. 海洋酸化

全球气温上升导致海洋酸化。海洋吸收了释放到地球大气中大约 30% 的二氧化碳。人类活动（例如燃烧化石燃料）的加剧及全球气候变化的影响（例如野火发生率增加）释放了更多的二氧化碳，因此海洋吸收的二氧化碳也随之增加，进而导致海水酸化。当海洋温度上升破坏了珊瑚礁和生活在其中的藻类之间的共生关系，驱赶藻类并导致珊瑚礁失去其自然的鲜艳色彩时，就会发生珊瑚礁消失的现象。预测到 2050 年，珊瑚礁面临完全消失的风险，主要原因是海水较高的酸度将阻碍珊瑚礁系统重建外部骨架并从珊瑚白化事件中恢复的能力。

3. 生物多样性丧失

过去 50 年，人类消费、人口、全球贸易和城市化快速增长，导致人类使用的地球资源超过了自然补充量。世界自然基金会的报告发现，1970 年至 2016 年，哺乳动物、鱼类、鸟类、爬行动物和两栖动物的种群规模平均下降了 68%，生物多样性丧失主要可归因于陆地用途的变化，特别是将森林、草

原和红树林等生境转变为农业系统。地球上野生动物的第六次大规模灭绝正在加速，超过 500 种陆地动物濒临灭绝，甚至很可能在 20 年内消失。

4. 空气污染

对生物健康危害最直接和威胁最大的是空气污染，世界卫生组织的数据显示，全球每年估计有 420 万人至 700 万人死于空气污染，他们中许多人呼吸着含有高浓度污染物的空气。空气污染主要来自工业源、机动车辆、物质的燃烧排放以及沙尘暴。

5. 固体废物产量惊人

2020 年，人类物质量首超地球总生物量，"人类世"来临了。人类的建筑和基础设施重量超过了世界上所有乔木和灌木的生物量，生产的塑料超过了所有动物的干重。每年约有 1400 万吨塑料进入海洋，危害野生动物栖息地和生活在其中的动物。研究估计，如果不采取行动，到 2040 年进入海洋的塑料将增至每年 2900 万吨。如果将微塑料计算在内，海洋中的塑料累计量可能达到 6 亿吨。令人震惊的是，《国家地理》发现，有史以来生产的塑料中有 91% 没有被回收利用。

6. 全球淡水资源危机愈演愈烈

地球上仅有 2% 的淡水是人类真正可以利用的淡水资源，总量有限。同时，在淡水资源分布严重不均衡、气候变化引发水文循环无常、水资源清洁技术开发应用挑战大三重困难加持下，淡水资源危机已经迫在眉睫。2019 年 8 月，世界资源研究所发布的报告认为，当前全球有 17 个国家处于极端缺水状态，而这些国家的总人口占到了全球总人口的 25%。一份份报告、一组组数据的背后，是全球水资源告急的严峻现实。

此外，由于资源、人类生活水平等不同，全球各个国家资源消耗的速度有巨大的差异。2023 年，在资源消耗最快的 10 个国家中，排在第一位的是卡塔尔，2 月 10 日就耗尽了一年的可再生资源，卢森堡是在 2 月 14 日，加拿大、阿拉伯联合酋长国和美国并列第三位，从 3 月 13 日开始"超载"。地球已达"超载日"，进入本年度"生态赤字"状态，人类背上"生态债"。

中国生态系统整体质量和稳定性不容乐观。2022 年我国仍以煤炭、石油等高碳化石燃料为主（见图 6-1），这也是我国碳排放的"元凶"，占总排放的 93%。绿色低碳转型的压力很大，但其中也蕴藏着巨大的机遇，强化产业、能源、交通等结构调整，既是"降碳减污"的核心举措，也是推进绿色转型发展的必由之路。此外，我们不能停留在"治污""护林"的初始阶段，要对更深层次的生态系统多样性的知识、内涵有深刻的了解，对生物多样性的缺失带来的后果要有警惕和防范，一味追求眼前的利益是不可取的，对发展的科学性、和谐性、均衡性、包容性和可持续性要有足够的认知。

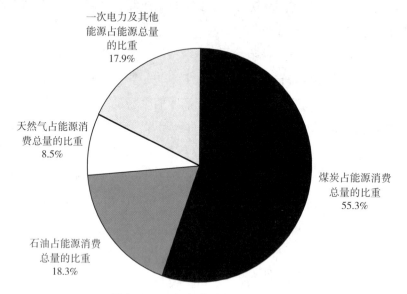

图 6-1　2022 年我国的能源消费结构

资料来源：《中国能源发展报告 2023》。

我们已经跨入了人类进化的全球性阶段，人类正生活在两个世界里：一个是由土地、空气、水和动植物组成的自然世界；另一个是人类用自己的双手建立起来的拥有社会结构和物质文明的世界。显然，每个人都有两个国度：一个是自己的国家；另一个是地球这个行星。的确，我们每一个人都是地球上的居民，都以地球上薄而脆弱的大气圈和水来维持生命，并且不断使用地球上极为有限的资源。因此，精心维护地球的生态环境已经成为人类继续生存和发展的必要条件。

近年来，中国在坚持可持续发展、促进区域共同繁荣等方面发挥了重要作用，在生态环境保护、可持续产业发展、新能源领域等方面作出积极贡献，以实际行动展现了实现可持续发展的决心，践行了可持续发展的国际承诺。携手共建地球生命共同体，中国交出了令世界满意的答卷。

　　人类的命运从来就是同其他生物和整个地球环境密切联系在一起的。人类、生物和环境共处于一个统一的、休戚与共的生态系统中，人类只是生命进化洪流中的一部分，而且还在不断进化中。人类的过去、现在和将来都是这个巨大生态系统的一个有机组成部分，所以任何使这个生态系统的平衡遭到破坏的行动，也必然会对人类自身带来不利的影响。

第二节　人类世

　　随着人口急剧膨胀，人类活动的不断升级，对生态环境的影响已经覆盖全球，为此这个蓝色的星球进入到以人类为主导因素的新世代——人类世（Anthropocene）。

一、不同地质时代生物各领风骚

　　地球的生命历史跨越了数亿年，其间，生物经历了复杂的演化过程。地质年代是用来描述地球历史事件的时间单位，这一历程通常被划分为几个主要的地质时代。在各个不同时期的地层里，每个时代都有其特有的生物群落。

　　1. 早期的太古代和元古代

　　在距今约46亿年到25亿年前的太古代，地球出现了单细胞生命（细菌与古菌）和最早的化石。已知最早的产氧细菌以及最早确认的微化石与宏化石出现在这一时期。同时，这一时期地球上最早的南极洲造山运动出现。在约25亿年至5.41亿年前的元古代，这一时代造山运动继续盛行，交替出现冰河；条状铁层形成标志着大氧化事件；小行星撞击地球继续丰富了造山运动，大气层开始拥有氧气；第一个复杂单细胞生命形态在这一时期出现，原生生物开始拥有细胞核。在元古代后期，多细胞真核生物开始存在，甲藻类生物首次呈现辐射状，例如疑源类。在元古代末期，地球各地的海洋中，多细胞动物开始蓬勃发展，疑似蠕虫类的简单遗迹化石被发现，第一批海绵动物和三叶虫出现。另外，一些外形神秘的生物包括许多像袋子、圆盘或棉被状的软体生物（例如狄更逊水母）在这一时期出现。丰富的造山运动让这一时期地球大陆和次大陆的板块运动更频繁。

2. 以后的古生代、中生代和新生代

在距今约 5.41 亿年至 4.854 亿年前，地球来到了古生代寒武纪生命大爆发时期，这一时期造山运动在不同板块之间增强或减弱，生物多样性迅猛发展，出现了许多现代动物化石，出现了首种脊索动物以及一些存疑的、已经灭绝的门类，还有制造生物礁的现已灭绝的古杯动物。三叶虫、鳃曳动物门、海绵，无铰纲（腕足动物门）和恐虾类大量繁盛，掠食者奇虾出现，生物之间开始出现竞争。这一时期元古代的生物群灭绝，原核生物、原生生物以及藻类继续存在，海绵和腕足动物构成了早期海洋生态系统的基础。距今约 4.854 亿年至 4.438 亿年前，奥陶纪继续了海洋生物的多样化，冰河期结束，同时陆地上开始出现了生命的迹象。珊瑚礁系统的发展和早期鱼类（例如无颌鱼）的出现，构成了复杂的海洋生态系统以及代表了脊椎动物的起源。在距今约 4.438 亿年至 4.192 亿年前的志留纪，生物多样性较低，但陆地植物开始出现，且海洋生物进一步演化，陆地上出现了初级苔藓和蕨类植物，海洋中演化了早期的鱼类和海百合。距今约 4.192 亿年至 3.589 亿年前的泥盆纪是生物多样性的又一高峰，多鳍鱼表现出与四足动物的亲缘关系，而陆地植物例如树木和蕨类植物的演化以及昆虫的出现加速了陆地生态系统的发展。距今约 3.589 亿年至 2.989 亿年前的石炭纪是大型陆地生态系统形成的时期，这时期蕨类植物、裸子植物和早期被子植物使大型森林呈现出巨大的多样性，出现了巨型蜻蜓和其他古代昆虫，早期的蝾螈和青蛙也在这一时期出现。距今约 2.989 亿年至 2.5217 亿年前，生物多样性达到了又一高峰，高等爬行动物开始发展，出现了早期哺乳动物的祖先。蕨类植物和裸子植物继续演化和存在。而这一时期结束于距今 2.5217 亿年至 2.013 亿年前的三叠纪开始前，地球出现了生物大灭绝事件，95% 的生物灭绝，包括三叶虫、棘鱼和海蕾。三叠纪时期，恐龙逐渐成为陆地上的主导生物，哺乳动物仍然较小，但已经演化出多样的形态。距今约 2.013 亿年至 1.45 亿年前的侏罗纪是恐龙发展的黄金时代。鸟类也从恐龙中分化出来。裸子植物和蕨类植物迅猛发展，尤其是针叶树、苏铁和铁树目裸子植物，常见的蕨类植物也盛行。距今约 1.45 亿年至 6600 万年前的白垩纪，恐龙多样性达到顶峰，哺乳动物繁盛，现代真骨类鱼类开始出现，现代鳄鱼也出现。开花植物开始出现并呈现多样化，但白垩纪的末期发生了一次大灭绝事件，导致了恐龙的灭绝。

二、人类是最后的来者

虽然地球上生命的诞生距今约 20 亿年，这期间产生了数以亿计的物种及生命类型，但我们人类只是地球上刚来的新生。

约 6600 万年前至今是新生代，新生代见证了哺乳动物的迅速演化和多样化，新生代包括冰河时期和现代生物的形成期。约 6600 万年至 2303 万年前，喜马拉雅运动开始，冰河时代在这一时期出现。一些原始血统的哺乳动物逐渐多样化，史前哺乳动物蓬勃发展，大型哺乳动物首次出现；开花植物的果实平均达到拳头大小，现代类型的开花植物进化和传播。约 2303 万年至 258 万年前，冰河时期间断存在，现代哺乳动物和鸟类家庭能分辨出来，马科动物和乳齿象等物种多种多样，禾本科植物变得无处不在。许多现有哺乳动物属和软体动物出现，第一种类人猿和智人出现。在距今约 700 万年—600 万年前，第一批人类祖先开始从人猿分化出来。这个过程涉及多个物种，包括南方古猿和早期的智人。而人属则出现较晚，约 250 万年前从南方古猿进化而来，其间发展的若干人属物种和亚种，已告灭绝。这些包括栖息在亚洲的直立人、栖息在欧洲的尼安德特人。约 30 万年前，早期智人在非洲出现，具有更高级的工具使用能力、语言沟通能力和复杂的社会结构，旧石器时代中期开始。

新生代的第四纪可分为更新世（约 258 万年至 1.17 万年前）和全新世（约 1.17 万年前至今）。更新世里许多大型哺乳动物蓬勃发展后灭绝，晚期智人逐步进化，石器时代人类出现文明。随着第四纪冰河时期继续的冰川作用和间冰期进一步强化雪球地球，以末次冰期为界，第四纪进入全新世（见表 6-1）。

表 6-1　不同地质时代一览

地质年代	纪	起始时间（至今）	重大生物演变事件
冥古代	—	46 亿年前	太阳系形成；月球形成；熔融液态与"分化"；最古老岩石，大气层形成
太古代	—	46 亿—25 亿年前	原核生物出现

续表

地质年代	纪	起始时间（至今）	重大生物演变事件
元古代	—	25亿—6.35亿年前	真核生物出现
	埃迪卡拉纪	6.35亿—5.41亿年前	多细胞有机体诞生
古生代	寒武纪	5.41亿—4.854亿年前	带有贝壳的有机体诞生
	奥陶纪	4.854亿—4.438亿年前	珊瑚、脊椎动物出现
	志留纪	4.438亿—4.192亿年前	多骨鱼类、树木出现
	泥盆纪	4.192亿—3.589亿年前	鲨鱼、两栖动物诞生
	石炭纪	3.589亿—2.989亿年前	爬行动物、有翼昆虫出现、煤炭形成
	二叠纪	2.989亿—2.5217亿年前	生物大灭绝
中生代	三叠纪	2.5217亿—2.013亿年前	恐龙、蜥蜴以及哺乳动物诞生
	侏罗纪	2.013亿—1.45亿年前	鸟类诞生
	白垩纪	1.45亿—6600万年前	开花植物、有袋类动物出现
新生代（古近纪）	古新世	6600万—5600万年前	小行星影响，恐龙灭绝；哺乳动物和开花植物的传播；最早的灵长目出现
	始新世	5600万—3390万年前	早期猿人出现
	渐新世	3390万—2303万年前	从猿到人过渡阶段
新生代（新近纪）	中新世	2303万—533万年前	人科动物与猿类分类
	上新世	533万—258万年前	南方古猿出现
新生代（第四纪）	更新世	258万—1.17万年前	直立人、现代人出现
	全新世	1.17万年前至今	后冰川时代人类历史

在地球的生命历史进程中，人类的出现和发展是地球历史上一个相对较新的事件，也是在地球生命新生代中占有独特且重要的力量。距今约1.17万年，经历了第四纪冰期后，人类进入全新世，这个时期中石器时代开始，人类文明兴起，地球上出现了沙漠、草原等地貌，人类开始从事农业活动进而建立城市。

三、人类文明历史进程

人类文明是指任何以高度城市群落、社会分层、政府形式和文化符号与通信系统为特征的复杂社会，也是一种先进的社会和文化发展状态以及达到这一状态的过程。人类文明涉及领域广泛，包括民族意识、文化技术水准、礼仪规范、宗教思想、风俗习惯以及科学知识等。文明拥有更密集的人口聚集地，并且已经开始划分社会阶级，一般有一个统治精英和中产知识层次结构加上被统治的城市和农村人口。这些被统治的人群依据分工集中从事农业、采矿、小规模制造以及贸易等行业。

1. 古代文明时期

从早期人类演化开始，距今已经约 30 万年。而农业革命和文明的兴起在距今约 1 万年前。农业革命标志着人类从狩猎采集生活方式转变为农业生产和定居生活。这一转变导致了人口的增长和早期文明的兴起。在地球上，公元前 3500 年到公元前 1000 年这段时期被称作古代文明时期。古代文明基本都是以河流及流域为发源地。不同的时期被不同的文明占据，例如美索不达米亚文明、尼罗河文明、爱琴海文明、印度河文明、奥尔梅克文明和华夏文明。

2. 古典时期

公元前 1000 年到公元 500 年这段时期，许多文明进入繁盛时期，通常也被称作古典时期。例如凯尔特人在公元前 600 年创造的铁器文化，称为拉登文化。古希腊文明在大约公元前 500 年到公元前 300 年达到鼎盛，创造了灿烂的古希腊文化，而后亚历山大大帝把古希腊文化传到整个地中海地区和中东地区。公元前 200 年到公元 200 年古罗马文明达到辉煌并建立了幅员辽阔的帝国。印度文明最繁盛的时期是在公元前 300 年前后的孔雀王朝和公元 400 年前后的笈多王朝。华夏文明在公元前 700 年到公元前 200 年的春秋战国时代创造了辉煌的文化。在公元前 200 年到公元 200 年的汉王朝时期帝国达到鼎盛。玛雅文明辉煌时期在公元前 200 年到公元 800 年，为有文字的新石器时代文明。

3. 农业时代

农业时代后期，东方文明经历了繁荣和鼎盛后逐渐走向衰落，而欧洲进入中世纪的发展和工业文明过渡时期。中世纪欧洲的社会组织形式以封建制度为特点，亚洲的中国和日本等地保持了独特的传统和技术进步。在过渡期，14 世纪至 17 世纪文艺复兴标志着欧洲文化的复苏，文艺复兴时期人文主义和古典文化受到重视。18 世纪的启蒙运动推动了科学、政治和哲学思想的发展，为现代民主政体的形成，商业和科学方法奠定了基础，促进了欧洲文明的崛起。

4. 工业文明时期

1763 年至 1970 年属于工业文明时期，这一时期工业经济迅速发展。第一次工业革命使机器取代手工，是生产方式和社会结构的根本变革。机械化生产、城市化和新的经济形态迅速发展。第二次工业革命的特征是电气化，飞机、汽车等的出现进一步推进了工业时代的发展。在工业时代的发展和成熟期，欧洲、北美汽车普及，家庭机械电器化生产线推动大量生产。19 世纪和 20 世纪初全球被帝国主义和殖民主义所塑造，而两次世界大战进一步重塑了世界秩序。直到 20 世纪中叶，第三次产业革命以计算机的发明和应用为标志，人类文明由工业时代向信息知识时代过渡。20 世纪中叶的冷战定义了国际政治的新格局。随着冷战的结束，世界步入多极化和全球化时代，科技的飞速发展，特别是在通信和信息技术方面的发展，极大地影响了现代社会的生活方式。

四、人类全球王国时代

在地球 20 多亿年的生命发展历程中，不同的时代主导或综合影响地球环境程度最高的生物类群是不同的，现在地球生态环境最大的改变力量是最后的来者——人类。人类成为地球霸主、地球进入人类全球王国时代是一步步加速发展的。

在人类文明历史进程中，主要有石器时代、农业时代、工业化时代和信息化时代。在旧石器时代，人类进化经历了一段很长的时间，人类的祖先"直立人"曾经使用简单工具达数千年。但随着时代推进，工具变得更为精细与复杂。人类也随之创造了语言。此时所有的人类都是猎人与采集者，并且过着游牧的生活。大部分猎人与采集者的社会最终将发展为农业社会，或融入其他较为大型的农业社会。而未发展为农业社会的群体，最后也许被消灭，或维持孤立，这种小型猎人与采集者的社会在今天的偏远地区仍时有所见。在中石器时代，由于农业的出现，人们大量开始使用小型而复杂的燧石工具，例如小结石与小鏊子等。钓鱼用具、石制手斧与木制物品例如独木舟和弓箭等也被发明。在新石器时代，早期部落群居生活方式开始形成，农业、畜牧业与工具进一步快速发展。人类开始种植农作物并养殖牲畜，发展种植业与畜牧业，这推动了人类文明从石器时代过渡到农业时代。

约公元前 9000 年出现的农耕社会是一项革命性的大转变，人类开始务农，并在后续的几千年时间里在全球范围内传播。大约在公元前 5500 年，人们开始系统地灌溉农作物，并且出现社会分工。约公元前 3000 年的欧亚大陆上，铜制与青铜制的工具、装饰品与武器开始普及。紧接着青铜时代，在东地中海、中东与中国等地陆续出现铁制工具与武器。而河谷仍然是早期文明的摇篮，全球河谷地区例如中国的黄河、埃及的尼罗河、印度的恒河、中东的两河流域。部分地区人类仍然过着游牧生活，例如澳大利亚的土著与南非的布须曼人则在近代前仍没有农业出现。农业的出现使社会变得更复杂，也因此出现了璀璨的人类文明，城镇与市场也随之出现。

以农业为主的农耕时代一直持续到 18 世纪，人类进入工业时代。工业化促进大规模的城市化，人口从农村大量迁移到城市，形成了现代城市格局，而这一过程加速了资本主义经济体系的发展，资本家和工人阶级成为社会的主要阶层。随后工业革命在全球范围内迅速蔓延，工业化国家为获取原料和市场，加强了对非工业化地区的殖民控制，形成了全球贸易网络。

在人类发展的历史上，曾经出现过许多强大且影响深远的帝国，例如罗马帝国、大英帝国。在后工业时代，即知识文明和知识经济为主的时代，虽然没有单一的政治实体控制全球，但全球化进程导致了经济、文化、政治和技术的紧密联系。全球化可以被看作一种无形的"人类全球王国"，在这个意义上，世界各国和地区在经济和文化上越来越相互依赖。

人类全球王国时代标志着国家、社会和文化界限的模糊化，促进了经济、政治、社会和文化的全球一体化。人类全球王国时代也面临许多挑战，人类在应对这些挑战的同时，也在寻求可持续发展与和平共处的新途径。人类应加快深化全球经济一体化，促进国际合作和推动技术创新；同时做好全球环境治理及发展绿色经济；促进各地区文化交流和多样性发展，推进文化互鉴和全球公民意识；协调政治合作，推动国际组织在全球治理中的作用，建立更有效的全球治理体系。作为智能的生命形式，在人类全球王国时代，人类有责任和机会成为地球的管家，保护和维持地球生态系统的健康和多样性。

第三节　生态文明

纵观人类历史发展进程，人类在不同时期通过实践创造了纷繁多样的文明形态。从人与自然关系的角度来看，人类文明发展经历了原始文明、农业文明、工业文明、生态文明四个发展阶段（见图 6-2）。生态文明是工业文明发展到一定阶段的产物，是实现人与自然和谐发展的新要求。也就是说，生态文明是人类文明发展的历史趋势。

原始文明　　　农业文明　　　工业文明　　　生态文明

图 6-2　人类文明发展阶段

一、原始文明

原始文明社会，人类用摩擦取火这个朴素、原始的"机械运动"转化所形成的热能"明于天人之分"，开启人类文明征程。原始文明是人类文明发展的第一个阶段，大致时间可以追溯到大约 400 万年前的旧石器时代，这一阶段又可以称作原始采集渔猎社会。在这一阶段，由于生产工具极为简单，生产力水平极为低下，人们只能依靠植物根茎的采集和简单的渔猎，并借助集体力量的合作才能得以生存。在这种社会状态及其生存方式下，人类对自然的影响非常有限，为适应生存，人们只能通过不断地迁移来寻找更适合自身生存的自然环境，以应对自然界的变化和扩大自身的生存空间。这就使人类的生产和生活方式具有了很大的流动性和自然选择性，人与自然的关系主要表现在人对自然的完全依赖和被动适应，维持一种原始的和谐关系。

二、农业文明

农业文明社会，人类主要的生产活动是农耕和畜牧，青铜器、陶器和铁器的使用，特别是铁器农具"犁"的出现，使人类生产活动开始向着主动性和选择性迈进。

农业文明是人类从自然界中初步分离出来，并试图通过改造自然界的方式而利用自然的一个文明阶段，大致时间可以追溯到距今约一万年前的新石器时代早期，当人类逐渐学会了使用简单的工具，开始对自然界进行初步改造的时候，才开始了真正意义上的人类文明。

在农业社会初期，人类学会了种植农作物，先民们开始用火和其他的原始工具将原来的森林和草原改造成为可以耕种的田地，并开始开展放牧牲畜、开发水利、修建宫室等较大规模的改造自然活动，创造了人类历史上最早的人工生态环境。农业以种植生产粮食为主要目的，人们将森林、草原上原有的植被清除后种植农作物，由于长期在一个地方种植单一的作物，原有的生物多样性遭到破坏，失去了自然循环互补能力，地力消耗得不到补充，使产量逐年下降，于是人们又不得不重新开辟新的耕地，使森林、草原大面积受到破坏。大面积开垦耕地破坏了原有生态群落的组成、结构和分布情况，导致部分地区出现土地沙化、水土流失、土地盐渍化以及局部的环境污染。例如世界四大文明古国之一的巴比伦，曾经是一个林木葱郁、沃野千里的富饶之邦，但由于忽视了对自然环境的保护，遭到了大自然的报复，使一度声名显赫的巴比伦被淹没在漫漫黄沙之下；我国的黄河流域在上古时代曾经也是一个林木丰茂、繁荣富饶的地方，得天独厚的自然条件使这里成为中华民族文化的摇篮，但如今变成沟壑纵横、土地贫瘠的黄土之地。

三、工业文明

工业文明的开启归功于 200 多年前蒸汽机的发明。正因如此，恩格斯又指出："蒸汽机是第一个真正性的国际性发明。"在工业文明中，工业是社会的中心产业。人们竭尽全力发明、制造和使用更先进和更强有力的工具，向自然进攻和索取，在利用和改造自然的斗争中，不断地战天斗地，把自然条件和自然资源转化为物质财富，实现世界工业化和现代化，创造了巨大的物质财富。

习近平总书记指出，工业文明创造了巨大物质财富的同时，也带来了生物多样性丧失和环境破坏的生态危机。当今时代，人类对矿石、石油等各种不可再生矿产资源的开发广度和深度都已经达到极限；对原本具有自然恢复能力的土壤、海洋等资源的使用也正在接近极限；全球物种灭绝速度不断加快，生物多样性丧失和生态系统退化对人类生存和发展构成重大威胁。在全球性风险和挑战面前，人类文明正在经历一次根本性变革，人类普遍意识到，在人与自然的矛盾和冲突中，如果继续走工业文明的老路，人类社会的前途将不是延续自然历史的进程，而是终止人类文明的进程。

四、生态文明

生态文明是人类在自身的社会发展过程中所创造的一种新型文明形态，致力于形成节约能源资源、进行生态环境保护的发展模式，使生态环境可以随着社会发展而得到同步改善，是一种与自然界良性互动、和谐共处的文明。中国是这场文明变革最早的重要思想引领者和行动实践者之一。

生态文明是基于"人与自然和谐共生"的认识，"发展与保护相统一"和"绿水青山就是金山银山"的论断，有着深厚的哲学和科学基础。建设生态文明，从"生产力与生产关系矛盾运动规律"这一根本规律来看，如同"火和石器"于原始文明、"铁和犁"于农业文明、"纺纱机和蒸汽机"于工业文明一样，只有实现绿色生产力和绿色生产关系的根本性变革，生态文明才会成为真正引领人类文明的新形态，是人类文明发展形态更完善、发展水平更高的阶段。

党的十八大以来，我国全面加强生态文明建设，系统谋划生态文明体制改革，一体治理山水林田湖草沙，着力打赢污染防治攻坚战，决心之大、力度之大、成效之大前所未有，形成了习近平生态文明思想。

"绿水青山就是金山银山"，这是习近平生态文明思想的核心理念，也是实现可持续发展的内在要求。习近平总书记指出："我们既要绿水青山，也要金山银山。宁要绿水青山，不要金山银山，而且绿水青山就是金山银山。"绿色发展是生态文明建设的必然要求，是解决污染问题的根本之策。"杀鸡取卵、竭泽而渔的发展方式走到了尽头，顺应自然、保护生态的绿色发展昭示着未来。"党的十八大将"绿色"写入了新发展理念，把生态文明建设写入了党章，纳入了党的行动纲领，通过积极践行"两山论"的生态理念，全面加强生态环境整治，推动形成绿色发展方式，开创了生态环境保护的新局面。

习近平总书记指出，山水林田湖草沙是生命共同体。"生态是统一的自然系统，是相互依存、紧密联系的有机链条。人的命脉在田，田的命脉在水，水的命脉在山，山的命脉在土，土的命脉在林和草，这个生命共同体是人类生存发展的物质基础。"推进生态文明建设，要更加注重综合治理、系统治理、源头治理，按照生态系统的整体性、系统性及其内在规律，统筹考虑自然生态各要素，进行整体保护，维护生态平衡。

生态文明既是人类文明发展的新形态，也是社会发展的新实践。建设生态文明，走人与自然和谐共生的现代化之路，是中华民族绿色崛起、可持续发展的必由之路。建设和发展生态文明，必须在以下几个方面形成突破：（1）转变发展观念。在传统的发展模式下，以经济增长为主要目标，以牺牲环境为代价，这种发展模式已经带来了严重的生态后果，我们需要从可持续发展的角度出发，将生态文明建设作为发展的重要组成部分。（2）加强法律制度建设。法律制度是推动生态文明建设的重要手段，我们需要通过立法和执法，制定更加严格的环保法规和标准，加大对环境违法行为的处罚力度，推动环境公益诉讼等，加强对环境保护的监督和管理。（3）推广绿色技术。绿色技术（清洁能源、循环经济、低碳技术等）是实现生态文明的关键，我们需要加大对绿色技术的研发和应用力度，这些技术可以帮助我们减少对环境的污染和破坏，提高资源利用效率，推动经济发展和环境保护的良性循环。（4）促进公众参与。公众是生态文明建设的重要力量，我们需要加强对公众的环保教育和宣传，通过媒体宣传、社区活动、学校教育等方式，让更多的人了解环保知识，关注环境问题，提高公众的环保意识和参与度。（5）加强国际合作。全球环境问题需要全球共同应对，我们需要加强与其他国家和国际组织的合作，共同推动生态文明建设。

第四节　地球飞船

在浩瀚的宇宙中，至少存在 20000 亿个星系，而我们所在的银河系就包含了约 1000 亿颗到 4000 亿颗恒星。虽然宇宙之浩瀚，但能够容纳生命发展、人类栖身的地方还没有新的发现。地球，唯有地球，才是人类及所有生命的共同家园。而这个星球，承载着已知的生命体系，不断自转和公转，随着太阳系在银河系中运动，每日所能达到的路程为 5200 万千米，这些运动使地球像一艘飞船一样，在宇宙中"飞奔"。

一、孤独的星球

地球，这颗蔚蓝的星球孤独如同微尘般渺小，飘浮在宇宙中，成为茫茫宇宙的明珠。其表面覆盖着厚约 20 千米的生物圈，生物之间形成了微妙的关系，构成了复杂的生态平衡，成为宇宙中独一无二的家园（见图 6-3）。

图 6-3　人类的家园

绘画素材来自 http://ian.umces.edu/symbols。

我们的经济、社会和文明都嵌入了生物圈——地球上薄薄的生命层。在生物圈和更广泛的地球系统、大气、水圈、岩石圈、低温圈和气候系统之间存在动态的相互作用。人类已经成为塑造这种相互作用的主要力量。

植物通过光合作用吸收二氧化碳，释放氧气，为地球上的生物提供氧气和能量。动物通过呼吸氧气，产生二氧化碳，形成生态闭环。微生物促进了养分循环，在分解有机物和土壤的形成中发挥着关键作用。这种微妙的平衡是地球被称为"宜居星球"的原因之一。从微小的微生物到庞大的哺乳动物，地球上存在丰富多样的生命形式，为整个生态系统注入了活力，也为人类提供了丰富的自然资源。在宇宙中寻找类似的生态平衡，需要相似的温度、大气成分和水资源，这在我们已知的宇宙中显得罕见。

这颗星球承载了我们整个人类的历史，见证了我们文明的起落，也成就了我们文化的多样性。人类文明在这片生物圈中生根发芽，从最原始的狩猎采集时代演变至信息时代。我们的经济体系、社会结构、文化传承，都深深植根于这片独特的土地。文明的火种在这里点燃，各种思想、艺术、技术在这里交汇融合，形成了多元而繁荣的文化图景。然而，随着人类活动的加剧，我们也面临着空前的挑战。气候变化、生物多样性丧失、资源枯竭，都是摆在我们面前的严峻问题。这些问题不仅威胁着我们自身的生存，也对整个地球生态系统造成了严重的破坏。尤其是近年来，随着工业化和城市化的快速发展，大量的化石燃料被消耗，导致温室气体排放剧增，引发了全球气候变暖的问题。冰川融化、海平面上升、极端天气事件频发，这些现象都在提醒我们：地球的生态平衡岌岌可危！同时，人类过度的开发活动也导致了大量的生物灭绝和栖息地破坏。许多物种正面临灭绝的危险，生态链条的破裂威胁着整个生态系统的稳定。这些问题不仅对自然界造成了伤害，也将直接影响到人类的未来（见图6-4）。

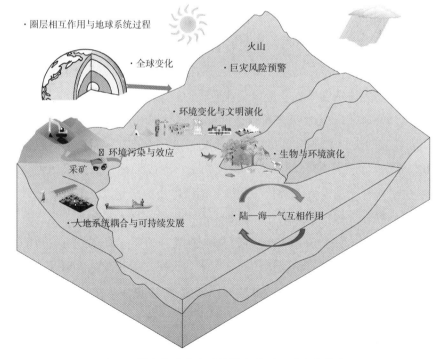

图6-4　探索地球生态系统的奥秘是人类未竟的事业

绘画素材来自 https://ian.umces.edu/symbols/。

我们不仅是这片生态系统中的一部分，更是生命演化的见证者和塑造者。在宇宙中，地球是我们孤独而美丽的家，我们应当保护它、珍惜它，以确保它持续为我们和未来的生命提供支持和庇护。

二、保护地球："双碳"目标

气候系统通过热交换、对空气二氧化碳的吸收固定释放等复杂过程，其收支基本维持在一定的动态稳定和相对平衡水平上，形成的大环境系统——气候系统在地球上的生命变革中扮演着重要角色。

然而，随着全球工业化的加剧和不可再生能源的过度开发，大量温室气体被释放，这种稳态平衡被打破，全球气候出现了显著变化。二氧化碳作为温室气体的主要组成成分，从工业化前的 1850 年左右到 2022 年，其平均浓度由 0.0285% 大幅增加到 0.0419%，全球平均气温已经上升 1.2℃，远超过去 2000 年最热时期的气温。由于使用不可再生能源产生大量二氧化碳，到 2050 年，全球温室气体排放量预计将增加 50%，平均气温预计将进一步上升 3℃—5℃，人类社会可能面临着过去 260 万年未曾有过的新挑战。

政府间气候变化专门委员会第五次评估报告强调全球变暖的主要原因是人类活动使温室气体浓度增加，造成全球变暖的排放物中，55% 来自能源的生产和使用，45% 则来自土地管理和制造产物（如建筑、运输、电子产品、食品等）。人类活动改变了地球近 75% 的陆地表面和 66% 的海洋面积，导致损失超过 80% 和 50% 的野生哺乳动物和植物生物量，造成了物种的灭绝、生物多样性的丧失、森林干旱、海洋酸化、北极和南极冰川的融化以及海平面上升等严重的生态问题，导致栖息地退化和前所未有的生物多样性损失，对生态系统和社会经济的影响十分复杂，加剧国家和地区间的不平等。如果没有有效的措施或技术来减少或控制二氧化碳排放，全球平均大气二氧化碳浓度以及全球地表和海洋温度将继续上升。因此，全球气候变化是 21 世纪人类所面临的最复杂和严峻的挑战之一。

2015 年 12 月 12 日在巴黎召开的气候变化会议制订了全球行动计划，以解决 2020 年后的气候变化问题。《巴黎协议》要求在未来几十年达到净零二氧化碳排放，每个国家同意将全球气温升高限制在 2℃ 以下，并努力使全球气温上升幅度与工业化前的水平相比限制在 1.5℃以下。通过各种社会、经济、环境和技术措施减少二氧化碳排放，并且去除大气中的二氧化碳，以实现净零碳排放或负碳排放，意味着排放到大气中的二氧化碳被去除大气中的二氧化碳所抵消，这一目标被称为达到"碳中和"。这对减缓全球变暖、提高空气质量、加强能源安全具有重要意义。

近几十年，控制碳排放已成为一个全球挑战。"碳达峰"被定义为二氧化碳排放停止增长开始下降的点。"双碳"目标（即碳达峰和碳中和）的愿景促进了一个长期、系统、革命性和前瞻性的低碳转型，具有深刻的理论和实践基础，符合人类在满足基本物质需求后寻求更好生活的愿望。此外，碳达峰的时间点和水平直接决定了减排量和从碳达峰向碳中和过渡所需的时间。因此，为达到碳峰值，必须以碳中和目标为指导和限制实施各项行动。截至 2021 年 2 月，全球已有 124 个国家宣布有意在 2030 年减少 45% 的碳排放，2050 年实现碳中和，并到 2050 年或 2060 年实现净零碳排放，快速脱碳成为全球的目标（见图 6-5）。

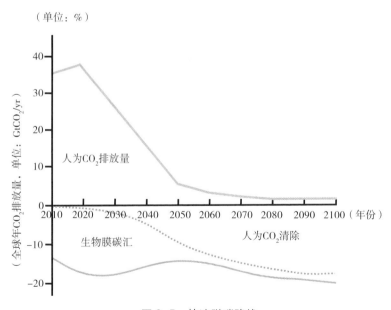

图 6-5　快速脱碳路线

资料来源：Rockstrom 等，2017。

由于全球变暖，人类安全面临危险，必须采取行动，积极应对气候变化造成的严重挑战。为了实现净零碳排放和可持续发展，各国政府必须团结起来，

政府间气候变化专门委员会强调减少和逐步淘汰化石燃料，使用更多的生物质、太阳能、风能、核能、氢能和废物转化能源等可再生能源，减少碳排放，提高能源优势。此外，必须促进陆地和海洋生态系统中的碳去除或封存。发达国家和碳排放量大的国家需要带头，必须迅速将目标转化为行动。仅仅减排并不足以减轻气候变化的影响，还需要对农业、林业和海洋等关键生态系统进行治理，增加生物多样性，保护和恢复栖息地，在生态系统中储存和隔离碳，减缓气候变化，并建立对不可避免的气候变化影响的适应能力。与此同时，税收、关税、贸易许可证以及取消化石燃料补贴等政策手段以及对可再生能源和碳封存的激励措施正在广泛实施。消费模式的改变、基础设施的升级和向循环经济的转变将为减少碳排放提供实质性的收益。为实现巴黎气候目标，必须加快这些积极变革的步伐。只有通过全球共同努力，建设更加可持续的未来，才能更有效地应对全球气候变化的挑战，才能确保地球的生态系统持续宜居，才能保护我们唯一的家园——地球。

政府间气候变化专门委员会发布了第六次评估报告《气候变化2022：减缓气候变化》。报告归纳和总结了第五次评估报告发布以来的最新减缓气候变化的研究进展，将为国际社会进一步了解气候变化减缓行动、系统转型、追求可持续发展提供重要的参考依据。报告指出，1850—2019年人类活动已累计排放了约2.4万亿吨二氧化碳，其中58%是1990年前排放的。未来想要控制全球的升温水平就必须立即采取碳排放减缓行动。在最低排放情景下，化石能源均需大幅减少；可再生能源将是未来能源供应的主体；实现碳中和需要依赖负碳排放技术和增加碳汇。技术进步是助力全球应对气候变化的关键条件之一。报告结论表明，中国碳中和目标符合《巴黎协定》低于2℃并努力实现1.5℃温升目标的减缓路径。未来我国应围绕报告中涉及的国家核心关切和重点内容加强专题研究。在加强科学解读和有效使用报告结论的同时，更需主动参与政府间气候变化专门委员会科学评估进程，积极贡献中国智慧，为我国气候治理理念的国际传播贡献力量。

三、善待我们的远亲近邻：保护生物多样性

生物多样性是地球上生命丰富多彩的象征。我们人类不仅靠地球上的先来

者生存续命，还要靠这些生命打造的环境生存发展。在地球上，物种和群落之间的相互作用维持了生态系统的完整和相对稳定，使得生态系统更具有恢复力，能够有效地适应环境的变化。生物多样性涉及水生和陆地环境，依赖各种物种的贡献以及它们在生态系统和生物圈动态中的分布和丰富度，是对不确定性和未知性的自然反应，为生态系统建立和维持了一种生态保险。这种多样性使系统能够适应不断变化的环境，为包括我们人类在内的所有生命的持续存在提供了基础。

　　气候变化和生物多样性丧失不是孤立存在的现象，是人类活动对地球生态系统大规模影响的结果。由于物种被限制在有限的热性能范围，气候变化正在使全球物种转移和生物多样性丧失。气候变暖越来越多地导致物种移动到更高纬度（向极地）、更高海拔（陆地）或更深的水域。范围的变化导致物种相互作用的变化，并对物种丰度、物种组成和生态功能产生级联效应。当物种无法追踪气候变化或适宜的栖息地缩小时，变暖会导致死亡和生物多样性丧失，正如在热带地区观察到的那样。珊瑚礁、热带大草原、热带雨林、高纬度和高海拔生态系统以及地中海系统中的一些物种显示出超过耐受性和适应极限的证据。气候带会从山顶、大陆的末端或岛屿上转移，山脉和大陆边界可能会成为气候的死胡同。地理范围狭窄或有特定栖息地需求的物种以及热带和极地地区物种的灭绝风险很高。物种对气候变化作出了积极响应来适应环境，但如超过了适应阈值，物种将灭绝。总的来说，气候变化和海平面上升预计将加剧人类活动的直接影响，导致生物量、栖息地和物种的进一步损失。

　　在政府间气候变化专门委员会第五次报告中，对碳排放预算提出了一种新的场景假设。气候变化第五次评估报告改变了之前的评估场景，其中有四个新的场景，即代表浓度路径（Representative Concentration Pathway，RCP）。不同代表路径浓度从低到高排列分别为 RCP2.6、RCP4.5、RCP6.0 和 RCP8.5，RCP 后面的数字表示到 2100 年的辐射强迫水平，单位为瓦特/平方米，范围是 2.6—8.5。基于这些温室气体浓度情景，各个气候中心及研究机构利用不同复杂程度的电脑模式来推算未来的全球气候，其目的是在预设的温室气体浓度情景下，从长远角度来描述未来气候的可能变化。其中，RCP8.5 是人们惯常的用法，这一场景指出，到 2100 年时，空气中的二氧化碳浓度要比工业革命前的浓度高3—4倍。在RCP8.5之后有RCP6.0和RCP4.5两个场景假设。它们是指，2080年以后，人类的碳排放就降低，但依然要超过允许数值。RCP2.6则是四个场景中最理想的，它假设人类在应对气候变化之后，采用更多积极的方式使未来10年，温室气体排放开始下降，到21世纪末，温室气体排放就成为负值，这是一种积极乐观的假设。以上四个假设的场景，唯有RCP2.6是气温不会上升2℃。然而温升高于2℃，全球变暖会非常危险，温度上升太快，人类难以适应，变暖的趋势也会使人类付出更大的代价。

保护生物多样性和减缓气候变化常常呈现出更多的协同效应（见图6-6）。通过实施生物能源和重新造林项目，在显著减少化石燃料排放的同时保护生物多样性，促进人类的发展需求。在湿地保护方面，通过恢复潮汐流，减少甲烷排放，对维护生物多样性和气候调节具有积极作用。同时，将广阔的土地用于生产生物能源，例如生物质能，是缓解气候变化的重要组成部分。然而，这些方案也面临面积需求和空间竞争的问题，特别当陆地生态系统是天然草原的情

图6-6　减轻气候变化行动与减少生物多样性
损失行动的相互影响

资料来源：Portner H. O., Scholes R. J., Arneth A., Barnes D. K. A., Burrows M. T., Diamond S. E., Duarte C. M., Kiessling W., Leadley P., Managi S., "Overcoming the Coupled Climate and Biodiversity Crises and their Societal Impacts", *Science*, Vol. 380, No. 6642, Summer（April）2023.

况下，可能会带来负面影响。在陆地和海洋系统中，通过综合运用基于自然的解决方案和技术手段，可以在维持生物多样性的同时实现气候变化的减缓和适应。例如太阳能板与种植或放牧系统相结合，不仅能够提供清洁能源，还能创造多种生态效益。海上风能发电等技术的合理使用可以有效减缓气候变化，同时保护海洋生物多样性。然而，在采取这些措施时，需要仔细平衡不同解决方案之间的相互作用，以最大限度地确保生态系统的健康和多样性。

保护生物多样性不仅是对地球生命的责任，更是维护整个生态系统稳定和人类福祉的基石。通过科学合理的管理、综合考虑和全球协作，才能有望实现生态系统和社会的可持续发展。只有在保护生物多样性的过程中，我们才能真正实现对未来的可持续性承诺，创造一个更加繁荣和谐的地球。

四、打造人类命运共同体—保护全球生命共同体

人类社会正面临着严重的生态环境挑战，气候变化、生物多样性丧失、资源枯竭等问题威胁着我们共同的家园。人类迫切需要建立起"人类命运共同体—全球生命共同体"的理念，以全球范围内的合作和协同努力，共同保护和重塑我们共有的自然环境，实现人与自然的和谐共生。我们正处于一场全球性的生态危机之中，深刻认识生态危机是当务之急。气候变化导致极端天气事件频发，生物多样性丧失引发生态平衡破裂，资源过度开采导致自然灾害频发。这些问题不仅威胁着自然界的稳定，也直接影响到人类社会的可持续发展。我们必须深刻认识到，生态环境问题不再是某一国家的问题，而是全球性的挑战，需要全球协同保护"全球生命共同体"。

首先，生态系统的稳健性是"全球生命共同体"建设的关键。生态系统提供我们所需的资源和服务，而这一系统的崩溃会对全球产生深远的影响。例如，雨林的破坏不仅威胁到丰富的生物多样性，还可能引发气候变化、水资源匮乏等一系列问题。因此，建立全球联防联控机制，制订全球性的生态系统保护计划，对防范生态系统崩溃至关重要。其次，全球气候变化是"全球生态共同体"亟待解决的重大挑战。气候变化引发的极端天气事件、海平面上升等问题已经影响到全球各地。为了减缓气候变化的进程，需要全球共同努力，通过减少温室气体排放、推动清洁能源发展等方式，建立低碳、可持续的生产

和生活模式。最后，全球生物多样性保护是"全球生命共同体"建设的重要组成部分。生物多样性是生态系统的基石，对维持生态平衡、提供食物和药物资源等具有不可替代的作用。通过国际的合作协定，制订全球性的生物多样性保护计划，建立跨国自然保护区，是保护全球生态系统健康的关键一步。此外，全球资源的合理利用也是"全球生命共同体"构建的重要环节。水、土壤、森林等自然资源是全球共有的财富，需要建立科学的管理机制，避免过度开采和滥用。通过国际的资源合作，实现资源的可持续利用，才能确保"人类命运共同体"长期繁荣发展。

构建人类命运共同体是应对生态危机的有效途径。这一理念强调全球合作、共同责任、共享繁荣。只有将各国人民紧密团结在一起，形成携手应对危机的联合力量，才能在全球范围内形成可持续的生态发展模式。国际社会应该加强对话，共同制定生态文明的规则，推动全球生态治理体系的建设。制定和执行全球范围内的可持续发展目标，倡导绿色经济，促进循环经济的发展，确保资源的可持续利用。与此同时，建立环境监测网络，加强国际间的信息共享，实时监测环境因素的变化，为科学决策提供数据支持。强化国际合作，深化各国之间的环保合作，共同应对跨国污染、环境灾害等问题。每一个国家都应该在发展中考虑到生态环境的可持续性，将绿色发展融入国家发展战略，实现经济增长与环境保护的有机统一。

在全球化的时代，我们共同生活在这个美丽而脆弱的星球上。保护全球生命共同体，打造人类命运共同体，已经不再是一国、一地区能够独自完成的任务。唯有共同努力，形成全球合作的生态共同体，我们才能更好地保护和传承这个共同的家园，确保子孙后代能够享受到同样丰富的自然资源和美好的生态环境。这是我们共同肩负的责任，也是对未来的共同期许。

第五节　地球公民

地球是人类的"母亲"，人类与地球命运休戚与共，作为地球公民的我们，每个人都应当秉持生态文明理念，不仅为自己的生命健康考虑，更要站在为子孙后代负责的高度，保护并建设生态环境，保持地球生物多样，共同构建地球生命共同体。

一、人与地球命运休戚与共

1. 时间尺度

地球不仅是一个行星也是一个有机的生命体。地球诞生至今已经有 45 亿年。地球经历太古代、元古代、古生代、中生代和新生代五个时代的演变，逐渐发展到适宜各种生物诞生、进化和生存的环境。新生代以来，地球成为人类赖以生存的家园，为人类提供生存发展的环境和资源，是人类的地球母亲。人类在地球上的历史已有 700 万年纪录，经历早期猿人、晚期猿人（直立人）、早期智人（古人）、晚期智人（新人）几个阶段的发展，进化为现代人类。

人类自定居在地球以来，其生存和繁衍从原始社会时期的依赖自然，到农业文明时期的认识自然、改造自然，再到工业革命时期的掠夺自然，处于食物链顶端的人类，对地球系统的改造发生了实质性的改变，使地球迎来一个全新的地质时代：人类世。人类世是一种重要的地质营力，是在人类活动引起全球性环境问题背景下提出的，其对地球改造的程度和后果足以与地震、造山运动等传统意义上的地质营力产生的影响相匹敌。首先，人类的工业化活动、城市化进程导致生物圈物质成分和气候模式的改变。例如大气和海洋中二氧化碳富集、平流层臭氧含量下降、极端气候（干旱、高温）出现的频率增加、降水分配模式的改变、生态系统富营养化等现象。其次，物质循环和气候模式的改变引起生物多样性锐减，威胁着人类赖以生存的生物资源。最后，生态系统物质成分的改变引起全球湿地、森林、海洋三大生态系统均呈现不同程度的退化，单位面积生态承载力和全球碳汇水平下降，生态破碎严重，生态赤字持续攀升。人们对生物圈进行着一系列自然资源的开采、生态空间的抢占和生物资源的掠夺，人类社会进步速度与对自然的开采程度紧密相关，地球命运响起的警钟也将给人类命运带来潜在威胁。

2. 空间尺度

自然生态系统为人类的生存提供着必要的自然资源，对人类社会的生产发展具有不可替代的作用。首先，自然生态系统是维持生物圈物质循环动态平衡的基础。人类需要从食物链中获取营养，因此，营养元素是组成人类有机体的基石。人体依靠食物链摄取的营养元素，参与到生物圈的物质循环中，受到生物圈物质存储动态平衡的调节。其次，能量流动体系维持着生物圈的稳定。地球能量的主要来源是太阳辐射，其中被地球表面吸收的能量，绝大部分用于驱动水分循环、大气流动和地表物质迁移，从而维持一定的气候模式、水系分布，并改造地球景观。绿色植物通过光合作用，将太阳能转化为化学能，将土壤中的养分转化为糖类、碳水化合物、蛋白质、脂肪和其他有机分子，供动物和人类获取营养和能量。生物圈的分解者细菌、真菌等微生物将死去的动植物残体或活体动物的排泄物分解成无机营养物质返还生态系统。地球上的一切物质循环和能量流动过程井然有序，为人类提供着源源不断的物质营养和能量来源，是人类得以生存的基础。

二、全球变化谁之过：发达国家与发展中国家的争执与博弈

随着工业文明的蓬勃发展，大量的自然资源（例如森林、矿产等）被过度开采，导致生态环境的严重破坏；工业生产过程中排放的大量废弃物也严重污染了土壤和水源；化石燃料燃烧产生的二氧化碳等温室气体导致了全球气候变暖和温室效应加剧。面对全球生态环境恶化的责任和保护义务，发达国家与发展中国家之间一直存在争执与博弈。

全球生态保护主要依赖主权国家。各个主权国家地域范围内的水源和土地污染的治理责任，主权国家责无旁贷。但地球上还存在大量公共领域，存在跨多国的河流，特别是对地球生态系统影响巨大的无国界的大气层，客观上要求跨主权多边协作机制，有效框定各方义务责任，避免囚徒困境。然而各国从自身利益出发，对协作机制采取不同态度，由此造成谈判周期长、合作成本高等问题，许多承诺进展缓慢，陷入集体行动困境。2017 年美国单方面宣布退出《巴黎协定》，违反"只进不退"棘齿锁定机制，对全球生态合作造成极为不良的示范。

综合考虑工业化对环境污染和温室气体排放的差别，以及当前全球化条件下各国经济结构、财力、技术的差别，普遍认为发达国家过去的发展对全球气候变化贡献的温室气体的积累量及其产生的效应具有不可推卸的历史责

任，在生态环境保护与建设中应当承担更多义务。因为发达国家自工业革命以来造成过大量环境污染并排放大量温室气体；发达国家通过在发展中国家设立工厂、进口商品等方法，将能源消耗大、污染严重的产业链转移到发展中国家。按照人均排放数量和消费量，发达国家均高于发展中国家，例如中国人均排放量仅为美国的 1/6；美国人口占世界 6%，却消耗世界能源年产量的 30% 以上。

为减少温室气体排放，减少人为活动对气候系统的危害，减缓气候变化，增强生态系统对气候变化的适应性，确保粮食生产和经济可持续发展，联合国大会 1992 年通过《联合国气候变化框架公约》，根据"共同但有区别的责任"原则，公约对发达国家和发展中国家规定的义务以及履行义务的程序有所区别。但在落实过程中，各国在目标任务、实现途径、履约义务等方面仍然存在分歧。以美国为首的发达国家在温室气体排放方面，坚持要大幅折扣它的减排指标，在承诺每年向发展中国家提供 1000 亿美元气候资金支持方面，有些"口惠而实不至"。根据世界资源研究所统计，2020 年发达国家对发展中国家提供的气候资金总额是 833 亿美元，而美国只提供了其中的 30 亿美元左右。以中国为首的发展中国家，坚持多边主义，积极与发展中国家在治理知识、治理经验、治理政策方面合作，持续为发展中国家提供技术、资金、人才援助，通过"授之以渔"，与广大发展中国家一道实现命运体共建。

三、每个人都是生态环境的破坏者

我们每个人都是地球自然资源的消耗者，同时也是生态环境的破坏者。人类对自然生态系统的认识、利用和无节制地开采，与社会发展程度紧密相关。

原始社会也称作狩猎采集社会，人们依靠狩猎采集技术获得食物，其所消耗的生物量仅占生态系统生物产量的 0.1%，生态系统对人类的承载力和对其他生物的承载力没有很大差别，人类狩猎采集的生存方式对自然生态系统损害微乎其微。农业文明的问世彻底改变了原始社会的生产方式，人类有意识地将野生植物品种驯化为栽培种，同时也驯化了部分野生动物，增加了蛋白质、脂质的摄入。农业和畜牧业的发展，使人类能够较稳定地获得食物来源，人类从食物的采集者转变为食物的生产者，从依赖、适应自然转变为利用、改造自然。18世纪60年代，英国工业革命标志着人类社会进入工业时代，机械化大生产占主导地位。由于社会生产力的空前提高，全球社会生态系统能量流和物质流的规模和性质发生改变，造成了一系列生态破坏和环境污染问题。由此，工业革命带来的对自然的掠夺方式，以牺牲资源环境为代价的发展目标，以"大量生产、大量消费、大量排放"的经济发展方式把人和自然对立起来，无视人与自然相互依存的关系。

四、每个人都是环境问题的受害者

当人类活动形成的环境污染超过环境的自净能力，使环境的构成或状态发生变化，环境质量下降，我们每个人都将成为生态环境恶化的受害者，我们都将为破坏生态环境的行为买单。

随着科技突飞猛进，人类凭借其掌握的科学技术，贪婪地向自然界索取以满足其日益增长的欲望，生态环境遭到了极大的破坏：生物多样性锐减，许多物种濒临灭绝的危险；原始森林面积急剧减少；水土流失严重；大气恶化，臭氧层耗损；淡水污染，酸雨加剧。人类中心论在人类活动中处于统治地位是全球环境问题产生的深层次原因。恶化的环境质量，导致严重的环境事故。震惊世界的"八大公害"事件（见表6-2）促使人们反思自然界对人类社会的反作用。

水体污染、土壤污染、大气污染、农药污染、噪声污染、辐射污染、热污染等环境污染问题给生态系统造成直接的影响和破坏，例如沙漠化、森林破坏，也会给人类社会造成间接的危害，有时这种间接的危害比当时造成的直接危害更大，也更难消除。

生态破坏、环境污染等环境问题告诉我们，人类和地球是一个生命共同体，人类没有节制地对地球进行开采、污染物排放，最终每个人都是受害者。我们应从历史事件中吸取教训，加强环保意识，从身边的小事做起，爱护、保护和拯救地球。

表6-2　世界"八大公害"事件

事件名称	时间	地点	污染类型	污染源/物	致害原因	受体（人）反应/后果
比利时马斯河谷烟雾事件	1930年12月	比利时马斯河谷工业区	大气污染	谷地中工厂密布，烟尘、二氧化硫排放量大	河谷地形，逆温天气且有雾，不利于污染物释放扩散；二氧化硫、三氧化硫和金属氧化物颗粒进入肺部深处	咳嗽、呼吸短促、流泪、喉痛、恶心、呕吐、胸闷、窒息；数千人中毒，60人死亡
美国洛杉矶光化学烟雾事件	1943年5月	美国洛杉矶市	大气污染，光化学污染	该市400万辆汽车每天耗油2400万升，排放烃类1000多吨	三面环山，静风，不利于空气流通；汽车尾气和工业废气在强烈紫外光照射下形成剧毒光化学烟雾	刺激眼、喉、鼻，引起眼病和咽喉炎，65岁以上老人死亡400多人
美国多诺拉镇烟雾事件	1948年10月	美国宾夕法尼亚州多诺拉镇	大气污染	河谷内工厂密集，排放大量烟尘和二氧化硫	河谷形盆地，雾天气不利于污染物释放扩散；二氧化硫、三氧化硫和烟尘生成硫酸盐气溶胶，吸入肺部	咳嗽、喉痛、胸闷、呕吐、腹泻，4天内43%的居民患病，20人死亡
英国伦敦烟雾事件	1952年12月	英国伦敦市	大气污染	居民取暖燃煤中含硫量高，排放大量二氧化硫和烟尘	冬季工业和取暖燃煤，煤烟性烟雾大量排放，排放；逆温现象和高压系统，不利于污染物稀释扩散	胸闷、咳嗽、喉痛、呕吐；5天内死亡4000人
日本水俣病事件	1953—1968年	日本熊本县水俣镇	海洋污染，汞污染（二次污染）	氮肥厂含汞催化剂随废水排入海湾	无机汞在海水中转化成甲基汞，被鱼、贝类摄入，并在鱼体内富集，当地居民食用含甲基汞而中毒	口齿不清、步态不稳、面部痴呆、耳聋眼瞎、全身麻木，最后精神失常；截至1972年有180多人患病，50多人死亡
日本四日市哮喘事件	1955年以来	日本四日市，并蔓延到几个城市	大气污染	工厂大量排放二氧化硫和煤尘，其中含钴、锰、钛等重金属颗粒	重金属粉尘和二氧化硫随煤尘进入肺部	支气管炎、支气管哮喘、肺气肿；患者500多人

续表

事件名称	时间	地点	污染类型	污染源/物	致害原因	受体（人）反应/后果
日本富士山骨痛病事件	1931—1975年	日本富山县神通川流域，并蔓延至其他七条河的流域	水体污染、土壤污染、镉污染	炼锌厂未处理的含镉废水排入河中	用河水灌溉稻米，使米中也含镉，变成镉米，当地居民长期饮用被镉污染的河水和食用镉米而中毒	开始时关节痛，继而神经痛和全身骨痛，最后骨骼软化萎缩，自然骨折，饮食不进，衰弱疼痛至死
日本米糠油事件	1968年	日本的爱知县等23个府县	食品污染、多氯联苯污染	米糠油生产中用多氯联苯作热载体，因管理不善，多氯联苯进入米糠油中	食用含多氯联苯的米糠油	眼皮浮肿，全身有红丘疹、多汗，重症者恶心呕吐、肝功能下降、肌肉疼痛、咳嗽不止，甚至死亡；患者5000多人，死亡16人，实际受害者超过1万人

五、每个人是环境问题的治理者

面对生态系统失衡和环境污染，每个人都是生态环境的治理者，没有哪个人是旁观者和局外人。

第一部唤醒人们对环境污染进行反思的书籍是雷切尔·卡森（Rachel Carson）在 1962 年出版的《寂静的春天》，该书讲述了滥用杀虫剂等化学药品导致的环境污染、生态破坏，最终给人类的生存和健康带来不可逆转的危害，给予人们强有力的警示。

国际社会在臭氧层保护、湿地保护、生物多样性保护、减缓气候变暖等方面发布了一系列环境保护公约，旨在呼唤国家和个人加入到环境保护的行列中，只有人人都是参与者和治理者，才有益于环境治理、生态修复进程的推进。例如 1985 年联合国环境规划署通过的《保护臭氧层维也纳公约》，标志着保护臭氧层国际统一行动的开始。1987 年，会员国在联合国的组织下共同签订《蒙特利尔议定书》，对氟氯碳化物的生产进行严格管制。30 多年来，在各缔约方的不懈努力下，全球淘汰了超过 99% 的消耗臭氧层的物质，臭氧层损耗得到有效遏制，实现了巨大的环境、健康和气候效益。1992 年，联合国环境规划署通过《生物多样性公约》，旨在保护濒临灭绝的动植物，最大限度地保护生物多样性资源。2021 年，中国作为联合国《生物多样性公约》第十五次缔约方大会主席国，大会围绕"生态文明：共建地球生命共同体"的主题成功召开，推动达成了"昆明—蒙特利尔全球生物多样性框架"，共同应对气候变化、环境污染、粮食安全和生态安全等全球性挑战，是一系列关系全人类福祉、维护地球安全的行动方案。1992 年的《联合国气候变化框架公约》是世界上第一个为全面控制二氧化碳等温室气体排放，以应对全球气候变暖给人类社会带来不利影响的国际公约，确定了"共同而区别"的原则，要求发达国家和发展中国家采取相应措施应对气候变化。2021 年 11 月，《联合国气候变化框架公约》第 26 次缔约方大会就《格拉斯哥气候公约》达成一致，推动全球减缓（减少排放）、适应（帮助受到气候变化影响的人们）气候变化，并保障资金（使相关国家能够实现气候变化的目标），开展协作（共同努力，采取更大的行动）。

此外，在生态修复和环境保护以维护人类共同利益的驱动下，在联合国环境规划署及国际环保组织的带领下，缔约国共同参与、协定和签署多个国际环境保护公约，例如《联合国防治荒漠化公约》《湿地公约》《京都议定书》《濒危野生动植物物种国际贸易公约》《生物多样性公约卡塔赫纳生物安全议定书》，呼吁国家、组织和个人共同参与到生态环境保护和修复的行列中，为人类的健康和福祉谋划一个可持续发展的未来！

六、每个人都是生态环境的建设者

每个人可从身边的小事，有意识地节约资源、保护环境、积极宣传，参与到生态环境的建设中。例如减少能源消耗，使用节能灯、太阳能热水器等节能设备；减少垃圾的产生，避免使用一次性塑料制品等不可降解的物品；积极关注环境教育，踊跃参与社区垃圾分类、"地球一小时"活动等，提升自身的责任感和参与感；开展社区宣传活动，通过多种媒体、渠道宣传生态环境保护，提高公众环保意识，让每个人成为生态环境的建设者。

1987年《我们共同的未来》将可持续发展定义为："既能满足当代人的需要，又不对后代人满足其需要的能力构成危害的发展。"2015年，在联合国可持续发展峰会上通过17个可持续发展目标（Sustainable Development Goals，SDG），涉及社会进步、经济发展和环境保护三个维度，旨在消除贫困和饥饿、实现粮食安全、确保健康生活和公平教育、实现性别平等、采用可持续的生产和消费模式、促进充分就业、创建和平包容的社会等。

作为地球公民，如何参与到17个可持续发展目标中呢？在"消除饥饿"方面，应抵制浪费粮食，积极响应光盘行动；在"清洁饮水和卫生设施"方面，可以改善生活习惯，节约用水，提高用水效率；在"产业、创新和基础设施"方面，可以选择绿色建筑材料来建筑房屋；在"可持续性和社区"方面，可以注重关注城市空气质量和城市废物管理等，积极参与社区的清洁活动；在"保护水下生物"方面，需要遵守渔业捕捞政策，禁止过度捕捞，减少塑料制品的使用频率等。总之，我们的生活不仅需要安居、乐业、增收，更期待天蓝、地绿、水净的美好家园。美好的愿景需要我们每个人树立可持续发展理念，积极投身到环境保护的建设事业中。

当然，中国高度重视可持续发展目标的实现，将其嵌入"十四五"发展规划和 2035 年远景目标中，成为国家重要发展战略。从国际范围来看，中国是整体落实可持续发展目标最快的发展中国家。在《中国落实 2030 年可持续发展议程进展报告（2023）》中指出，2020 年年底，中国如期完成脱贫攻坚任务目标，历史性地解决了绝对贫困问题；居民人均收入稳定增长，医疗、教育和社会保障等公共服务水平持续提升；打响蓝天、碧水和净土保卫的"三大战役"，环境质量得到明显提高等。中国在可持续发展目标的 17 个领域中，围绕减贫、粮食安全、公共卫生、能源转型等方面贡献了中国方案和智慧。

"面对生态环境挑战，人类是一荣俱荣、一损俱损的命运共同体"，我们需要把"人—自然—社会—国家—世界"看成一个完整的有机体，秉承天下一家、大同社会的中华民族传统思想，把环境保护转化为每一个人的自觉行动，共同构建绿色低碳、清洁美丽的世界。

地球是人类的共同家园，地球生态环境恶化每个人都难逃其外。目前人类活动对赖以生存的地球生态环境造成广泛的影响，产生的全球性环境问题只能通过各国以集体协商的方式找到解决方案，并根据不同国家的具体国情对如何治理、谁治理、治理什么等问题提出适宜的方案。具有中国特色的全球治理方案日益受到国际社会的认可。2016 年 5 月，联合国环境规划署发布《绿水青山就是金山银山：中国生态文明战略与行动》报告，充分认可中国生态文明建设的举措和成果。2018 年，首次将"构建人类命运共同体"理念体现在应对气候变化领域的多边性国际文件中。2021 年，习近平总书记在领导人气候峰会上提出"共同构建人与自然生命共同体"。

作为人口大国和发展中国家，中国的全球气候治理理念从原来的被动跟随转变为积极参与。在《京都议定书》签署以来的 30 余年里，从"不可能""不合适"，到自愿进行单位 GDP 量化减排、在国家自主贡献文件中明确碳排放峰值、启动覆盖全国的碳交易市场、在联合国框架下设立气候变化南南合作基金，中国在全球气候治理中发挥的作用有目共睹。

第六节　中国公民

中国是世界上率先倡导建设生态文明的国度之一，中国公民在推动人类新文明形态——生态文明建设、实现人与自然和谐共生中扮演着重要角色，从政府到公民个人，再到社会组织，共同构成了生态文明建设的多元主体。

《道德经》云，"合抱之木，生于毫末；九层之台，起于累土；千里之行，始于足下"。中国传统文化中天人合一理念、集体主义观念等有助于中国公民形成生态价值观，积极践行生态环境行为，建设美丽中国。

一、知道自己的家底

地球生态超载日，又被称为"生态越界日"或"生态负债日"，是指地球当天进入了本年度生态赤字状态，已用完了地球本年度可再生的自然资源总量。"全球生态足迹网络"追踪计算人类对地球自然资源的消耗（即"支出"）和地球的生态承载力（即"供给"）。也就是说，地球生态超载日是指从这一天起，人类当年对自然资源的已有"支出"超过地球在本年度生态承载力方面的总"供给"。8月2日是2023年的地球生态超载日，即人类到8月2日就耗尽了2023年一整年的自然资源"预算"。这意味着人类在2023年12月31日之前将过着生态"透支"的生活。国际环保机构"全球生态足迹网络"显示，20世纪60年代大多数国家尚呈现生态盈余，到20世纪70年代早期，地球资源再生速度无法满足持续增长的经济需要和人口需求，地球开始"入不敷出"，地球生态超载日总体呈现出提前趋势。1999年的地球生态超载日为9月29日，而2017年已提前到8月1日，2021年和2022年的日期分别为7月29日和7月28日。

《2022年中国自然资源统计公报》显示，2022年全国耕地净增加约130万亩，全国耕地总量连续2年实现净增加。截至2021年年末，中国已发现173种矿产；水资源总量为29638.2亿立方米，比2020年减少6.2%；拥有海洋生物2万多种，海产品产量3387.2万吨，海上风电新增并网容量1690万千瓦，海水淡化工程规模达185.6万吨/日。

根据《2022年中国生态环境状况公报》，全国生态环境质量保持提高态势，环境空气质量稳中向好，地表水环境质量持续向好，管辖海域海水水质总体稳定，土壤环境风险得到基本管控，自然生态状况总体稳定，城市声环境质量总体稳定，核与辐射安全态势总体平稳。

当前，我国正在推进 14 多亿人口整体迈入现代化社会，这在人类现代化历史上是前所未有的。在这一进程中，如何处理好人与自然也就是发展与保护的关系，形成人与自然和谐发展的现代化建设格局是我们一直在探索解决的问题。

二、我们的发展进入到资源环境瓶颈约束

瓶颈一般是指整体发展的关键限制因素。在人类活动成为全球环境变化主要驱动因子的背景下，社会经济发展和资源环境可持续性之间的矛盾越发凸显。由于资源的有限性与经济高速增长下的资源需求激增所引起的资源稀缺形成的瓶颈限制日益明显。作为社会经济发展的物质基础，只有从资源禀赋和资源消耗两方面来衡量资源瓶颈，才能准确地了解资源短缺对中国经济增长和社会发展的制约程度。因此，将人类社会经济活动合理管控在地球资源环境可承载限度之内，是实现可持续发展的关键所在。

全球常规能源是有限的，能源危机和生态危机是当今世界面临的两大难题。中国的一次能源储量大约只占世界总储量的 10%，远远低于世界的平均水平，因此为了避免经济发展进入到资源环境瓶颈的严重约束，开发可再生能源势在必行。

中国的资源约束情况主要体现在以下四个方面：一是资源总量大但人均少，质量不高。我国资源总量丰富，但人均资源占有量远低于世界平均水平，且资源质量总体不高，例如低品位、难选冶矿多，难利用地多、宜农地少等。二是资源需求刚性增长。随着新型工业化、信息化、城镇化、农业现代化同步发展，资源需求保持强劲势头，对外依存度不断提高，部分大宗矿产资源的国内保障程度不足。三是资源利用方式粗放。我国单位国内生产总值用水量和能耗分别是世界平均水平的 3.3 倍和 2.5 倍，矿产资源利用水平总体不高。四是获取国外资源的难度加大。当前世界经济深度调整，复苏动力不足，我国从国际上获取能源资源的难度不断加大。

此外，可用相对稀缺指数（RRI）作为判断各种自然资源是否成为中国社会经济发展所面临的资源瓶颈的标准之一，类似于区位熵，是指一个给定区域中某种资源的拥有量占全球拥有量份额与该区域该资源的消耗占全球消耗份额

的比值。计算公式为：

$$RRI=(LR\div WR)/(LC\div WC)$$

其中，LR 为地区资源拥有量，WR 为世界资源拥有量，LC 为地区资源消耗量，WC 为全球资源消耗量。同样的资源消耗，资源拥有量越少的地区，相对稀缺指数越小，意味着该地区该资源更加（相对）稀缺。初步数据分析表明，中国的 RRI 是很不理想的。

需要注意的是，相对稀缺指数是一个动态变化的指标，受到多种因素的影响，例如技术进步、政策调整、市场需求变化等。因此，我们要充分发挥科技进步、政策推动、市场优化的作用，全面推动中国资源约束的情况得到逐步缓解。

三、护卫我们的生态环境

保护我们的生态环境，用实际行动守护"碧水蓝天"的景象，保护地球家园，功在当代，利在千秋。

作为中国公民，需要深入理解中国生态环境问题存在的趋势性、基础性和结构性等基本问题：一是趋势性问题。随着城镇化、工业化的推进，资源需求总量增加，资源约束矛盾长期存在。同时，人口规模呈倒"U"型发展，结构失衡问题突出，老龄化、少子化并存，对环境和社会服务提出新挑战。二是基础性问题。我国资源总量虽多，但人均占有量少，重要能源资源短缺，对外依存度上升。资源浪费与枯竭，环境恶化和破坏严重，生态形势严峻。三是结构性问题。产业结构偏重，能源结构偏煤，交通运输结构偏公，导致高污染、高排放特征明显，结构调整任重道远。

为此，把保护与发展有机结合在一起，是我们生态环境保护的必由之路。"我们既要绿水青山，也要金山银山。宁要绿水青山，不要金山银山，而且绿水青山就是金山银山。"从保护生态系统、敬畏自然出发，体现了生态环境综合治理和民生福祉实现的路径；强调了发展与保护的关系，正确处理好经济发展同环境保护的关系，形成绿色发展方式和生活方式，走文明发展道路，建设美丽中国。

自然生态各要素是一个有机系统，彼此相互作用、相互影响。保护修复生态必须按照自然生态的整体性、系统性及其内在规律，统筹考虑自然生态各要素，坚持山上山下、地上地下、陆地海洋以及流域上下游等联动，进行整体保护、系统修复、综合治理。山水林田湖草沙综合治理是生态文明建设的重要举措，通过综合治理手段，促进生态平衡、改善生态环境、促进可持续发展、保障人民福祉、推动乡村振兴。

总之，生态环境保护需要全社会的共同努力。政府、企业、社会组织以及每一个公民都应该积极参与，形成共建共治共享的良好局面。只有这样，我们才能真正实现生态环境的持续改善，为子孙后代留下一个天蓝、地绿、水清的美好家园。

四、节约利用，管理好我们的资源

水是最不可替代的资源，但我国的水资源却十分短缺，而且浪费严重。据统计，目前农业可减少10%—50%的需水，工业可减少40%—90%的需水，城市可减少30%的需水，可见水资源浪费现象严重。因此，资源节约与合理利用势在必行。

随着经济高速发展，中国进入了绿色转型与节约资源、降低能耗的阶段。《2022年国民经济和社会发展统计公报》显示，中国绿色转型发展迈出新步伐。全年全国万元国内生产总值能耗比上年下降0.1%。全年水电、核电、风电、太阳能发电等清洁能源发电量29599亿千瓦时，比上年增长8.5%。2022年，"十四五"现代能源体系规划等一系列政策文件出台，涉及现代能源体系建设、能源绿色低碳转型、新能源和可再生能源发展、能源技术创新等多个方面，为中国能源行业在复杂多变的形势下健康发展奠定了坚实的政策基础。在转型期间，天然气和氢将承担主要调峰电源的职能。我国实施清洁能源开发跨越行动和化石能源替代行动，按照集约高效、优化布局的原则，以集约化开发建设大型清洁基地为重点，大力发展太阳能发电，集约高效开发风电，积极稳妥开发水电，安全有序发展核电，全面提升我国清洁能源开发规模和速度。

把资源使用量、环境污染水平降下来，做到低碳减污，实现二者的协同效应十分重要。在这里，低碳主要关注减少温室气体，尤其是二氧化碳的排放，通过节能减排、能源转型、植树造林等方式实现碳中和；减污则侧重于减少环境污染，提高生态环境质量，实施水、气、土壤污染防治和垃圾分类处理等攻坚战。温室气体与污染物排放往往同根同源，减污降碳可以协同增效，推动气候变化与生态环境保护之间的环境效益、经济效益和社会效益的协同。低碳减污是实现人与自然和谐共生现代化的重要途径，也是应对全球气候变化和环境保护的迫切需求。

只有转变发展方式，才能满足破解经济社会发展必须面对的资源限制问题的需要。把资源节约作为发展战略的重要组成部分，完善节约工作机制、加强节约科学管理、推进节约技术进步，形成"低投入、低消耗、低排放、高效率"的节约型增长方式，以科技创新为引导、突出生态环境意识、切实做好资源节约与合理利用，建设节约型中国当为至要。

五、理解国家生态文明战略与美丽中国建设方略

为了永续生存和可持续发展，必须要保护生态环境；要保护好生态环境必须要改变我们对自然的态度、对自然的利用方式，这就需要建设生态文明；生态文明建设是关系我国实现社会主义现代化和中华民族伟大复兴的重要事业，其核心目标是建设美丽中国。这一进程涉及生态环境保护与发展的平衡，要求尊重自然、顺应自然、保护自然，实现人与自然和谐共生。

1. 生态文明建设国家战略

几千年来，中华民族尊重自然、保护自然，生生不息、繁衍发展，倡导"天人合一"是中华文明的鲜明特色。改革开放以来，中国把节约资源和保护环境确立为基本国策，把可持续发展确立为国家战略，大力推进社会主义生态文明建设。党的十八大以来，把生态文明建设上升为推进人与自然和谐共生、实现经济社会可持续发展而制定的重大战略。该战略强调尊重自然、顺应自然、保护自然，将生态文明建设融入经济建设、政治建设、文化建设、社会建设各方面和全过程。主要任务包括：（1）推进绿色低碳的生产方式和生活方式，积极稳妥推进碳达峰、碳中和，促进能源产业智能化、数字化转型；（2）持续深入打好污染防治攻坚战，包括蓝天、碧水、净土保卫战，以提高生态环境质量；（3）加强生态系统保护和修复，提升生态系统质量和稳定性，为建设美丽中国提供坚实保障。

国家生态文明战略，强调坚持"绿水青山就是金山银山"的理念，坚定不移走生态优先、绿色发展之路，促进经济社会发展全面绿色转型。经过多年的持续努力和全民行动，我国生态环境出现了历史性、转折性、全局性的变化，具体表现在以下四个方面：（1）空气质量显著提高：全国地级及以上城市细颗粒物（$PM_{2.5}$）平均浓度大幅下降，空气质量优良天数比例上升，重度及以上污染天数比例下降；（2）水环境质量发生转折性变化：全国地表水三类断面比例提高，接近发达国家水平，地级及以上城市建成区黑臭水体基本消除；（3）土壤环境质量发生基础性变化：实施了禁止洋垃圾入境，推进固体废物进口管理的政策，实现了"零进口"的目标，土壤污染风险得到了有效管控；（4）生态系统保护和修复成效显著：一大批重要生态系统保护和修复重大工程先后实施，生态恶化趋势已基本得到遏制，自然生态系统质量总体稳定向好。

中国在短短十年左右，创造了举世瞩目的生态成就和绿色发展成就，美丽中国建设迈出重大步伐。绿色成为新时代中国的鲜明底色，绿色发展成为中国式现代化的显著特征，广袤中华大地天更蓝、山更绿、水更清，人民享有更多、更普惠、更可持续的绿色福祉。中国的绿色发展，为地球增添了更多"中国绿"，扩大了全球绿色版图，既造福了中国，也造福了世界。

习近平生态文明思想是国家生态文明战略的根本遵循和行动指南，深刻回答了"为什么建设生态文明""建设什么样的生态文明""怎样建设生态文明"等重大理论和实践问题。习近平生态文明思想包括"绿水青山就是金山银山"的绿色发展观，"最严格的制度、最严密的法治"的生态法治观，"内化于心、外化于行"的生态文化观，"山水林田湖草沙是生命共同体"的生态系统观和"共谋全球生态文明建设之路"的共赢全球观等一系列立意高远的论断、洞察秋毫的行动方案。习近平生态文明思想强调坚持人与自然和谐共生，推动绿色发展、循环发展、低碳发展，将生态文明建设融入经济、政治、文化、社会建设各方面和全过程，体现了全方位层级式、全地域融合式与全过程贯通式的内在统一，具有鲜明的时代性、系统性和创新性，对实现人与自然和谐共生的现代化和创造人类文明新形态具有深远意义。

2. 理解美丽中国建设的宏伟蓝图

美丽中国是生态文明建设的目标，它涵盖了自然之美、人文之美与和谐之美。其中，自然之美是美丽中国的基础，强调人与自然的和谐共生，推进自然环境的可持续发展，保护好蓝天绿水青山，塑造良好的生态环境；人文之美则体现了中华民族的和合理念，是在自然之美的基础上，实现人与人之间的和睦共生之美，是美丽中国的关键；和谐之美是美丽中国的最高层次，既包含了自然环境的和谐，也包括了人与人之间的和谐，是在生态文明建设中，全民参与其中，共同为美丽中国的实现添砖加瓦。

通向美丽中国之路是生态文明建设的绿色发展之路，要把生产发展、生活富裕、生态良好兼顾统揽起来，把经济社会发展与保护生态环境有机结合起来，才能使保护行稳致远。

（1）走绿色发展之路

我们国家坚持创新、协调、绿色、开放、共享的新发展理念，以创新驱动为引领塑造经济发展新动能新优势，以资源环境刚性约束推动产业结构深度调整，以强化区域协作持续优化产业空间布局，经济发展既保持了量的合理增长，也实现了质的稳步提升，开创了高质量发展的新局面。

①大力发展战略性新兴产业。实施创新驱动发展战略，把科技创新作为调整产业结构、促进经济社会绿色低碳转型的动力和保障，战略性新兴产业成为经济发展的重要引擎，经济发展的含金量和含绿量显著提升。科技创新投入力度逐步加大，新兴技术成为经济发展的重要支撑。人工智能、大数据、区块链、量子通信等新兴技术加快应用，培育了智能终端、远程医疗、在线教育等新产品、新业态，在经济发展中的带动作用不断增强。"中国制造"逐步向"中国智造"转型升级。

②引导资源型产业有序发展，优化产业区域布局。推动产业结构持续优化，化解过剩产能和淘汰落后产能。在保障产业链供应链安全的同时，积极稳妥化解过剩产能、淘汰落后产能，对钢铁、水泥、电解铝等资源消耗量高、污染物排放量大的行业实行产能等量或减量置换政策。"十三五"期间累计退出钢铁过剩产能 1.5 亿吨以上、水泥过剩产能 3 亿吨，地条钢全部出清，电解铝、水泥等行业的落后产能基本出清。综合考虑能源资源、环境容量、市场空间等因素，推动相关产业向更具发展条件和潜力的地区集中集聚，优化生产力布局，深化区域间分工协作，加快形成布局合理、集约高效、协调协同的现代化产业发展格局。

　　中国立足能源资源禀赋，加快构建新型能源体系，推动清洁能源消费占比大幅提升，能源结构绿色低碳转型成效显著。大力发展非化石能源，加快构建适应新能源占比逐渐提高的新型电力系统，开展可再生能源电力消纳责任权重考核，推动可再生能源高效消纳。截至 2021 年年底，清洁能源消费比重由 2012 年的 14.5%升至 25.5%，煤炭消费比重由 2012 年的 68.5%降至 56.0%；可再生能源发电装机突破 10 亿千瓦，占总发电装机容量的 44.8%，其中水电、风电、光伏发电装机均超 3 亿千瓦，均居世界第一（见图 6-7）。

图 6-7　2012—2021 年中国可再生能源发电装机容量及占比

　　③促进传统产业绿色转型，推动能源绿色低碳发展。中国加快构建绿色低碳循环发展的经济体系，大力推行绿色生产方式，推动能源革命和资源节约集约利用，系统推进清洁生产，统筹减污降碳协同增效，实现经济社会发展和生态环境保护的协调统一。

　　推进工业绿色发展。持续开展绿色制造体系建设，完善绿色工厂、绿色园区、绿色供应链、绿色产品评价标准，引导企业创新绿色产品设计、使用绿色低碳环保工艺和设备，优化园区企业、产业和基础设施空间布局，加快构建绿色产业链供应链。

　　转变农业生产方式。创新农业绿色发展体制机制，拓展农业多种功能，发掘乡村多元价值，加强农业资源保护利用。逐步健全耕地保护制度和轮作休耕制度，全面落实永久基本农田特殊保护，耕地减少势头得到初步遏制。稳步推进国家黑土地保护，全国耕地质量稳步提升。多措并举推进农业节水和化肥农药减量增效。大力发展农业循环经济，推广种养加结合、农牧渔结合、产加销一体等循环型农业生产模式，强化农业废弃物资源化利用。

（2）打造绿色空间格局

打造绿色空间格局，是推进美丽中国建设的重要一环。这要求我们优化国土开发空间格局，促进生产空间集约高效、生活空间宜居适度、生态空间山清水秀。

①建立新型自然保护地体系。自然保护地是生态建设的核心载体。中国努力构建以国家公园为主体、自然保护区为基础、各类自然公园为补充的自然保护地体系，正式设立三江源、大熊猫、东北虎豹、海南热带雨林、武夷山首批5个国家公园，积极稳妥有序推进生态重要区域国家公园创建。截至2021年年底，已建立各级各类自然保护地近万处，占国土陆域面积的17%以上，90%的陆地自然生态系统类型和74%的国家重点保护野生动植物物种得到了有效保护。

②实施重要生态系统保护和修复重大工程。科学开展大规模国土绿化行动，推动森林、草原、湿地、河流、湖泊面积持续增加，土地荒漠化趋势得到有效扭转。2012—2021年，中国累计完成造林9.6亿亩，防沙治沙2.78亿亩，种草改良6亿亩，新增和修复湿地1200多万亩。至2021年，中国森林覆盖率和森林蓄积量连续30多年保持"双增长"，是全球森林资源增长最多和人工造林面积最大的国家。中国在世界范围内率先实现了土地退化"零增长"，荒漠化土地和沙化土地面积"双减少"，对全球实现2030年土地退化零增长目标发挥了积极作用。自2000年以来，中国始终是全球"增绿"的主力军，全球新增绿化面积中约1/4来自中国。

③以共抓大保护、不搞大开发为导向推动长江经济带建设。长江是中华民族的母亲河，也是中华民族发展的重要支撑和生态中国的关键基石。中国坚持把修复长江生态环境摆在压倒性位置，协调推动经济发展和生态环境保护，努力建设人与自然和谐共生的绿色发展示范带，使长江经济带成为生态优先、绿色发展的主战场。大力推进长江保护修复攻坚战，2018年以来，累计腾退长江岸线162千米，滩岸复绿1213万平方米，恢复水域面积6.8万亩，长江干流国控断面水质连续两年全线达到Ⅱ类。

④推动黄河流域生态保护和高质量发展。黄河是中华民族的摇篮，是中国重要的生态安全屏障。黄河流域及黄土高原曾是水土流失最严重的地区之一。经过不懈努力，黄河流域的主色调已由"黄"变"绿"，黄土高原成为全国增绿幅度最大的区域。通过全面加强林草植被建设、水土流失综合治理和矿山生态环境修复，黄河流域已治理水土流失面积大幅增加，水土保持和生态质量有了新提高。同时，修复湖泊湿地，提升承载能力，增加生物多样性。此外，全面实施深度节水控水行动，南水北调全面实施，出台黄河保护法，促进流域绿色低碳高质量发展。

六、为建设人与自然和谐共生的现代化贡献正能量

1. 中国的现代化之路

我们过去谈四个现代化，即工业现代化、农业现代化、国防现代化、科学技术现代化。这一发展目标最初于1954年由第一届全国人民代表大会提出，旨在明确国家的发展方向和任务。1964年年底1965年年初，第三届全国人民代表大会第一次会议进一步宣布了这一宏伟目标，并标志着调整国民经济的任务已基本完成，指出了未来围绕这四个现代化开展中国社会主义经济建设的长远奋斗目标，建设社会主义强国，赶上和超过世界先进水平。至20世纪80年代改革开放初期，又进一步再次倡导建设四个现代化，这一目标体现了中国共产党及中华人民共和国在当时对国家发展的战略规划和远见卓识。

随着中国成为世界第二大经济体，国际政治环境出现重大变化，中国的现代化发展道路和内容也进行了调整。中国式现代化既有各国现代化的共同特征，也有基于自身国情的中国特色。党的二十大明确指出，中国式现代化的基本特征是人口规模巨大的现代化，是全体人民共同富裕的现代化，是物质文明和精神文明相协调的现代化，是人与自然和谐共生的现代化，也是走和平发展道路的现代化。人与自然和谐共生现代化的绿色道路是中国特色现代化的鲜明底色。

2. 中国的人与自然和谐共生的现代化

无论哪个时代，如何确定人与自然的关系定位是最基本的发展思考。中国提出人与自然和谐共生的现代化，具有十分丰富的内涵，主要体现在以下四个

方面：（1）生命共同体理念：强调人与自然是生命共同体，人类必须尊重自然、顺应自然、保护自然，突出生态保护和环境治理的系统性和整体性；（2）建设美丽中国目标：以满足人民对美好生活的需要为目标，包括优美的生活环境、清洁的生产空间和绿色的生态产品，是对生命共同体理念的现实回应；（3）生态伦理内涵：蕴含人与自然之间丰富的生态伦理，将人与自然的关系把握为一种具有生命性的统一体，强调人与自然的相互依存和共生；（4）绿色发展道路：要求不断创新生态环境治理方式，将绿色发展理念融入工业化、城镇化、农业现代化全过程，形成绿色低碳循环的空间格局、产业结构、生产方式和生活方式。

中国式现代化强调人与自然和谐共生，打破了"现代化＝西方化"的迷思，因为西方现代化发展曾经走过"先污染后治理、先破坏后修复、先经济后环保"的路子，在中国不能走、不敢走、也走不通，必须把保护与发展结合起来，把自然的生存发展与人的生存发展耦合在一起，才能为人类社会的现代化发展提供资源支持及环境保障。人与自然和谐共生的现代化道路为陷入困境的全球环境治理提供了中国智慧和中国方案。中国一方面全面解决自身生态环境问题；另一方面以实际行动深度参与全球环境治理，不仅彰显了中国积极应对全球气候变化、建设生态文明的负责任态度，顺应绿色低碳、可持续的发展潮流，还为发展中国家独立自主、迈向现代化提供了可供选择的参考样本。

中国将会引导应对气候变化国际合作，成为全球生态文明建设的重要参与者、贡献者、引领者，"共谋全球生态文明建设之路"。这个共赢全球观包括共谋全球生态文明建设，深度参与全球环境治理，形成世界环境保护和可持续发展的解决方案，引导应对气候变化国际合作。

3. 为实现人与自然和谐共生现代化贡献正能量

古有云："欲安其家，必先安于国。"这句话表明，只有国家安定繁荣，小家才能幸福美满。我们有幸生活在一个伟大的时代，建设美丽中国，是每个人的责任和义务。作为个体，通过一些实际行动，可以为建设美丽中国贡献自己的力量：

（1）理解国家的大政方针，把生态环境保护思想融入日常生活：通过学习和实践，将爱国敬业、节约环保、珍爱生命的理念内化于心、外化于行，体现在常规工作、日常生活的点点滴滴中。

（2）提高自己的生态环保意识：认识环境保护的重要性，了解生态知识、生态原则、环保知识和理念，积极参与维护生态质量的环保活动，例如减少使用一次性塑料制品、节约用水、垃圾分类等。

（3）推广生态环保理念：通过宣传、言传、告知等方式向身边的人宣传生命生态思想、环保理念和知识，让更多的人了解我们生存所需对大自然的依赖，增强生态环保的重要性。

（4）参与社会实践：多参与社会实践活动，例如环保宣传、志愿服务、公益活动等，增强社会的责任感和使命感。

（5）倡导绿色低碳生活方式：在日常生活中注重环保和节约资源，倡导绿色低碳生活方式、绿色消费观念。

（6）积极宣传中国绿色发展之路：世界上有不少国家基于对中国的偏见和陈旧认识，一直认为中国是世界的资源大鳄，是世界环境的主要破坏者，为此，作为中国公民，在与国外朋友交流中，可以以更加积极和建设性的方式与他们交流中国环境保护取得的成绩、面临的问题、未来谋求人与自然和谐共生的发展道路。事实上，中国的绿色发展之道是人类社会与自然界和谐共处、良性互动之路。在气候变化、生态建设方面，中国正擘画一幅高效、环保、减排、控温、人与自然和谐共生的"蓝图"。在构建人类命运共同体理念的指导下，坚持人与自然和谐共生的中国式现代化向世界证明，建设更加公平正义的国际秩序，中国的和平发展不仅造福自身，也必将惠及世界。

（7）站在对人类文明负责的高度，积极支持国家参与全球环境治理：全球环境问题需要全球人共同努力。中国以"碳达峰碳中和"为目标牵引推动绿色转型，以更加积极的姿态开展绿色发展双多边国际合作，推动构建公平合理、合作共赢的全球环境治理体系，为全球可持续发展贡献智慧和力量。作为普通公民，不从事生态环境保护专业领域及相关工作，不一定要讲出多么深刻的道理，但需要学习一点生态学普通知识，增强对自然生态过程的理解和对自然规律的敬畏，深入理解山水林田湖草沙是生命共同体的基本思想，加强对生态环境问题系统治理、综合治理、源头治理和依法治理必要性的认知，积极支持保护优先、自然恢复为主，大力推动生态系统保护修复，在巩固国家生态安全屏障、筑牢中华民族永续发展的根基的时代需求中贡献公民力量。

家是最小国，国是千万家。个人只有融入时代的潮流中，关联到国家发展的过程中，并力所能及地贡献正能量，才能体现一个公民应有的责任和担当。众所周知，个人是国家的公民，离不开国家提供的成长土壤和时代的舞台，国家的繁荣昌盛、环境优美是个人健康成长的基石。同时，国家的绿色发展也离不开全体人民的共同努力，每个社会成员的贡献都是国家生态文明建设和社会进步的基础。因此，个人应当感恩国家在生态环境保护的付出和自己在生态环境方面的获得感，并自觉承担保护身边环境、共同倡导建设生态文明社区，涓涓细流，汇成江河，奔向大海，共同推动美丽中国的建设与生态文明进步。

参考文献

1. 陈加友、李鲜：《中国城乡居民碳排放的动态分解与效率评价研究》，《东岳论丛》2023 年第 44 期。

2. 陈健：《发展绿色产业，规范绿色标志制度——概述德国"蓝色天使"绿色标志给我们的启示》，《生态经济》2009 年第 1 期。

3. 陈帅、黄娟：《"双碳"目标赋能绿色生产生活方式的机理、路径及保障机制》，《哈尔滨工业大学学报（社会科学版）》2024 年第 1 期。

4. 陈治国、陈俭、杜金华：《我国物流业与国民经济的耦合协调发展——基于省际面板数据的实证分析》，《中国流通经济》2020 年第 34 期。

5. 陈仲新、张新时：《中国生态系统效益的价值》，《科学通报》2000 年第 1 期。

6. 丁浩芮：《新时代背景下我国绿色消费法律制度研究》，《传承》2020 年第 4 期。

7. 段昌群、杨雪清：《生态约束与生态支撑——生态环境与经济社会关系互动的案例分析》，科学出版社 2006 年版。

8. 段昌群：《环境生物学（第三版）》，高等教育出版社 2023 年版。

9. 郭莹：《地球超载日：人类生态足迹的透支》，《生态经济》2016 年第 32 期。

10. 何浩、潘耀忠、朱文泉、刘旭拢、张晴、朱秀芳：《中国陆地生态系统服务价值测量》，《应用生态学报》2005 年第 6 期。

11. 贺丽蒨、单晓雨：《可持续发展背景下信息框架对绿色消费行为的影响研究——基于共情的中介作用》，《资源与产业》2022 年第 24 期。

12. 贺露影、王雪娇、苏政、吕雪聪、冯亚金：《"碳中和"背景下消费者绿色消费行为影响因素研究》，《现代商业》2023 年第 20 期。

13. 黄润秋：《引领全球生物多样性走向恢复之路》，《中国生态文明》2023 年第 51 期。

14. 姜立鹏、覃志豪、谢雯、王瑞杰、徐斌、卢琦：《中国草地生态系统服务功能价值遥感估算研究》，《自然资源学报》2007 年第 2 期。

15. 克莱夫·庞廷：《绿色世界史：环境与伟大文明的衰落》，上海人民出版社 2002 年版。

16. 孔德生，冯爱敏：《"双碳"背景下大学生绿色消费心理与行为研究——评〈内蒙古大学生消费价值观优化路径研究〉》，《广东财经大学学报》2023 年第 38 期。

17. 雷晓雯：《绿色消费法律制度建设探析》，《环境保护》2023 年第 51 期。

18. 李利森：《双循环新发展格局下绿色供应链发展路径研究》，《现代商业》2023 年第 3 期。

19. 李梦柯、周丹、高震、江星星、罗仙平：《稻壳生物炭对污染土壤中稀土元素生物有效性的影响》，《中国环境科学》2018 年第 38 期。

20. 刘国成、晁连成：《生物圈与人类社会》，人民出版社 1992 年版。

21. 刘慧、张雅俊、杨昊雯：《以城市低碳绿色消费支撑高品质生活的路径》，《企业经济》2023 年第 42 期。

22. 刘建伟、王彤：《习近平生态伦理观内涵探赜》，《中共山西省委党校学报》2023 年第 46 期。

23. 刘学、张志强、郑军卫、赵纪东、王立伟：《关于人类世问题研究的讨论》，《地球科学进展》2014 年第 29 期。

24. 刘壮壮、樊志民：《农业与人类食物边界的划定》，《民俗研究》2021 年第 2 期。

25. 毛中根、谢迟：《习近平关于消费经济的重要论述——现实依据、理论基础与主要内容》，《消费经济》2019 年第 25 期。

26. 苗渝舒：《国际贸易视角下的中国新能源产业发展策略探讨》，《太阳能学报》2023 年第 44 期。

27. 沈平：《对启动绿色消费市场的思考》，《江苏商论》2012 年第 9 期。

28. 孙丽娟：《绿色约束下消费者产品原真感知与农产品营销分析》，《商业经济研究》2023 年第 21 期。

29. 唐仁敏、陈思锦：《全面促进消费转型升级推动我国绿色消费再上新台阶》，《中国经贸导刊》2022 年第 2 期。

30. 万臣、周丹、薛冰：《基于文献计量的过去 30 年稀土开发环境效应研究综述》，《地球环境学报》2023 年第 14 期。

31. 王如松：《生态整合与文明发展》，《生态学报》2013 年第 33 期。

32. 王帅、池立红、张致千、丁冶春、刘喆豪、袁权、刘心玥、刘小祎、范小娜：《我国稀土开发利用对植物生长影响的研究进展》，《赣南医学院学报》2022 年第 42 期。

33. 乌拉尔·沙尔赛开、曾倩情：《可持续发展背景下消费者环境认知对绿色消费行为的影响机制研究》，《商业经济研究》2023 年第 16 期。

34. 吴季：《关于人类进入太空时代之后的思考》，《中国科学院院刊》2021 年第 10 期。

35. 习近平：《论坚持人与自然和谐共生》，中央文献出版社 2022 年版。

36. 喜崇彬：《新能源行业物流建设》，《物流技术与应用》2023 年第 28 期。

37. 肖仁桥、肖阳：《绿色金融对城市碳回弹的影响研究——基于绿色创新链视角的分析》，《城市问题》2023 年第 12 期。

38. 肖湘、张宇：《极端环境中的生命过程：生命与环境协同演化探讨》，《中国科学：地球科学》2014 年第 6 期。

39. 谢高地、鲁春霞、冷允法、郑度、李双成：《青藏高原生态资产的价值评估》，《自然资源学报》2003 年第 2 期。

40. 谢高地、张彩霞、张昌顺、肖玉、鲁春霞：《中国生态系统服务的价值》，《资源科学》2015 年第 9 期。

41. 熊萍、赵朝霞、陈红英：《碳达峰目标下公众绿色消费行为影响因素研究》，《商业经济研究》2022 年第 15 期。

42. 熊志乾、李奇蔚、贝学友、杜娟：《环境中微塑料污染现状与研究进展》，《清洗世界》2023 年第 3 期。

43. 杨持：《生态学（第四版）》，高等教育出版社 2023 年版。

44. 袁佳双、张永香、陈迎、于金媛、王红丽：《认识减缓气候变化最新进展科学助力碳中和》，《气候变化研究进展》2022 年第 18 期。

45. 袁文全、王志鑫：《环境共治模式下绿色消费法律制度的规范建构》，《中国人口·资源与环境》2022 年第 32 期。

46. 湛泳、汪莹：《绿色消费研究综述》，《湘潭大学学报（哲学社会科学版）》2018 年第 42 期。

47. 张天柱、石磊、贾小平：《清洁生产导论》，高等教育出版社 2006 年版。

48. 赵振华：《条带状铁建造（BIF）与地球大氧化事件》，《地学前缘》2010 年第 17 期。

49. 朱迪：《构建绿色低碳生活方式的 GICL 治理体系》，《山东大学学报（哲学社会科学版）》2023 年第 5 期。

50. Agha M., Lovich J. E., Ennen J. R., Todd B. D., "Wind, Sun, and Wildlife: Do Wind and Solar Energy Development Short-circuit Conservation in the Western United States?" *Environmental Research Letters*, Vol. 15, No. 7, 2020.

51. Ellis E. C., "Anthropogenic Transformation of the Terrestrial Biosphere", *Philosophical Transactions of the Royal Society of London Series A: Mathematical, Physical and Engineering Sciences*, Vol. 369, No. 1938, Spring (March) 2011.

52. Folke C., Polasky S., Rockstrm J., Galaz V., Walker B. H., "Our Future in the Anthropocene Biosphere", *Ambio*, Vol. 2, Spring (March) 2021.

53. Marten G. G., *Human Ecology: Basic Concepts for Sustainable Development*, London: Eathscan Publications, 2001.

54. Graham F., "Daily briefing: Human-made Stuff Outweighs All Life on Earth", *Nature*, winter 2020.

55. Jiang H. Q, Wu W. J., Wang J. N., Yang W. S., Gao Y. M., Duan Y., Ma G. X., Wu C. S., Shao J. C., "Mapping Global Value of Terrestrial Ecosystem Services by Countries", *Ecosystem Services*, Vol. 52, 2021.

56. Leslie H. A., Velzen M. J., Brandsma S. H., Vethaak A. D., Garcia-Vallejo J. J., Lamoree, M. H., "Discovery and Quantification of Plastic Particle Pollution in Human Blood", *Environment International*, Vol. 163, Summer (May) 2022.

57. Lonsdale P. , " Clustering of Suspension – feeding Macrobenthos near Abyssal Hydrothermal Vents at Oceanic Spreading Centers", *Deep Sea Research Part II TopicalStudies in Oceanography*, Vol. 24, No. 9, Autumn (September) 1977.

58. Maloof A. C. , Porter S. M. , Moore J. L. , Dudás F. , Bowring S. A. , Higgins J. A. , Fike D. A. , Eddy M. P. , "The Earliest Cambrian Record of Animals and Ocean Geochemical Change", *Geological Society of America Bulletin*, Vol. 122, 2010.

59. McHenry H. M. , *Human Evolution: The First Four Billion Years*, Cambridge: The Belknap Press of Harvard University Press, 2009.

60. Michael M. , *The Sources of Social Power*, Cambridge: Cambridge University Press, 1986.

61. Portner H. O. , Scholes R. J. , Arneth A. , Barnes D. K. A. , Burrows M. T. , Diamond S. E. , Duarte C. M. , Kiessling W. , Leadley P. , Managi S. , "Overcoming the Coupled Climate and Biodiversity Crises and their Societal Impacts", *Science*, Vol. 380, No. 6642, Summer (April) 2023.

62. Ragusa A. , Svelato A. , Santacroce C. , Catalano P. , Notarstefano V. , Carnevali O. , Papa F. , Rongioletti M. C. A. , Baiocco F. , Draghi S. , D'Amore E. , Rinaldo D. , Matta M. , Giorgini E. , " Plasticenta: First Evidence of Microplastics in Human Placement−ScienceDirect", *Environment International*, Vol. 146, Spring (January) 2021.

63. Johan R. , Owen G. , Joeri R. , Malte M. , Nebojsa N. , Joachim S. H. , " A Roadmap for Rapid Decarbonization", *Science*, Vol. 355, 2017.

64. Sage R F. , "Global Change Biology: A Primer", *Global Change Biology*, Vol. 26, Spring (January) 2020.

65. Stringer C. B. , *Evolution of Early Humans.* Cambridge: Cambridge University Press, 1994.

66. Wu B. , Yang Z. , "The Impact of Moral Identity on Consumers' Green Consumption Tendency: the Role of Perceived Responsibility for Enviromental Damage ", *Journal of Environmental Psychology*, Vol. 59, Winter (October) 2018.

策划编辑：郑海燕
责任编辑：李　姝
封面设计：汪　莹
责任校对：周晓东

图书在版编目(CIP)数据

大众生态学 ／ 段昌群,刘嫦娥主编. -- 北京 ：人民出版社，
2025.8. -- ISBN 978-7-01-027413-3

Ⅰ.Q14

中国国家版本馆 CIP 数据核字第 2025J0D090 号

大众生态学
DAZHONG SHENGTAI XUE

段昌群　刘嫦娥　主编

人民出版社 出版发行
(100706　北京市东城区隆福寺街 99 号)

中煤(北京)印务有限公司印刷　新华书店经销

2025 年 8 月第 1 版　2025 年 8 月北京第 1 次印刷
开本:710 毫米×1000 毫米 1/16　印张:17.25
字数:282 千字

ISBN 978-7-01-027413-3　定价:90.00 元

邮购地址 100706　北京市东城区隆福寺街 99 号
人民东方图书销售中心　电话 (010)65250042　65289539